基礎 振動工学

［第3版］

横山 隆・日野 順市・芳村 敏夫　著

共立出版

第3版にあたって

　前回の第2版出版から8年が経過した．その間，本書を使用して頂いた多数の読者に深く感謝している．本書の特徴の一つとしては，振動工学を学習する際に必要な基礎的な数学公式（三角関数，線形代数学，微分積分学など）を付録に掲載して自己完結本としていることにある．振動工学で使用される専門用語は，数学用語，物理学用語，工学用語が混用されて，同一の概念が異なる用語で表記がされることも多いので，それらを並列表記するとともに物理的意味を丁寧に説明するように努めた．特に記述が不足していた1自由度系強制振動の一般解の表示，過渡応答図などを追加して視覚的に一層理解しやすくなるように試みた．また各章末には，重要な「公式のまとめ」を付記し，「公式の索引」のような利用ができるように配慮した．具体的には，以下のような点に重点をおいて改訂した．

- フーリエ解析の説明の追加（第1章）
- 1自由度系強制振動の一般解の提示と過渡振動波形の具体的表示（第2章）
- ボード線図の追加（第2章）
- 最適化された粘性動吸振器の振幅応答曲線と説明の追加（第3章）
- はりの自由曲げ振動波形の3次元図による表示（第5章）
- 時間積分法としての中心差分法の記述の追加（第7章）
- 振動解析用のMATLABによるプログラム（Mファイル）のホームページへの移行に伴い，Mファイルによる例題の数値結果と過渡応答図の掲載（第7章）
- 各章の「公式のまとめ」の表の追加（各章末）
- 付録への「弾性系のばね定数表」の追加（付録）

本書の改訂により，読者にとってさらにわかりやすい教科書となることを願っている．本書の改訂に際して，いろいろと有益な助言や提言を頂いた愛媛大学 曽我部雄次教授に謝意を表する．

　2024年1月　　　　　　　　　　　　　　　　　　　　　　　著者一同

まえがき

　近年，科学技術があらゆる分野において著しい発展を遂げつつある．機械工業においても，高性能化，高速化，軽量化が強く要求されるために，機械や装置において発生する振動を防止する必要に迫られている．これに伴って，機械技術者にとって振動工学の知識が必要不可欠なものとなりつつある．そのためには，機械工学系の学生は振動工学の基礎的知識を十分勉強しておかねばならない．

　本書は，大学および工業高等専門学校の機械系学科の学生を対象とした教科書であるが，企業の技術者の振動工学の入門書としても役立つように書かれている．

　以上の趣旨より，執筆にあたり下記の諸点について重視した．

　（1）　振動工学の基礎を十分に理解するためには，第1章の振動工学の基礎から第3章の2自由度系の振動までを学べば十分であろう．例題を多くあげ，かつ演習問題を適切に加えることによって，理解を助けるようにしている．

　（2）　最近，機械工学において，特に高性能や高精度が要求されるために振動の計測法や制御法を身につけることが必要となっている．そのために，第4章においてそれらの基礎を詳しく述べている．

　（3）　振動工学の基礎を理解した後，さらに応用分野に進むためには自由度の多い振動系の知識が必要である．そのために，第5章の多自由度系の振動および第6章の連続体の振動においてその基礎を述べている．

　（4）　第5章や第6章で述べられた振動の運動方程式より，実際に解析し応答を求める手法を学ぶことが必要である．第7章においては，現在，振動解析に使われている手法を紹介するとともに，コンピュータプログラムも掲載している．

　最後に刊行にあたり，種々ご配慮を下さった共立出版（株）の編集部各位，

また，本書を執筆するにあたり参考にさせていただいた参考図書の著者に対して，深甚なる謝意を表する次第である．

1992 年 8 月

著者一同

目　　次

第1章　機械振動の基礎

第2章　1自由度系の振動

第 5 章　連続体の振動

第 6 章　振動の計測と制御

第7章　振動のコンピュータ解法

「演習問題の詳解」と「専門用語集」は，下記・共立出版のホームページに掲載.
http://www.kyoritsu-pub.co.jp/bookdetail/9784320082113

主要記号表

記　号	意　味	SI 単位
a_{ij}	影響係数	m/N
$A(t)$	単位ステップ応答関数	
c	減衰係数	Ns/m
c	弾性波の伝ぱ速度	m/s
D	散逸関数	J/s
E	縦弾性率（ヤング率）	N/m^2
f	励振力	N
f	振動数	Hz
F	外力，クーロン力	N
F_0	外力振幅	N
g	重力加速度	m/s^2
G	横弾性率（剛性率）	N/m^2
$h(t)$	単位インパルス応答関数	
I	断面 2 次モーメント	m^4
$\bar{I}$	力　積	Ns
I_p	断面 2 次極モーメント	m^4
J	慣性モーメント	kg m^2
k	ばね定数，軸剛性	N/m
k_{ij}	剛性係数	N/m
k_t	ねじりばね定数，ねじり剛性	Nm/rad
l	長　さ	m
L	ラグランジュ関数	J
m	質　量，集中質量	kg
M	（変位または加速度）振幅倍率	
M	曲げモーメント	Nm
P	軸　力	N
q	一般化変位，規準座標，モード座標	
$q(x, t)$	分布外力	N/m
Q	Q 値，一般化力	
r	半　径，変位振幅，中心軸からの距離	m
t	時　間	s
T	運動エネルギ	J
T	周　期	s

T	張　力	N
T	ねじりモーメント（トルク）	Nm
$u(t)$	単位ステップ関数	
u	軸変位	m
U	ポテンシャル・エネルギ	J
v	速　度	m/s
W	仕事量	J
x	質量の変位，軸座標	m
X	変位振幅，弦（棒，軸）のモード関数	m
y	弦（はり）の横変位，たわみ	m
Y	変位振幅，はりのモード関数	m
z	相対変位	m
Z	相対変位振幅	m
α	未定係数，方程式の根	
β	振動数係数，ニューマーク法のベータ値	
δ	対数減数率，ディラックの δ 関数	
Δ	行列式	
ε	軸ひずみ	
ζ	減衰比	
θ	回転角，ねじり角，たわみ角	rad
Θ	角度振幅	rad
κ	慣性モーメントに対する回転半径	m
λ	固有値，特性根，固有角振動数比	
λ	波　長	m
μ	質量比，摩擦係数	
ρ	質量密度	kg/m^3
ρ'	線密度	kg/m
σ	軸応力	N/m^2
ϕ	初期位相角，位相遅れ角	rad
ω	角振動数，角速度，励振振動数	rad/s
ω_d	減衰固有角振動数	rad/s
ω_n	固有角振動数	rad/s

1 機械振動の基礎

　振動現象にはいろいろな種類があるが，その中で代表的な調和振動（単振動）を中心に数学的な取り扱い方，すなわち調和振動の合成と複素数表示について述べる．さらに振動波形をフーリエ級数展開を用いて，調和解析する方法について説明する．振動系の解析に導入する基本要素（力学モデル）について説明し，振動現象を解明する過程において，対象とする問題のモデル化とその一般的な解析手順を示す．さらに回転系の運動方程式の導出法についても説明する．

1.1　振 動 と は

　振動とは，JIS B0153-2001（機械振動・衝撃用語）によれば「ある座標系に関する量の大きさが平均値より交互に大きくなったり小さくなったりするような変動．通常は時間的変動である」と定義している．われわれが日常生活で経験する具体的な振動現象としては，走行中の自動車や車輌の振動，飛行中の航空機の振動，地震による建築物の振動，波浪を受けた高速船の振動，工作機械の稼働中の振動，電気回路の振動など数えきれないほど多い．振動は，騒音の発生源となったり，材料の疲労破壊を早めたり，人体に不快感を与えたりするので，振動を積極的に軽減したり絶縁したりすることが望ましい．一方，鍛造機械，振動ふるい，振動試験機のように振動エネルギを積極的に利用している例もある．

　最近，機械装置は大型化，高速化，かつ高性能化する反面，軽量化が要求されるため構造が複雑となり，設計段階での詳細な動的解析が必要となってきた．そのため複雑な機械系をどのように等価な力学モデルに置き換えて振動解

析するかが，非常に重要な問題である．なぜならば，その機械系の動的特性を詳しく知る必要があるばかりでなく，その解析結果をもとに振動を軽減する対策を講じる必要があるからである．

1.1.1　振動の種類

表1.1には7つの基準による振動系の分類が示されている．ここでは，第2章以降で取り扱う振動の定義について，表1.1-5から簡単に説明しよう．

1)　自由振動：系が初期条件（初期変位，初期速度）だけにより生じる振動をいう．系に減衰がない場合を非減衰自由振動，系に減衰がある場合を減衰自由振動という．例：図2.2, 図2.13

2)　強制振動：系が外部からの**励振力（外力）**により生じる振動を一般に強制振動（運動方程式を記述する微分方程式の特殊解）という．励振力の振動数と系の**固有振動数**（系の剛性と質量との比だけで決まる固有の値）が一致したときは，**共振**と呼ばれる現象が発生する．このとき，系の振幅は時間とともに増大して機械装置や構造物に損傷をもたらす．例：図2.24

3)　過渡振動：系が外部からの励振力により生じる自由振動と強制振動とが混在している間の振動をいう．通常は多少なりとも摩擦抵抗などによるエネルギ損失に伴う減衰が存在するので，時間の経過とともに自由振動は消滅して，強制振動（定常振動）だけが残る．また非周期励振力を受けて生じる振動全般も，過渡振動と呼ぶことがある．例：図2.34

表 1.1　振動系・振動の分類

1.　自由度による分類	集中定数系（1自由度系や多自由度系など），分布定数系（連続体）
2.　振動要素の線形性による分類	線形振動，非線形振動
3.　振動要素の変化による分類	定係数系，時変係数系（パラメータ励振系）
4.　減衰の有無による分類	非減衰振動，減衰振動
5.　外力の有無による分類	自由振動，強制振動，過渡振動，自励振動
6.　外力の波形による分類	周期励振，無周期励振（インパルス励振，ステップ励振，ランプ励振），不規則励振
7.　振動波形による分類	定常振動，非定常振動
	規則（周期）振動，不規則（非周期）振動

4) 自励振動：系に作用する励振力が振動体の変位，速度，加速度などの関数となって系を励振させ動的不安定となって生じる振動をいう．本書では取り扱わない．例：航空機のフラッタ，鉄道車両の蛇行，バイオリンの弦の振動など

次に表1.1-6の外力の波形による分類を説明しよう．図1.1に周期励振の例を示す．一定の周期 T で同じ形が繰り返されるような励振を周期励振という．最も簡単な励振が，（a）正弦波励振である．（b）三角波，（c）合成波は周期的ではあるが，単一の関数形では表現できない．しかしフーリエ級数を使用すると三角関数の和として表せる（1.3節）．図1.2に示す無周期励振の例として，（a）インパルス励振，（b）ステップ励振，（c）ランプ励振などがある．

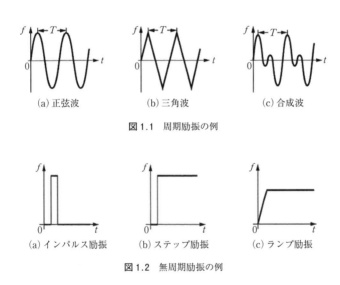

| (a) 正弦波 | (b) 三角波 | (c) 合成波 |

図 1.1　周期励振の例

| (a) インパルス励振 | (b) ステップ励振 | (c) ランプ励振 |

図 1.2　無周期励振の例

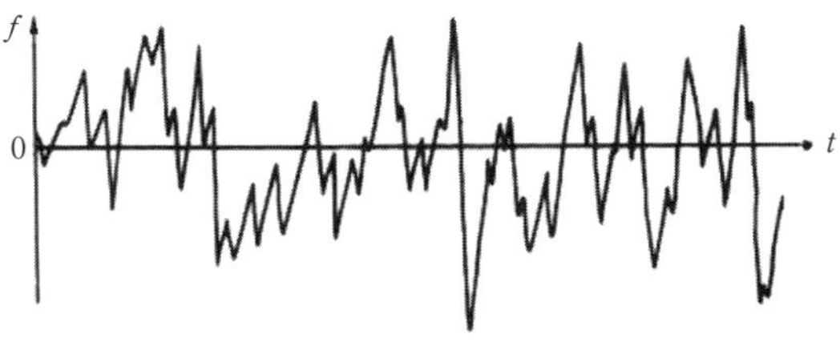

図 1.3　不規則励振の例

これらは2.8節の「過渡応答」の計算で使用される．図1.3に示す不規則励振は確定関数として表現することができず，統計的な量でしか記述できない．不規則振動信号については，6.4節の「データ処理」で取り扱う．

1.1.2 振動の単位

1960年の第10回国際度量衡総会において，工学分野での単位を統一するために**国際単位系**（Système International d' Unités：SI）を採用した．その後，多数の国において**SI**への移行が図られ，わが国でも1972年に日本工業規格（Japanese Industrial Standards：JIS）に導入されることが決定され，急速に採用が進んだ．そのために，本書ではすべてSI単位で表すことにする．

力学系のSI単位は，長さ（m），質量（kg），時間（s）を基本単位とする．また，力の大きさを**ニュートンの運動の第2法則**[*]

$$力＝質量×加速度$$

より1kgの質量に$1\,\mathrm{m/s^2}$の加速度が作用したときの力を1Nと定義する．したがって，従来用いられている重力単位系（工学単位系）の力1kgfは

$$1\,\mathrm{kgf}＝1\,\mathrm{kg}×g\,\mathrm{m/s^2}＝1g\mathrm{N}$$

ここで，gは重力加速度の大きさで，標準値としては$9.80665\,\mathrm{m/s^2}$である（精度に応じて，9.8または9.81を用いればよい）．力学問題で用いられる主要なSI組立単位を，表1.2にまとめて示す．

━━━━━━━━━━━━━━━━ 1.2 調 和 振 動 ━━━━━━━━━━━━━━━━

1.2.1 調和振動における基本用語

調和振動は図1.4のように半径rの回転ベクトルが円周上を，一定の**角速度**ωで反時計回りに回転する場合に生じる．点Pをx軸上およびy軸上に投影すると，それぞれの正射影は

$$x(t)＝r\cos(\omega t＋\phi), \quad y(t)＝r\sin(\omega t＋\phi) \quad [\mathrm{m}] \tag{1.1}$$

---

[*] 運動の第1法則（慣性の法則），運動の第2法則（運動の法則），運動の第3法則（作用反作用の法則）．

表 1.2　本書で使用される SI 組立単位

物理量	単位の名称	記　号	組立単位
時　間	秒	s	
長　さ	メートル	m	
質　量	キログラム	kg	
角　度（平面角）	ラジアン	rad(−)*	
面　積	平方メートル	m²	
体　積	立方メートル	m³	
速　度	メートル毎秒	m/s	
角速度	ラジアン毎秒	rad/s	
加速度	メートル毎秒毎秒	m/s²	
角加速度	ラジアン毎秒毎秒	rad/s²	
質量密度	キログラム毎立方メートル	kg/m³	
運動量	キログラム・メートル毎秒	kg・m/s	
角運動量	キログラム・平方メートル毎秒	kg・m²/s	
慣性モーメント	キログラム・平方メートル	kg・m²	
力	ニュートン	N	kg・m/s²
力　積	ニュートン・秒	N・s	kg・m/s
力のモーメント，トルク	ニュートン・メートル	N・m	kg・m²/s²
応力，圧力，弾性率	パスカル	Pa	N/m²
エネルギ，仕　事	ジュール	J	N・m
動　力，仕事率	ワット	W	N・m/s
回転数	回毎秒，回毎分	1/s, rpm	
振動数，周波数	ヘルツ	Hz	1/s
角（円）振動数	ラジアン毎秒	rad/s	
周　期	秒	s	

＊　無次元量（1 ラジアン＝180/π 度＝57.3 度）.

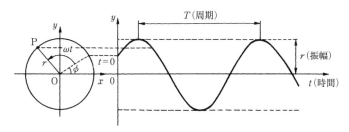

図 1.4　調和振動例

となり，$y(t)$ は図 1.4 のように $+r$ と $-r$ の間の値をとって 1 回転ごとに同一の現象を繰り返す．このような周期運動を**調和振動**（**単振動**）と呼ぶ．これは $x(t)$ の場合も同様である．この図 1.4 に示す基本的な用語を以下に説明する．

- r（**振　幅**）：中立位置（変位＝0）からの振動の上下変位の最大値 [m]．$2r$ は**全振幅**と呼ぶ．

- ω（**角（円）振動数**）：回転ベクトルの角速度 [rad/s] であり，振動数 f（1 秒間における繰り返し数）により $\omega = 2\pi f$ と表せる．

- $\omega t + \phi$（**位相角**）：時刻 t における x 軸と回転ベクトルとのなす角度 [rad]．

- ϕ（**初期位相角**）：時刻 $t=0$ での x 軸と回転ベクトルとのなす角度を表し，$\phi > 0$ を**位相進み**，$\phi < 0$ を**位相遅れ**という（$-\pi \leq \phi \leq \pi$）．

- T（**周　期**）：振動の 1 回の繰り返しに要する時間．その逆数が振動数 $f[1/s]$ を表す．

$$T = \frac{2\pi}{\omega} = \frac{1}{f} \quad [\text{s}] \tag{1.2}$$

調和振動では，振幅 r，角振動数 ω，初期位相角 ϕ は，すべて時間 t に依存せず一定である．

いま，式 (1.1) の $x(t)$ に着目して速度を求めてみよう．時間 t について変位 $x(t)$ を微分すると，速度は

$$\dot{x}(t) = -r\omega \sin(\omega t + \phi) = r\omega \cos\left(\omega t + \phi + \frac{\pi}{2}\right) \quad [\text{m/s}] \tag{1.3}$$

となる．ここで，$r\omega$ は速度振幅を表す．さらに $\dot{x}$ を t で微分すると加速度は

$$\ddot{x}(t) = -r\omega^2 \cos(\omega t + \phi) = r\omega^2 \cos(\omega t + \phi + \pi) \quad [\text{m/s}^2] \tag{1.4}$$

となる．ここで，$r\omega^2$ は加速度振幅を表す．このことから，微分するごとに位相角が $\pi/2$ ずつ進むことがわかる．すなわち，速度および加速度は変位に比べて位相角がそれぞれ $\pi/2$ および π だけ進んでいることになる．いま，式 (1.1)，(1.3)，(1.4) について，$r = 1\,\text{cm}$，$\omega = 2\,\text{rad/s}$，$\phi = 0$ として，横軸に $\theta = \omega t$，縦軸を重ね合わせて描くと，図 1.5 のようになる．速度波形（一点鎖線）は変位波形（実線）よりも位相角 $\pi/2$ だけ左側に，加速度波形（破線）はその速度波形よりも $\pi/2$ だけ左側にあるので，位相的には進んでいる．（注：$\omega t \neq 0$ での 3 つの波形の振幅の最大値をとる位相角の値に注目されたい）

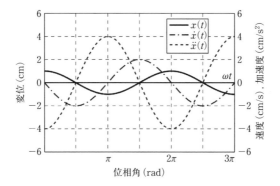

図 1.5　変位，速度，加速度の位相角に対する変化（$r=1$ cm，$\omega=2$ rad/s，$\phi=0$）

1.2.2　調和振動の合成

（1）　同一方向で，同一の角振動数の異なる振幅と初期位相角をもつ 2 つの調和振動の合成

同一の角振動数 ω をもつ次の 2 つの調和振動

$$x_1(t)=r_1\cos(\omega t+\phi_1),\quad x_2(t)=r_2\cos(\omega t+\phi_2)$$

の和は，加法定理（付録 A2）より展開して整理すると

$$x_1(t)+x_2(t)=(r_1\cos\phi_1+r_2\cos\phi_2)\cos\omega t-(r_1\sin\phi_1+r_2\sin\phi_2)\sin\omega t$$

となる．いま

$$r\cos\phi=r_1\cos\phi_1+r_2\cos\phi_2,\quad r\sin\phi=r_1\sin\phi_1+r_2\sin\phi_2$$

とおくと，三角関数の合成公式（付録 A2）により合成振動は

$$x_1(t)+x_2(t)=r\cos(\omega t+\phi) \tag{1.5}$$

と表せる．ここで，振幅 r と初期位相角 ϕ は

$$\left.\begin{array}{l} r=\sqrt{r_1{}^2+r_2{}^2+2r_1r_2\cos(\phi_1-\phi_2)}\\[2mm] \phi=\tan^{-1}\dfrac{r_1\sin\phi_1+r_2\sin\phi_2}{r_1\cos\phi_1+r_2\cos\phi_2} \end{array}\right\} \tag{1.6}$$

となる．式（1.5）は振幅と初期位相角が時間 t に依存せず一定で，同一の角振動数 ω をもつ調和振動となる．

(2) 同一方向で，異なる角振動数，振幅，初期位相角をもつ2つの調和振動の合成

異なる角振動数 ω_1, ω_2 をもつ次の2つの調和振動

$$x_1(t)=r_1\cos(\omega_1 t+\phi_1), \quad x_2(t)=r_2\cos(\omega_2 t+\phi_2)$$

を合成してみよう．すなわち

$$x(t)=r_1\cos(\omega_1 t+\phi_1)+r_2\cos(\omega_2 t+\phi_2)$$
$$=\frac{1}{2}(r_1+r_2)\{\cos(\omega_1 t+\phi_1)+\cos(\omega_2 t+\phi_2)\}$$
$$+\frac{1}{2}(r_1-r_2)\{\cos(\omega_1 t+\phi_1)-\cos(\omega_2 t+\phi_2)\}$$

と変形後，三角関数の和および差の積への変換公式（付録 A2）によって

$$x(t)=(r_1+r_2)\cos\left(\frac{\omega_1-\omega_2}{2}t+\frac{\phi_1-\phi_2}{2}\right)\cos\left(\frac{\omega_1+\omega_2}{2}t+\frac{\phi_1+\phi_2}{2}\right)$$
$$-(r_1-r_2)\sin\left(\frac{\omega_1-\omega_2}{2}t+\frac{\phi_1-\phi_2}{2}\right)\sin\left(\frac{\omega_1+\omega_2}{2}t+\frac{\phi_1+\phi_2}{2}\right)$$

となり，さらに三角関数の合成公式（付録 A2）によって

$$x(t)=r\cos\left(\frac{\omega_1+\omega_2}{2}t+\frac{\phi_1+\phi_2}{2}+\phi\right) \tag{1.7}$$

となる．ここで，振幅 r と位相角 ϕ は次のようになる．

$$\left.\begin{array}{l} r=\sqrt{r_1^2+r_2^2+2r_1 r_2\cos\{(\omega_1-\omega_2)t+\phi_1-\phi_2\}} \\ \tan\phi=\dfrac{r_1-r_2}{r_1+r_2}\tan\left(\dfrac{\omega_1-\omega_2}{2}t+\dfrac{\phi_1-\phi_2}{2}\right) \end{array}\right\} \tag{1.8}$$

上式からわかるように，$\omega_1\neq\omega_2$ のときは振幅 r と位相角 ϕ は時間 t とともに変化し，r は $|r_1-r_2|$ から r_1+r_2 まで，ϕ は $-\pi/2$ から $\pi/2$ まで変化する．特に，$r_1=r_2$，$\phi_1=\phi_2=0$（$\phi=0$）のときは，式（1.7）は次式となり具体例で示すと，図1.6のような波形になる．

$$x(t)=\left[2r_1\cos\frac{\omega_1-\omega_2}{2}t\right]\cos\left(\frac{\omega_1+\omega_2}{2}\right)t \tag{1.9}$$

時間依存振幅　　　　　　　角振動数

図1.6の実線が示すように，式（1.9）は振幅が0から $2r_1$ の間で時間 t とともに変動し，周期 $T=4\pi/(\omega_1+\omega_2)$ をもつ調和振動に近い波形となる．同図において振幅の包絡線を破線で示した波形は，周期

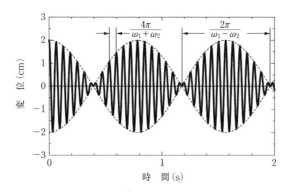

図 1.6 うなり現象例 (r_1＝1 cm, ω_1＝104 rad, ω_2＝96 rad の場合)

$$T=2\pi/|\omega_1-\omega_2| \qquad (1.10)$$

をもつうなりを示す．このうなりは角振動数 $|\omega_1-\omega_2|$ で，振幅が時間 t に依存して周期的に緩やかに変動するので，振幅変調を受けている．また，特に $\omega_1=\omega_2$ であれば，式（1.8）から r と ϕ は時間 t に依存せず一定となるため，式（1.7）は一定振幅で，一定角振動数 $\omega_1(=\omega_2)$ の調和振動となる．

例題 1.1 $x(t)$＝5 sin($\pi t/6+\pi/3$) の調和振動において，t＝3 s での変位 x, 速度 $\dot{x}$, 加速度 $\ddot{x}$ の値を求めよ．ただし，振幅の単位は cm とする．

（解） $\dot{x}(t)$＝5($\pi/6$) cos($\pi t/6+\pi/3$), $\ddot{x}(t)$＝$-5(\pi/6)^2$ sin($\pi t/6+\pi/3$) から

変位　　$x(3)$＝5 sin($\pi/2+\pi/3$)＝5 sin($5\pi/6$)＝2.5 cm

速度　　$\dot{x}(3)$＝($5\pi/6$) cos($\pi/2+\pi/3$)＝-2.27 cm/s

加速度　$\ddot{x}(3)$＝$-5(\pi/6)^2$ sin($\pi/2+\pi/3$)＝-0.69 cm/s^2

例題 1.2 同一の角振動数をもつ 2 つの調和振動 $x_1(t)$＝5 sin ωt, $x_2(t)$＝3 cos($\omega t+\pi/3$) の合成振動を求めよ．ただし，振幅の単位は cm とする．

（解） 前者の調和振動を sin ωt＝cos($\omega t-\pi/2$) と変形後，式（1.6）を用いて

$$r=\sqrt{5^2+3^2+2\cdot5\cdot3\cos(-5\pi/6)}=2.83 \text{ cm} \qquad (1)$$

$$\tan\phi=\frac{5\sin(-\pi/2)+3\sin(\pi/3)}{5\cos(-\pi/2)+3\cos(\pi/3)}=-1.60 \qquad (2)$$

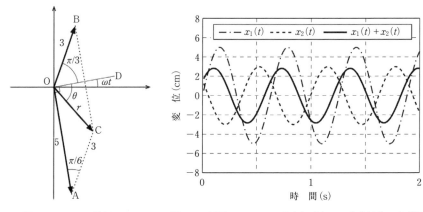

図 1.7 ベクトル線図による
調和振動の表示例

図 1.8 例題 1.2 の 2 つの調和振動とその合成振動の波形例
（$\omega=10$ rad/s）

式 (2) より初期位相角 $\phi=\tan^{-1}(-1.60)=-1.01$ となるので，式 (1.5) から

$$x_1(t)+x_2(t)=2.83\cos(\omega t-1.01) \tag{3}$$

　（別解）　上記のように 2 つの調和振動を共通の cos 関数で表示すると，ベクトル線図により図示（図 1.7）できる．すなわち，$x_1(t)$ は振幅 5，位相角 $\omega t-\pi/2$ のベクトル OA，$x_2(t)$ は振幅 3，位相角 $\omega t+\pi/3$ のベクトル OB として表せる．2 つのベクトル和として，ベクトル OC として求まる．その振幅 r は，三角形 OAC についての余弦定理（付録 A2）から

$$r=\sqrt{5^2+3^2-2\cdot5\cdot3\cos(\pi/6)}=2.83$$

となる．一方，角度 θ（$\angle$DOC）は幾何学的関係から

$$r\cos\theta=3\cos(\pi/3) \quad より \quad \cos\theta=3\times0.5/2.83=0.530$$
$$\therefore \quad \theta=\cos^{-1}(0.530)=1.01$$

と求まるので，合成振動の位相角は図 1.7 から $\omega t-1.01$ となる．したがって，ベクトル OC：$2.83\cos(\omega t-1.01)$ となり，式 (3) の合成振動解と一致する．2 つの調和振動とその合成振動を図示すると，図 1.8 のようになる．

　例題 1.3　角振動数の異なる 2 つの調和振動 $x_1(t)=10\cos10t$, $x_2(t)=5\cos8t$ の合成振動の変位振幅の最大値および最小値，うなりの周期を求めよ．ただし，振幅の単位は cm とする．

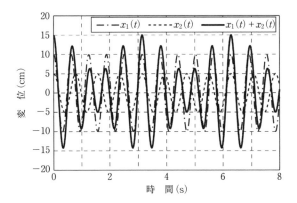

図 1.9　2 つの調和振動とその合成振動の波形

(解)　式 (1.8) の第 1 式と式 (1.10) より

最大振幅 $r_{\max}=r_1+r_2=10+5=15$ cm

最小振幅 $r_{\min}=r_1-r_2=10-5=5$ cm

うなりの周期 $T=2\pi/|(\omega_1-\omega_2)|=2\pi/|10-8|=\pi=3.14$ s

2 つの調和振動とその合成振動を図示すると，図 1.9 のような振動波形になり，最大および最小振幅と周期は上の数値と一致する．

1.2.3　調和振動の複素数表示

調和振動は図 1.10 のように回転ベクトルを用いて表すことができる．この表示を用いれば，計算の取り扱いが非常に便利となる．同図において振幅 r，角速度 ω，初期位相角 ϕ であり，反時計方向に回転する変位ベクトル $\boldsymbol{r}$ は

$$\boldsymbol{r}(t)=re^{j(\omega t+\phi)} \quad (1.11)$$

と極形式の**複素ベクトル***として表すことができる．ここで $j=\sqrt{-1}$ は虚

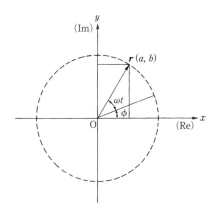

図 1.10　調和振動のベクトル表示

---

*　複素数と平面ベクトルは和, 差, 定数倍の演算では同じ取扱いが可能なので, 便宜的に用いられる.

数単位を表す．x 軸を実数（Re）軸，y 軸を虚数（Im）軸とすると

$$e^{\pm j\theta}=\cos\theta\pm j\sin\theta \quad \textbf{（オイラーの公式）} \tag{1.12}$$

の関係があるから，式（1.11）は，上式のオイラーの公式から

$$\boldsymbol{r}(t)=r\cos(\omega t+\phi)+jr\sin(\omega t+\phi) \tag{1.13}$$

となる．x 軸および y 軸への正射影はそれぞれ

$$x(t)=r\cos(\omega t+\phi),\quad y(t)=r\sin(\omega t+\phi)$$

となり，調和振動をする．式（1.11）の指数部を分離して

$$\boldsymbol{r}(t)=re^{j\phi}\cdot e^{j\omega t}=\tilde{r}e^{j\omega t} \tag{1.14}$$

と書くことができる．$\tilde{r}$ は初期位相角 ϕ を含む振幅に相当し**複素振幅**という．
式（1.11）の変位ベクトル $\boldsymbol{r}$ を時間 t について微分すると，速度ベクトルは

$$\dot{\boldsymbol{r}}(t)=(j\omega)re^{j(\omega t+\phi)}=\omega re^{j(\omega t+\phi+\pi/2)} \tag{1.15}$$

となる．ここで，式（1.12）より $j=e^{j\pi/2}$ と変換している．式（1.15）をさらに時間 t について微分すると，加速度ベクトルは

$$\ddot{\boldsymbol{r}}(t)=(j\omega)^2re^{j(\omega t+\phi)}=\omega^2 re^{j(\omega t+\phi+\pi)} \tag{1.16}$$

となる．ここで，式（1.12）より
$-1=e^{j\pi}$ と変換している．$\boldsymbol{r},\dot{\boldsymbol{r}},\ddot{\boldsymbol{r}}$
を図示すると図1.11のようになる．
すなわち，速度ベクトル $\dot{\boldsymbol{r}}$ は $\boldsymbol{r}$ に
比べて振幅が ω 倍，その位相角が
$\pi/2$ だけ進み，また加速度ベクトル
$\ddot{\boldsymbol{r}}$ は $\boldsymbol{r}$ に比べてその振幅が ω^2 倍，
位相角が π だけ進んでいる．

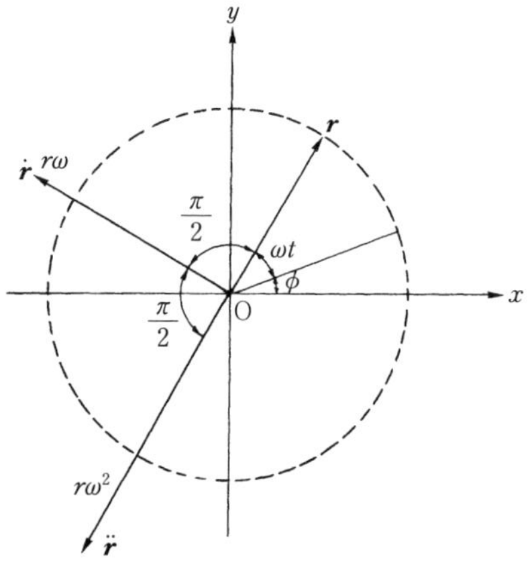

いま図1.10の x-y 面上の任意の
位置ベクトル $\boldsymbol{r}$ を，複素数を使用して

$$\boldsymbol{r}=a+jb \tag{1.17}$$

図1.11　変位，速度，加速度のベクトル表示

と表示すると，$x=a,\ y=b$ の成分をもつと考えることができるので

$$r=\sqrt{a^2+b^2}\ \text{（絶対値）},\quad \omega t+\phi=\theta=\tan^{-1}\frac{b}{a}\ \text{（偏角）}^* \tag{1.18}$$

---

* 　偏角 θ の値域は $-\pi<\theta<\pi$ である．通常の $\tan^{-1}()$ の主値は $-\pi/2<\theta<\pi/2$.

とおくと，式 (1.17) は次の極形式の複素ベクトルとして表示ができる.

$$r = a + jb = r\{\cos(\omega t + \phi) + j\sin(\omega t + \phi)\} = re^{j\theta}$$

例題 1.4　2 つの複素ベクトル $r_1(t) = 5e^{j(\omega t + \pi/6)}$, $r_2(t) = 3e^{j(\omega t + \pi/3)}$ を合成して極形式で表示せよ.

(解)　$r(t) = r_1(t) + r_2(t) = (5e^{\pi/6 \cdot j} + 3e^{\pi/3 \cdot j})e^{j\omega t} = re^{j\phi} \cdot e^{j\omega t}$　　　　　(1)

とおけば，オイラーの公式 (1.12) により複素振幅部を

$$実部: r\cos\phi = 5\cos(\pi/6) + 3\cos(\pi/3) = 5.83$$
$$虚部: r\sin\phi = 5\sin(\pi/6) + 3\sin(\pi/3) = 5.10$$

と展開できて，式 (1.18) より振幅と初期位相角は次のように求まる.

$$r = \sqrt{5.83^2 + 5.10^2} = 7.75, \quad \phi = \tan^{-1}(5.10/5.83) = 0.719 \text{ rad}$$

したがって，式 (1) から $r(t) = 7.75e^{j0.719}e^{j\omega t} = 7.75e^{j(\omega t + 0.719)}$ となる.

1.3　フーリエ級数と調和解析

1.2 節で述べたように異なった振動数をもつ複数の調和振動を合成すると，もはや調和振動でない周期振動になる. 逆に任意の周期振動は，これを多数の調和振動の和として表現できる. 図 1.12 のように周期 T で繰り返している振動波形を，$T, T/2, \cdots, T/n, \cdots$，すなわち ω(基本角振動数), $2\omega, \cdots, n\omega, \cdots$ の調和振動の和として表すことができる. 周期 $T = 2\pi/\omega$ をもつ周期関数* $f(t)$ は，次のように表せる.

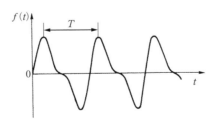

図 1.12　周期 T をもつ任意の周期関数

---

*　$f(t) = f(t+T)$ を満足する関数をいう. T は最小の正の定数である.

$$f(t) = \frac{a_0}{2} + a_1 \cos \omega t + a_2 \cos 2\omega t + \cdots + a_n \cos n\omega t + \cdots$$

$$+ b_1 \sin \omega t + b_2 \sin 2\omega t + \cdots + b_n \sin n\omega t + \cdots$$

$$= \frac{a_0}{2} + \sum_{n=1}^{\infty} (a_n \cos n\omega t + b_n \sin n\omega t) \qquad (1.19)$$

式 (1.19) を**フーリエ級数**と呼び，$a_0, a_1, a_2, \cdots, a_n, \cdots, b_1, b_2, \cdots, b_n, \cdots$ などの係数を**フーリエ係数**という．これらの係数は，$f(t)$ が周期 T を有することより式 (1.19) の両辺に $\cos m\omega t$ を乗じて区間 $[0, T]$ で積分すると，右辺では $a_m \cos m\omega t$ の項だけが残って他は 0 となるから

$$a_m = \frac{2}{T} \int_0^T f(t) \cos m\omega t \, dt \quad (m = 1, 2, \cdots) \qquad (1.20)$$

となる（ここで $m = n$）．また，式 (1.19) の両辺に $\sin m\omega t$ を乗じて区間 $[0, T]$ で積分すると，右辺の $b_m \sin m\omega t$ の項だけが残って他は 0 となるから

$$b_m = \frac{2}{T} \int_0^T f(t) \sin m\omega t \, dt \quad (m = 1, 2, \cdots) \qquad (1.21)$$

となる（ここで $m = n$）．最後に式 (1.19) の両辺を区間 $[0, T]$ で直接積分すると，右辺の第 2 項以下のすべての項が 0 となるから

$$a_0 = \frac{2}{T} \int_0^T f(t) \, dt \qquad (1.22)$$

となる．このようにして式 (1.19) のすべての係数を決定することができる．式 (1.19) は同一の振動数成分をもつ sin 関数と cos 関数を，cos 関数で合成（付録 A2.1）して

$$f(t) = d_0 + d_1 \cos(\omega t - \phi_1) + d_2 \cos(2\omega t - \phi_2) + \cdots \qquad (1.23)$$

と書き直すことができる．ここで

$$d_0 = \frac{a_0}{2}, \quad d_n = \sqrt{a_n^2 + b_n^2}, \quad \phi_n = \tan^{-1}\left(\frac{b_n}{a_n}\right) \quad (n = 1, 2, \cdots)$$

式 (1.23) の第 1 項は定数で振動波形の平均高さを示す．第 2 項は基本振動または 1 次振動といい，第 3 項以降は高次振動という．このように任意の周期振動は，定数項，基本振動，高次振動に分解することができる．上式の振幅 d_n と位相角 ϕ_n を $n\omega$（$n = 1, 2, \cdots$）に対して描くと，図 1.13 を得る．このような振動数成分に対する d_n と ϕ_n の分布を，**振動数スペクトル**（**スペクトル線図**）という．このように d_n と ϕ_n を決定することを，**調和解析**または**フーリエ解析**

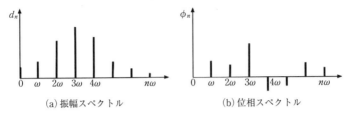

(a) 振幅スペクトル　　　(b) 位相スペクトル

図 1.13 周期関数の振動数スペクトルの例

という．このフーリエ解析によって，時間領域における振動波形から，それを構成している振動数成分に対する振幅と位相角の大きさを知ることができる．

式 (1.20)〜(1.22)*における積分計算では，次の三角関数の公式（付録A2）

$$\left. \begin{aligned}
\cos m\omega t \cos n\omega t &= \frac{1}{2}\cos(m-n)\omega t + \frac{1}{2}\cos(m+n)\omega t \\
\sin m\omega t \sin n\omega t &= \frac{1}{2}\cos(m-n)\omega t - \frac{1}{2}\cos(m+n)\omega t \\
\cos m\omega t \sin n\omega t &= \frac{1}{2}\sin(m+n)\omega t - \frac{1}{2}\sin(m-n)\omega t
\end{aligned} \right\}$$

を使用している．上記の関数列のように同一関数のある区間の2乗の積分値が一定値をとり，相異なる関数の積の積分値が0となる性質を**直交性**といい，これを満足する関数を**直交関数系**という．

[三角関数系の直交性の証明]

$$\left. \begin{aligned}
\int_0^T \cos m\omega t \cos n\omega t \, \mathrm{d}t &= \int_0^T \left\{\frac{1}{2}\cos(m-n)\omega t + \frac{1}{2}\cos(m+n)\omega t\right\}\mathrm{d}t = 0 \quad (m \neq n) \\
&= T/2 \qquad\qquad\qquad\qquad\qquad\qquad\qquad (m = n) \\
\int_0^T \sin m\omega t \sin n\omega t \, \mathrm{d}t &= \int_0^T \left\{\frac{1}{2}\cos(m-n)\omega t - \frac{1}{2}\cos(m+n)\omega t\right\}\mathrm{d}t = 0 \quad (m \neq n) \\
&= T/2 \qquad\qquad\qquad\qquad\qquad\qquad\qquad (m = n) \\
\int_0^T \cos m\omega t \sin n\omega t \, \mathrm{d}t &= \int_0^T \left\{\frac{1}{2}\sin(m+n)\omega t - \frac{1}{2}\sin(m-n)\omega t\right\}\mathrm{d}t = 0 \\
\int_0^T \cos n\omega t \, \mathrm{d}t &= \int_0^T \sin n\omega t \, \mathrm{d}t = 0
\end{aligned} \right\}$$

---

* 式 (1.20)〜(1.22) はオイラー・フーリエの公式と呼ばれる．

　上式の被積分関数は周期 T をもつので，積分区間を $[-T/2, T/2]$ に変更しても積分値は変わらない．

> **例題 1.5**　図 1.14 に示す矩形波をフーリエ級数（$0<t<2\pi/\omega$）に展開せよ．

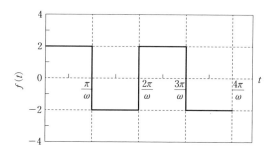

図 1.14　矩形波（$f(t)=\pm 2$ のとき）

　（解）　$f(t)$ は $2(0\leqq t<\pi/\omega), -2(\pi/\omega\leqq t<2\pi/\omega)$ で奇関数であるから，式（1.20）〜（1.22）より以下のようにフーリエ係数が求まる．

$$\left.\begin{aligned}
a_n &= \frac{\omega}{\pi}\int_0^{\pi/\omega}2\cos n\omega t\,\mathrm{d}t - \frac{\omega}{\pi}\int_{\pi/\omega}^{2\pi/\omega}2\cos n\omega t\,\mathrm{d}t\\
&= \frac{2}{n\pi}(\sin n\pi - 0) - \frac{2}{n\pi}(\sin 2n\pi - \sin n\pi) = 0
\end{aligned}\right\} \tag{1}$$

$$\left.\begin{aligned}
b_n &= \frac{\omega}{\pi}\int_0^{\pi/\omega}2\sin n\omega t\,\mathrm{d}t - \frac{\omega}{\pi}\int_{\pi/\omega}^{2\pi/\omega}2\sin n\omega t\,\mathrm{d}t\\
&= -\frac{2}{n\pi}(\cos n\pi - 1) + \frac{2}{n\pi}(\cos 2n\pi - \cos n\pi) = \frac{4}{n\pi}(1-\cos n\pi)\\
&= \frac{4}{n\pi}\{1-(-1)^n\} \quad (\because \cos n\pi = (-1)^n)
\end{aligned}\right\} \tag{2}$$

$$a_0 = \frac{\omega}{\pi}\int_0^{\pi/\omega}2\mathrm{d}t - \frac{\omega}{\pi}\int_{\pi/\omega}^{2\pi/\omega}2\mathrm{d}t = 0 \tag{3}$$

したがって，b_n だけが残り式（1.19）から次式（フーリエ正弦級数）を得る．

$$f(t) = \frac{4}{\pi}\sum_{n=1}^{\infty}\frac{1}{n}\{1-(-1)^n\}\sin n\omega t = \frac{4}{\pi}\sum_{n=1,3,5\cdots}^{\infty}\frac{1}{n}\sin n\omega t \tag{4}$$

矩形波のフーリエ級数による展開例を，図 1.15 に示す．$n=5$ 程度まで展開すると，かなりの精度で近似できていることがわかる．

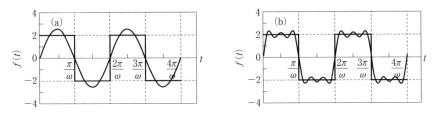

図 1.15 フーリエ級数の展開の例 (a) $n=1$, (b) $n=5$

################### 　1.4　 振動系の基本要素 ###################

　機械系の振動を解析する場合，実物の構造物は複雑で直接的に解析すること
が非常に困難になる．そのために，解析する対象物を等価な簡単な**力学モデル**
で置き換えることが一般的に行われる．振動系のモデル化において使用される
基本的な3つの要素を，表1.3に示す．

　慣性要素とは，並進運動または回転運動する物体（**剛体**）における質量また
は慣性モーメント（1.6節で説明）をいう．**復元要素**とは弾性ばねのように元
の状態に戻ろうとする力学的特性をもつ要素を指す．**減衰要素**とはダッシュポ
ットやダンパのように系の**運動エネルギ**を非可逆的に熱エネルギに変換させて
消散させ，振動を減衰させる作用をもつ要素をいう．通常この3要素に，外部
から強制外力（またはトルク）または強制変位の形で励振が作用する．並進運
動系と回転運動系の代表的な1自由度系振動のそれぞれの力学モデルを，図
1.16に示す．

表 1.3 振動系の基本要素

要素の名称	記　号	発生する力
慣性要素	○—▨—○	慣性力
復元要素	○—〜〜〜—○	復元力
減衰要素	○—[▮]—○	減衰力

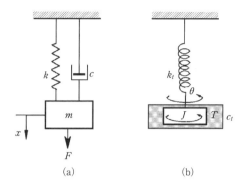

(a)　　　　　　　　　　　(b)

図 1.16　(a)　並進運動系の力学モデル　(b)　回転運動系の力学モデル

表 1.4　並進運動系と回転運動系の対応関係

	並進運動系	回転運動系
運動方程式	$m\ddot{x}+c\dot{x}+kx=F(t)$	$J\ddot{\theta}+c_t\dot{\theta}+k_t\theta=T(t)$
変位項	変位：x [m]	角変位：θ [rad]
速度項	速度：$\dot{x}$ [m/s]	角速度：$\dot{\theta}$ [rad/s]
外力項	励振力：F [N]	励振トルク：T [Nm]
慣性要素	質量：m [kg]	慣性モーメント：J [kg·m²]
復元要素	ばね定数：k [N/m]	ねじりばね定数：k_t [Nm/rad]
減衰要素	減衰係数：c [Ns/m]	ねじり減衰係数：c_t [Nms/rad]
ポテンシャルエネルギ	$\frac{1}{2}kx^2$：[J]	$\frac{1}{2}k_t\theta^2$：[J]
運動エネルギ	$\frac{1}{2}m\dot{x}^2$：[J]	$\frac{1}{2}J\dot{\theta}^2$：[J]

　図 1.16（a）では質量の上下運動を変位 x，図 1.16（b）では円板の回転運動を角変位 θ のみで，物体の運動を記述することができる．このように，物体の運動を記述するのに必要な独立した変数（座標）の数を，**自由度**という．ここでは，それぞれの物体の変位 x，角変位 θ のみで運動が記述されるので，1自由度系となる．1つの物体が同時に並進運動と回転運動をする場合には，1つの物体の運動を記述するのに，変位 x，角変位 θ の2つの変数（座標）が必要となるので，2自由度系となる．振動系を N 個の独立した変数（座標）で記述する必要がある場合，この系は N 自由度系と呼ばれる．連続体（第5章）

は無限個の質点からなる系と見なされるので，この系は無限自由度を有する．1 自由度系の並進運動系と回転運動系の対応関係を，表 1.4 にまとめて示す．

1.4.1 復 元 力

復元要素としての代表例が，ばね要素である．ばねに作用する**復元力**は，一般的にはその要素の変位 x の関数として表され，線形ばねの場合には変位に比例し，作用する方向は変位方向と逆である．すなわち

$$f = -kx \tag{1.24}$$

と書ける．比例定数 k は**ばね定数（ばね剛性）**であり，上式を**フックの法則**[*]と呼ぶ．図 1.17(a) に示すように，ばね定数が異なる 2 本のばねが並列に並んでいる場合には，ばねの復元力は次のように表せる．

$$f = -k_1 x - k_2 x = -(k_1 + k_2)x = -k_{eq}\, x \tag{1.25}$$

したがって，n 本の並列ばねに対する**等価ばね定数** k_{eq} は，次のようになる．

$$k_{eq} = \sum_{i=1}^{n} k_i \quad [\mathrm{N/m}] \tag{1.26}$$

一方，図 1.17(b) に示すように，ばね定数が異なる 2 本のばねが直列に並んでいる場合には，ばねの変位と復元力の関係は次のように表せる．

$$x = -\frac{f}{k_1} - \frac{f}{k_2} = -\left(\frac{1}{k_1} + \frac{1}{k_2}\right)f = -\frac{1}{k_{eq}}f \tag{1.27}$$

したがって，n 本の直列ばねに対する等価ばね定数 k_{eq} は，次のようになる．

$$\frac{1}{k_{eq}} = \sum_{i=1}^{n} \frac{1}{k_i} \tag{1.28}$$

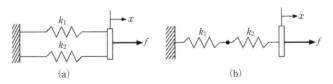

図 1.17 (a) 並列ばねと (b) 直列ばね

---

[*] 狭義には，弾性体において応力とひずみの間に比例するという法則．

1.4.2　粘　性　力

　減衰要素の代表例が**ダッシュポット**である．ダッシュポットに作用する減衰力は，一般的にはその要素の速度 $\dot{x}$ の関数として表され，速度が小さい場合には速度に比例して，作用する方向は変位方向と逆である．すなわち

$$f = -c\dot{x} \tag{1.29}$$

と書けて，比例定数 c を**粘性減衰係数**（以後**減衰係数**と略記）と呼ぶ．図1.18(a) に示すように，減衰係数が異なる 2 個のダッシュポットが並列に並んでいる場合には，減衰力は

$$f = -c_1\dot{x} - c_2\dot{x} = -(c_1 + c_2)\dot{x} = -c_{eq}\dot{x} \tag{1.30}$$

となる．したがって，n 個の並列ダッシュポットに対する**等価減衰係数** c_{eq} は，並列ばねの場合と同様に次のように書ける．

$$c_{eq} = \sum_{i=1}^{n} c_i \quad [\mathrm{Ns/m}] \tag{1.31}$$

一方，図 1.18(b) に示すように減衰係数が異なる 2 つのダッシュポットが直列に並んでいる場合には，ばねの変位速度と減衰力の関係は次のように表せる．

$$\dot{x} = -\frac{f}{c_1} - \frac{f}{c_2} = -\left(\frac{1}{c_1} + \frac{1}{c_2}\right)f = -\frac{1}{c_{eq}}f \tag{1.32}$$

したがって，n 個の直列ダッシュポットに対する等価減衰係数 c_{eq} は，直列ばねの場合と同様次のようになる．

$$\frac{1}{c_{eq}} = \sum_{i=1}^{n} \frac{1}{c_i} \tag{1.33}$$

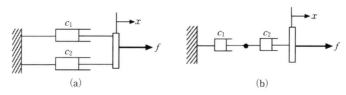

図 1.18　(a) 並列ダッシュポットと (b) 直列ダッシュポット

1.5 モデル化と運動方程式

　実際の振動問題を解析するときの一般的手順を流れ図で示すと，図 1.19 のようになる．まず問題となっている複雑な振動現象を，本質を失わないように必要な要因だけを取り出して，できるだけ簡単な力学モデルを作成する．すなわち，一般的には機械系を**集中定数系**（表 1.3 の 3 要素の組み合わせからなる系）として取り扱う．次にこの力学モデルについて運動方程式を導出する．運動方程式の基礎は，ニュートンの運動の第 2 法則であり，力の動的釣り合いから運動方程式を導出する．多自由度系の運動方程式の導出（第 4 章）では，一般にラグランジュの方程式が使用される．運動方程式の解を求めるときに，解析的に解くことが困難なときには，問題の本質を失わないように線形化などを行う．なお，それでも**解析解**が得られない場合には，コンピュータによる数値解析（第 7 章）を実施する．最終的に振動解が得られたならば，その解が妥当であるかを実験結果との比較や工学的な判断に基づいて検討する．もし，振動解が実験結果と一致しないときや問題の振動現象を合理的に説明できない場合には，もう一度最初に戻って，モデル化から見直すことになる．以上の手順を簡単にまとめると，次のようになる（その流れ図を図 1.19 に示す）．

1. 振動現象のモデル化
2. 力学モデルの作成
3. 運動方程式の導出（数学モデルの作成）
4. 運動方程式の解の導出
5. 解析結果と振動現象との比較検討

図 1.19 振動現象の解析手順の流れ図

┅┅┅┅┅┅┅┅┅┅┅ 1.6 回転運動と慣性モーメント ┅┅┅┅┅┅┅┅┅

　本節では，回転系の運動方程式を取り扱う．準備として，剛体の回転運動を説明する．図1.20に示すような質量 dm の質点が質量の無視できる棒に固定されて，軸 O の周りを水平面内で回転する系を考える．棒の任意の位置からの角度を θ とすれば，角速度は $\dot{\theta}$ であり，接線方向の加速度は $r\ddot{\theta}$ となる．質点に加速度を生じさせるトルク dT は，次のように書ける

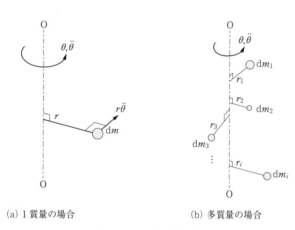

(a) 1質量の場合　　　　　　　(b) 多質量の場合

図1.20　回転する質点系

$$dT = r^2\ddot{\theta}\,dm \quad [\text{Nm}] \tag{1.34}$$

n 個の質量 $m_i\,(i=1,2,\cdots,n)$ が軸 O から 距離 r_i 離れた位置に取り付けられて回転する場合には，i について和をとると

$$T = \sum_{i=1}^{n}dT_i = \ddot{\theta}\sum_{i=1}^{n}r_i{}^2 dm_i \tag{1.35}$$

となる．ここで，すべての質点の角速度 $\dot{\theta}$ が等しいとしている（棒は剛体と仮定）．次に質点が連続的に分布しているような剛体の回転運動を考える．微小部分を取り出してその質量を dm とすると，この微小部分には，式（1.34）が成立するので，全体として式（1.35）の $\sum$ を積分で置き換えればよい．すなわち，剛体の回転の運動方程式は次のように書ける．

$$T=\int \mathrm{d}T=\ddot{\theta}\int_V r^2\mathrm{d}m=J_0\ddot{\theta} \tag{1.36}$$

ここで

$$J_0=\int_V r^2\mathrm{d}m=\int_V r^2\rho\,\mathrm{d}V \quad [\mathrm{kgm^2}] \tag{1.37}$$

この J_0 は質量密度 ρ が一定であれば，剛体 V の形状と回転軸の位置だけで決まる値であり，軸 O に関する**慣性モーメント***と呼ぶ．種々の一般物体の慣性モーメント J の公式を，付録 A1 に示す．最も簡単な質量のない棒の先端（距離 r）に集中質量 m がある場合には，上式から

$$J_0=mr^2 \tag{1.38}$$

となる．J_0 は一定であるので，式 (1.36) は $\dot{\theta}=\omega$ おくと，次のようにも書ける．

$$T=\frac{\mathrm{d}}{\mathrm{d}t}(J_0\omega) \tag{1.39}$$

さらに $L=J_0\omega$ とおくと，次式が成立する．

$$T=\frac{\mathrm{d}L}{\mathrm{d}t} \tag{1.40}$$

上式は，$L=J_0\omega$ の時間的変化がトルク T に等しいことを表す．L は角運動量と呼ばれ，式 (1.40) は**角運動量の法則**と呼ばれる．

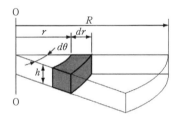

図 1.21 に示す円板（半径 R，厚さ h）について，軸 O の周りの慣性モーメント J_0 を計算してみよう．扇形部分の微小質量 $\mathrm{d}m$ を計算すると，$\mathrm{d}m=\rho h\cdot r\mathrm{d}\theta\cdot\mathrm{d}r$ となるので，式 (1.37) から

図1.21 円板の慣性モーメントの計算

$$J_0=\int r^2\mathrm{d}m=\int r^2(\rho h\cdot r\mathrm{d}\theta\cdot\mathrm{d}r)=\rho h\int_0^R r^3\mathrm{d}r\int_0^{2\pi}\mathrm{d}\theta=\frac{1}{2}\pi\rho hR^4=\frac{m}{2}R^2 \tag{1.41}$$

となる．上式から，円板の慣性モーメント J_0 は，軸 O から距離 R の位置に集中質量 $m/2$ をもつ質量のない棒の慣性モーメントと等価であることがわかる．同一形状の剛体でも，J_0 の値は回転軸の取り方によって異なる．また

---

* 軸対称体については，極慣性モーメントまた回転慣性モーメントと呼ぶことがある．

$$J_0 = m\kappa^2 \tag{1.42}$$

とおいたとき，上式の κ を**回転半径**と呼ぶ．この $\kappa = \sqrt{J_0/m}$ は，式 (1.38) と比較すれば，剛体を集中質量と置き換えた場合の軸 O からの距離に相当する．たとえば，図1.21 の円板では式 (1.41) から $\kappa = R/\sqrt{2}$ となる．

次に慣性モーメント J に関する 2 つの重要な定理を紹介する．

(1)　直交軸の定理

図1.22 に示すような薄い板の場合では，面に垂直な z 軸周りの慣性モーメント J_z と面内の直交する 2 軸 (x, y) 周りの慣性モーメント J_x, J_y の間には以下の関係が成立する．

$$J_z = J_x + J_y$$

[**証明**]　式 (1.37) の定義から

$$J_z = \int_V r^2 \mathrm{d}m, \quad J_x = \int_V x^2 \mathrm{d}m, \quad J_y = \int_V y^2 \mathrm{d}m$$

と書ける．$r^2 = x^2 + y^2$ の関係から，次式が成立する．

$$J_z = \int_V r^2 \mathrm{d}m = \int_V x^2 \mathrm{d}m + \int_V y^2 \mathrm{d}m = J_x + J_y \tag{1.43}$$

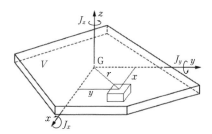

図 1.22　薄い剛体の慣性モーメント

(2)　平行軸の定理（スタイナーの定理）

図1.23 に示ように剛体 V の**重心** G を通る z 軸周りの慣性モーメントを J_z とすると，z 軸に平行な z' 軸周りの慣性モーメント $J_{z'}$ は以下のようになる．

$$J_{z'} = J_z + d^2 m \tag{1.44}$$

ここで，d は 2 つの軸 $(z\text{-}z')$ 間の距離，m

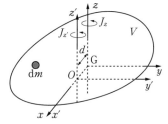

図 1.23　重心 G を通らない z' 軸周りの剛体の慣性モーメント

は剛体の質量である.

　　[証明]　z 軸からみて z' 軸が存在する方向を x 軸に, x-z 平面と直交するように y 軸をとる. このとき, z' 軸周りの慣性モーメント $J_{z'}$ は次のようになる.

$$J_{z'}=\int_V \{(x-d)^2+y^2\}\,\mathrm{d}m=\int_V (x^2+y^2)\,\mathrm{d}m+d^2\int_V \mathrm{d}m-2d\int_V x\mathrm{d}m=J_z+d^2m$$

$$(1.45)$$

　　上式の右辺第 1 項は式 (1.43) から J_z に等しく, 第 2 項は積分が質量 m になるので d^2m に等しい. 第 3 項の積分は「質量 $(\mathrm{d}m)$ ×重心 G からの距離 x」を剛体全体について合計した値に等しくなるので 0 となる. したがって, 式 (1.45) は式 (1.44) と一致する.

[演習問題 1]

1.1　次の調和振動波形 $x(t)$ を (1) 正弦 (sin) 関数, (2) 余弦 (cos) 関数を使用して表せ. その式から振幅 r, 角振動数 ω, 周期 T, 初期位相角 θ を求めよ.

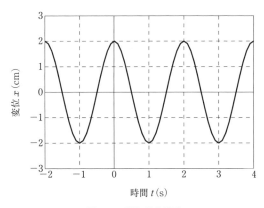

図 1.24　調和振動波形

1.2　角振動数の異なる次の 2 つの調和振動

$$x_1(t)=4\cos(\pi t/6+\pi/4),\quad x_2(t)=5\cos(\pi t/5+\pi/3)$$

　　の合成振動を求めよ.

1.3　次の複素数を複素平面上の点で表し, 極形式 $r\,e^{j\theta}(0\leqq\theta<2\pi)$ により表せ.

　　(1)　$1+j\sqrt{3}$　　(2)　$(1+j\sqrt{3})(2-j\sqrt{3})$　　(3)　$(1+j\sqrt{3})/(2-j\sqrt{3})$

1.4 次の 3 つの複素ベクトル

$$\boldsymbol{r}_1(t)=10\,e^{j(\omega t+\pi/4)}, \quad \boldsymbol{r}_2(t)=5\,e^{j(\omega t+\pi/3)}, \quad \boldsymbol{r}_3(t)=3\,e^{j(\omega t+\pi/6)}$$

を合成して，同様な極形式で表せ.

1.5 次の関数をフーリエ級数に展開せよ.

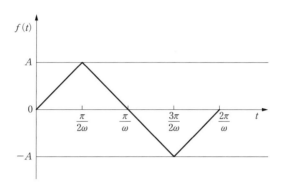

図 1.25　三角波の周期関数

1.6 次の関数をフーリエ級数に展開せよ.

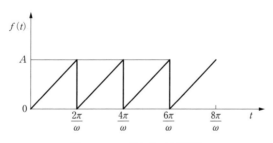

図 1.26　のこぎり波の周期関数

1.7 次の組み合わせばね要素の等価ばね定数 k_{eq} を求めよ.

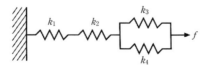

図 1.27　組み合わせばね要素

1.8 次の段付き弾性軸を 2 つのねじりばね要素でモデル化したときの等価ねじりばね定数 $k_{t,eq}$ を求めよ.

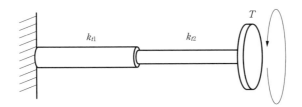

図 1.28　ねじりモーメントを受ける段付き弾性軸

1.9 次の組み合わせ減衰要素の等価減衰係数 c_{eq} を求めよ.

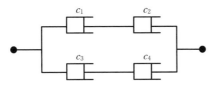

図 1.29　組み合わせ減衰要素

1.10 次の中空円板（内半径 r_i, 外半径 r_o, 板厚 h）の軸 O 周りの慣性モーメント J_0 と回転半径 κ を求めよ. ただし, 中空円板の質量を $m = \rho\pi(r_o^2 - r_i^2)h$ とする.

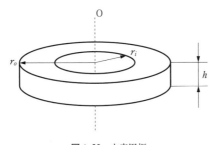

図 1.30　中空円板

第1章の公式のまとめ		式番号
うなりの周期	$T = 2\pi / |(\omega_1 - \omega_2)|$	(1.10)
うなりの角振動数	$\omega_b = |(\omega_1 - \omega_2)|$	(1.10)
オイラーの公式	$e^{\pm j\theta} = \cos\theta \pm j\sin\theta$	(1.12)
フーリエ級数の公式 フーリエ係数 $a_n = \dfrac{2}{T}\displaystyle\int_0^T f(t)\cos n\omega t\, \mathrm{d}t \quad (n=1,2,\cdots),$	$f(t) = \dfrac{a_0}{2} + \displaystyle\sum_{n=1}^{\infty}(a_n\cos n\omega t + b_n\sin n\omega t)$ $\omega = \dfrac{2\pi}{T}, \quad a_0 = \dfrac{2}{T}\displaystyle\int_0^T f(t)\mathrm{d}t$ $b_n = \dfrac{2}{T}\displaystyle\int_0^T f(t)\sin n\omega t\, \mathrm{d}t \quad (n=1,2,\cdots)$	(1.19)
並列ばねの合成公式	$k_{eq} = \displaystyle\sum_{i=1}^{n} k_i$	(1.26)
直列ばねの合成公式	$\dfrac{1}{k_{eq}} = \displaystyle\sum_{i=1}^{n}\dfrac{1}{k_i}$	(1.28)
並列ダッシュポットの合成公式	$c_{eq} = \displaystyle\sum_{i=1}^{n} c_i$	(1.31)
直列ダッシュポットの合成公式	$\dfrac{1}{c_{eq}} = \displaystyle\sum_{i=1}^{n}\dfrac{1}{c_i}$	(1.33)
慣性モーメントの公式	$J_0 = \displaystyle\int_V r^2 \mathrm{d}m = \int_V \rho r^2 \mathrm{d}V$	(1.37)
回転半径	$\kappa = \sqrt{J_0/m} \quad (J_0 = m\kappa^2)$	(1.42)
直交軸の定理	$J_z = J_x + J_y$	(1.43)
平行軸（スタイナー）の定理	$J_{z'} = J_z + d^2 m$	(1.44)

2 | 1自由度系の振動

　最も簡単な振動系は1自由度である．本章では，減衰のない場合とある場合の自由振動と強制振動の応答を求める方法について述べる．さらに，任意の励振力を受ける振動の過渡応答を，インパルス応答関数，ステップ応答関数，ラプラス変換法を用いて求める方法を説明する．

······························· 2.1 | **非減衰自由振動** ·······························

　図2.1に示すように，質量 m の錘を長さ l のばね（ばねの自重は集中質量 m と比較して小さいとして無視する）につけて吊るしたとき，ばねが重力 mg によって Δ だけ伸び変形したとする．ばねに作用する力と変形は比例するから，ばね定数を k とすれば，次式が成立する．

$$mg = k\Delta \qquad (2.1)$$

この位置 $l+\Delta$ を平衡位置といい，この位置よりさらに x だけ図のように下へ移動させると，錘に作用する力 f は

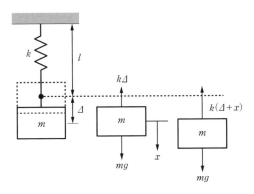

図2.1　ばね-質量系の力学モデルと自由物体線図

$$f = mg - k(x + \Delta)$$

となる．式（2.1）を用いれば，上式よりばねの復元力は

$$f = -kx \tag{2.2}$$

となる．ニュートンの運動の第2法則を適用すると，質量 m の運動方程式は

$$m\ddot{x} = -kx \tag{2.3}$$

となる．このように1つの座標 x のみによって運動を表すことができる系を，**1自由度系**という．上式の両辺を m で除して次のように変形する．

$$\ddot{x} + \omega_n^2 x = 0 \tag{2.4}$$

ここで

$$\omega_n = \sqrt{\frac{k}{m}} \quad [\mathrm{rad/s}] \tag{2.5}$$

を**固有角振動数（固有円振動数）**と呼ぶ．**基本解**を $x(t) = e^{\lambda t}$ と仮定して，式（2.4）に代入すると

$$(\lambda^2 + \omega_n^2)e^{\lambda t} = 0$$

となり，次の**特性方程式**を得る．

$$\lambda^2 + \omega_n^2 = 0 \tag{2.6}$$

上式を解けば，**特性根** $\lambda = \pm j\omega_n$（$j = \sqrt{-1}$ は虚数単位）を得る．したがって

$$x_1(t) = e^{j\omega_n t}, \quad x_2(t) = e^{-j\omega_n t}$$

はそれぞれ式（2.4）を満足する．上の2つの基本解に任意定数を乗じて和をとると，**一般解**はオイラーの公式（1.12）を利用して，次のように書ける．

$$\begin{aligned}
x(t) &= \overline{A}_1 e^{j\omega_n t} + \overline{B}_1 e^{-j\omega_n t} \\
&= \overline{A}_1(\cos \omega_n t + j \sin \omega_n t) + \overline{B}_1(\cos \omega_n t - j \sin \omega_n t) \\
&= (\overline{A}_1 + \overline{B}_1) \cos \omega_n t + (\overline{A}_1 - \overline{B}_1) j \sin \omega_n t \\
&= A_1 \cos \omega_n t + B_1 \sin \omega_n t
\end{aligned} \tag{2.7}$$

ここで，$x(t)$ が実数となるためには，任意定数 $\overline{A}_1$, $\overline{B}_1$ は**共役複素数**となる必要がある．上式から $\overline{A}_1 = (A_1 - jB_1)/2$, $\overline{B}_1 = (A_1 + jB_1)/2$ となるので，A_1, B_1 は実数となる．A_1, B_1 は，**初期条件**すなわち時刻 $t = 0$ での変位および速度

$$x(0) = x_0, \quad \dot{x}(0) = v_0 \tag{2.8}$$

から決定される．式（2.7）を時間 t について微分すると

$$\dot{x}(t) = -A_1\omega_n \sin \omega_n t + B_1\omega_n \cos \omega_n t \tag{2.9}$$

となる．式（2.7）と式（2.9）において $t=0$ を代入すると，任意定数は

$$A_1 = x_0, \quad B_1 = \frac{v_0}{\omega_n}$$

と決まる．したがって，次の一般解を得る．

$$x(t) = x_0 \cos \omega_n t + \frac{v_0}{\omega_n} \sin \omega_n t \quad [\text{m}] \tag{2.10}$$

上式を合成（付録 A2）すると，次のようになる．

$$\left.\begin{array}{l} x(t) = \sqrt{x_0{}^2 + \left(\dfrac{v_0}{\omega_n}\right)^2}\ \sin(\omega_n t + \phi) \\[2mm] \phi = \tan^{-1}\left(\dfrac{\omega_n x_0}{v_0}\right) \end{array}\right\} \tag{2.11}$$

このような振動系の解は固有角振動数と初期条件だけで決まり，外部からの影響を受けないので**自由振動**という．自由振動波形は図 2.2 に示すように，振幅が常に一定（時間に依存しない）で同じ現象を繰り返しており，これを**調和振動（単振動）**という．この振動の 1 サイクルに要する時間

$$T = \frac{2\pi}{\omega_n} = 2\pi\sqrt{\frac{m}{k}} \quad [\text{s}] \tag{2.12}$$

を**固有周期**という．また，その逆数

$$f_n = \frac{1}{T} = \frac{\omega_n}{2\pi} = \frac{1}{2\pi}\sqrt{\frac{k}{m}} \quad [\text{Hz, 1/s}] \tag{2.13}$$

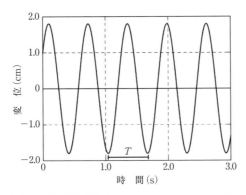

図 2.2　非減衰自由振動波形例（$\omega_n = 10\,\text{rad/s}, x_0 = 1\,\text{cm}, v_0 = 15\,\text{cm/s}$ のとき，式（2.11）から $x(t) = 1.80 \sin(10\,t + 5.88), T = 0.628\,\text{s}$）

を**固有振動数**という．上記の3つの振動特性値（ω_n, T, f_n）は m, k の値が直接わからなくても，図2.1において伸び変形 Δ が測定されれば，式 (2.1) より求まる $k/m = g/\Delta$ を式 (2.5) に代入すると，次式から固有角振動数 ω_n が決まる

$$\omega_n = \sqrt{\frac{k}{m}} = \sqrt{\frac{g}{\Delta}} \quad [\text{rad/s}] \tag{2.14}$$

この ω_n の値を，式 (2.12) と式 (2.13) に代入すると T, f_n が決定される．

例題 2.1　図2.3のように，自重が無視できる長さ l の糸の先端に質量 m を取り付け，他端は天井に固定されている．このような系を**単振り子**という．この単振り子に鉛直方向から初期回転角 θ を与えて，自由振動させたときの固有角振動数 ω_n を求めよ．ただし，単振り子は1つの鉛直面内に微小回転すると仮定し，重力加速度を g とする．

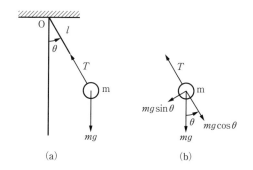

図2.3　(a) 単振り子と (b) 自由物体線図

　（解）　支点O周りの単振り子の慣性モーメントは式 (1.38) から $J_0 = ml^2$ となる．式 (1.36) により質量 m の回転の運動方程式は，復元モーメントから

$$J_0 \ddot{\theta} = ml^2 \ddot{\theta} = -l(mg \sin\theta) \tag{1}$$

となる．回転角が $\theta \ll 1$ であれば，$\sin\theta \cong \theta$ とおけるので，上式は

$$\ddot{\theta} + \frac{g}{l}\theta = 0 \tag{2}$$

となり，単振り子の固有角振動数は上式と式 (2.4) との対比により

$$\omega_n = \sqrt{\frac{g}{l}} \tag{3}$$

となる．この系の固有周期 $T=2\pi/\omega_n=2\pi\sqrt{l/g}$ は糸の長さ l だけで決まり，質量 m，角度振幅に無関係なので，**等時性**を示す．

[別解] ニュートンの運動方程式による解法

質量 m の並進の運動方程式は，**自由物体線図**から

$$m\frac{\mathrm{d}^2}{\mathrm{d}t^2}(l\theta)=-mg\sin\theta \quad すなわち \quad ml\ddot{\theta}=-mg\sin\theta \tag{4}$$

となる．上式は式（1）と同様に，$\theta\ll1$ であれば，$\sin\theta\cong\theta$ とおけるので

$$\ddot{\theta}+\frac{g}{l}\theta=0 \tag{5}$$

となり，式（2）と同じになる．ここで，法線方向のつり合い式から張力は $T=mg\cos\theta+ml(\dot{\theta})^2$ となる．

例題 2.2 図 2.4 のような U 字管において，液面を平衡位置より x だけ変位させたとき，液柱は上下に単振動を生じる．このときの系の固有角振動数 ω_n を求めよ．管の断面積を A，液柱の長さを l，液体の質量密度を ρ とする．ただし，液体の表面張力や液柱と管壁との間の摩擦は，無視できると仮定する．

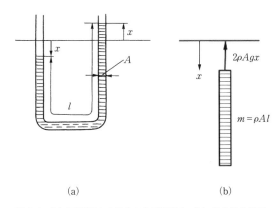

(a)　　　　　　　　　　(b)

図 2.4 (a) U 字管内の液柱の上下振動と (b) 自由物体線図

（解） U 字管の液面が平衡位置から x だけ変位することに伴う復元力は，左右の液柱の液面差に基づいて $-2\rho Agx$ である．また，長さ l の液柱の質量 $m=\rho Al$ であるから，この運動方程式は自由物体線図 (b) から

$$\rho Al\ddot{x}=-2\rho Agx \tag{1}$$

となり，上式を変形すると

$$\ddot{x}+\frac{2g}{l}x=0 \tag{2}$$

となる．液柱の固有角振動数は上式と式（2.4）との対比により

$$\omega_n=\sqrt{\frac{2g}{l}} \tag{3}$$

となる．この系の固有周期 $T=2\pi/\omega_n=2\pi\sqrt{l/2g}$ は液柱の長さ l だけで決まり，管の形状，断面積，液体の質量密度に無関係である．

例題 2.3　図 2.5 のように，長さ l で断面一様な弾性軸（**ねじり剛性** k_t）の先端に剛体の円板が取り付けられている．このような系を**ねじり振り子**という．この円板に初期回転角 θ を与えて，自由振動させたときの固有角振動数 ω_n を求めよ．円板の慣性モーメントを J，軸の直径を d，軸の**横弾性率**を G とする．ただし，軸の慣性モーメントは，円板の慣性モーメントに比べて無視できるほど小さいと仮定する．

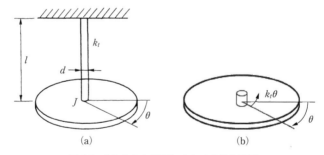

図 2.5　(a) ねじり振動と (b) 自由物体線図

（解）　弾性軸のねじり剛性は付録 A0 から $k_t=GI_p/l$（I_p：**断面 2 次極モーメント**[*]）で与えられ，円形断面では $I_p=\pi d^4/32$ となるので，$k_t=\pi G d^4/32\,l$ となる．円板の軸心周りの慣性モーメントは，式（1.41）から $J=mr^2/2$ となる．式（1.36）より円板の回転の運動方程式は，自由物体線図から

$$J\ddot{\theta}=-k_t\theta \tag{1}$$

---

[*]　断面 2 次極モーメントの計算式 $I_p=\displaystyle\int_A r^2\,\mathrm{d}A$（$r$ は軸心 O から微小面積 $\mathrm{d}A$ までの距離）

となり，上式を変形すると

$$\ddot{\theta}+\frac{k_t}{J}\theta=0 \tag{2}$$

となり，ねじり振り子の固有角振動数は上式と式 (2.4) との対比により

$$\omega_n=\sqrt{\frac{k_t}{J}}=\frac{d^2}{4}\sqrt{\frac{\pi G}{2lJ}}=\frac{d^2}{4r}\sqrt{\frac{\pi G}{ml}} \tag{3}$$

2.2 エネルギ法

前節では自由振動の運動方程式について述べた．固有角振動数は運動方程式を導出すれば求めることができたが，**エネルギ保存の法則**を用いても求めることができる．**運動エネルギ T とポテンシャル・エネルギ U** との和は，減衰によるエネルギの散逸がなければ

$$T+U=E \quad （一定） \tag{2.15}$$

が成立する．このとき，エネルギの和の時間的変化率は常に 0，すなわち

$$\frac{\mathrm{d}}{\mathrm{d}t}(T+U)=0 \tag{2.16}$$

となる（注：上式は 1 自由度系の自由振動にしか適用できない）．さて，図 2.1 のばね-質量系について考えてみよう．運動エネルギ T は

$$T=\frac{1}{2}m\dot{x}^2 \quad [\mathrm{J}] \tag{2.17}$$

と書ける．平衡位置に関するポテンシャル・エネルギ U は，質量 m が x だけ変位するまでにばねに貯えられる**ひずみエネルギ**から，質量 m が x だけ変位する間の位置エネルギを引いた値となるから

$$U=\int_0^x(mg+kx)\mathrm{d}x-mgx=\frac{1}{2}kx^2 \quad [\mathrm{J}] \tag{2.18}$$

となる．式 (2.17) と式 (2.18) を式 (2.16) に代入すると

$$\dot{x}(m\ddot{x}+kx)=0$$

となる．$\dot{x}=0$ は振動解にはならないので，次式が成立する．

$$m\ddot{x}+kx=0 \tag{2.19}$$

上式は式 (2.3) と一致する．エネルギ保存の法則が成り立つとき，運動エネ

ルギの最大値 T_{max} とポテンシャル・エネルギの最大値 U_{max} の間には

$$T_{max} = U_{max} \tag{2.20}$$

が成立する．式（2.20）を**レイリーのエネルギ法**と呼ぶ．いま式（2.19）の一般解を $x(t) = A\sin(\omega_n t + \phi)$（$A$, ϕ は未知数）と仮定し，式（2.17）および式（2.18）に代入して，その最大値を求めると次のようになる．

$$\left.\begin{array}{l} T_{max} = \max_t \left\{ \dfrac{1}{2}mA^2\omega_n^2\cos^2(\omega_n t + \phi) \right\} = \dfrac{1}{2}mA^2\omega_n^2 \\[2mm] U_{max} = \max_t \left\{ \dfrac{1}{2}kA^2\sin^2(\omega_n t + \phi) \right\} = \dfrac{1}{2}kA^2 \end{array}\right\} \tag{2.21}$$

式（2.20）のエネルギ法の条件 $T_{max} = U_{max}$ から，この系の固有角振動数は

$$\omega_n = \sqrt{\dfrac{k}{m}} \tag{2.22}$$

となり，式（2.5）の ω_n と一致するので，運動方程式を導出しなくてもエネルギ法により固有角振動数を求めることができる．

例題 2.4　図 2.6 のようなばね-質量系において，長さ l のばねの自重が先端の質量 m に比較して無視できない場合の単振動の固有角振動数 ω_n を求めよ．ただし，ばね定数を k，ばねの**線密度**（単位長さ当たりの質量）を ρ' とする．

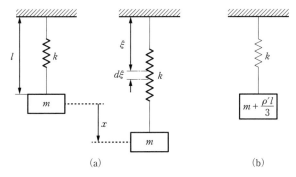

(a)　　　　　　　　　(b)

図 2.6　ばねの自重を考慮したばね-質量系の（a）力学モデルと（b）等価質量系

（解）　質量 m の平衡の位置からの変位を x とし，上端から ξ の位置の微小部分 $\mathrm{d}\xi$

のばねの伸縮変位 $u(x)$ は，変位勾配に比例すると仮定すれば次のように表せる．

$$u(x)=\xi\frac{x}{l+x}\cong\frac{\xi}{l}x \quad (l \gg x) \tag{1}$$

この系の運動エネルギは質量 m とばねのもつ運動エネルギの和に等しく

$$T=\frac{1}{2}m\dot{x}^2+\int_0^l\frac{1}{2}\rho'\,\mathrm{d}\xi\,\{\dot{u}(x)\}^2=\frac{1}{2}m\dot{x}^2+\int_0^l\frac{1}{2}\rho'\,\mathrm{d}\xi\left(\frac{\xi}{l}\dot{x}\right)^2=\frac{1}{2}\left(m+\frac{1}{3}\rho'l\right)\dot{x}^2 \tag{2}$$

となる．一方，ばねのポテンシャル・エネルギは，式 (2.18) より

$$U=\frac{1}{2}kx^2 \tag{3}$$

となる．いま，先端の質量 m の上下運動を $x(t)=A\sin(\omega_n t+\phi)$ と仮定し，式 (2) および式 (3) に代入してそれらの最大値を求めると，次のようになる．

$$T_{\max}=\frac{1}{2}\left(m+\frac{1}{3}\rho'l\right)A^2\omega_n{}^2, \quad U_{\max}=\frac{1}{2}kA^2 \tag{4}$$

式 (2.20) のエネルギ法の条件 $T_{\max}=U_{\max}$ から，この系の固有角振動数は

$$\omega_n=\sqrt{\frac{k}{(m+\rho'l/3)}} \tag{5}$$

となる．上式は，ばねの自重の1/3を質量 m に加算した全質量（$=m+\rho'l/3$）を，系の**等価質量**として取り扱えばよいことを意味している．

例題 2.5 図 2.7 のように固定軸 O 周りを回転する剛体（重心 G）を，**物理振り子**という．この物理振り子に鉛直方向から初期回転角 θ を与えて，自由振動させたときの固有角振動数 ω_n を求めよ．ただし，回転角 θ は微小とし，物理振り子の質量を m，軸心 O 周りの慣性モーメントを J_0 とする．

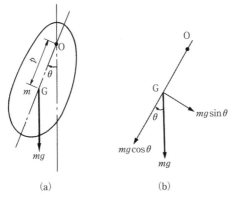

(a)　　　　　(b)

図 2.7 (a) 物理振り子（G は重心，O は回転中心）と (b) 自由物体線図

(解)　軸心 O より剛体の重心 G までの距離を p とすると，剛体の回転運動エネルギ（表 1.4）とポテンシャル・エネルギ（静止位置を基準）はそれぞれ次のようになる．

$$T = \frac{1}{2} J_0 \dot{\theta}^2 \quad (J_0 = J_G + p^2 m) \tag{1}$$

$$U = mgp(1 - \cos\theta) \cong mgp\left(\frac{\theta^2}{2}\right) \quad (\theta \ll 1) \tag{2}$$

いま軸心 O 周りの回転運動を $\theta(t) = \Theta \sin(\omega_n t + \phi)$ と仮定し，式（1）および式（2）に代入してそれらの最大値を求めると，次のようになる．

$$T_{max} = \frac{1}{2} J_0 \Theta^2 \omega_n{}^2, \quad U_{max} = \frac{1}{2} mgp\Theta^2 \tag{3}$$

式（2.20）のエネルギ法の条件 $T_{max} = U_{max}$ から，この物理振り子の固有角振動数は

$$\omega_n = \sqrt{\frac{mgp}{J_0}} \tag{4}$$

となる．この物理振り子も例題 2.1 の単振り子と同様に等時性を示す．

［別解］　ニュートンの回転の運動方程式による解法

物理振り子の軸心 O 周りの回転の運動方程式は式（1.36）より

$$J_0 \ddot{\theta} = -p \cdot mg \sin\theta \tag{5}$$

となる．$\theta \ll 1$ のとき $\sin\theta \cong \theta$ とおけるので，上式は次のように書ける．

$$J_0 \ddot{\theta} + mgp\theta = 0 \tag{6}$$

したがって，この物理振り子の固有角振動数は上式より

$$\omega_n = \sqrt{\frac{mgp}{J_0}} \tag{7}$$

となり，式（4）の結果と一致する．

例題 2.6　図 2.8 のようなばね-質量-滑車系において，滑車が平衡位置（$\theta = \theta_0$）から回転振動している．この回転系の固有角振動数 ω_n を求めよ．ただし，滑車の内半径を r_1，外半径を r_2，軸心周りの慣性モーメントを J_0 とする.

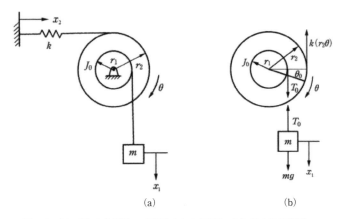

図 2.8　(a) ばね k と質量 m が付けられた滑車と　(b) 自由物体線図

（解）　この系の滑車の回転運動エネルギ，質量 m の並進運動エネルギとばね（ばね定数 k）のポテンシャル・エネルギは，それぞれ次のようになる（表 1.4 参照）.

$$T = \frac{1}{2}J_0\dot{\theta}^2 + \frac{1}{2}m(r_1\dot{\theta})^2 \quad (x_1 = r_1\theta) \tag{1}$$

$$U = \frac{1}{2}k\,(r_2\theta)^2 \quad (x_2 = r_2\theta) \tag{2}$$

いま滑車の回転運動を $\theta(t) = \Theta\sin(\omega_n t + \phi)$ と仮定し，式 (1) および式 (2) に代入してそれらの最大値を求めると，次のようになる.

$$T_{max} = \frac{1}{2}J_0\Theta^2\omega_n^2 + \frac{1}{2}m\,r_1^2\Theta^2\omega_n^2, \quad U_{max} = \frac{1}{2}k\,r_2^2\Theta^2 \tag{3}$$

式 (2.20) のエネルギ法の条件 $T_{max} = U_{max}$ から，この系の固有角振動数は

$$\omega_n = \sqrt{\frac{kr_2^2}{J_0 + mr_1^2}} \tag{4}$$

となる．

[別解]　ニュートンの運動方程式による解法

質量 m について並進の運動方程式は，図 2.8(b) に示す自由物体線図から

$$m\ddot{x}_1 = mg - T_0 \tag{5}$$

となる．ここで，T_0 は糸の張力である．滑車の軸心周りの回転の運動方程式は，時計回りのモーメントを正とすると，式（1.36）より

$$J_0\ddot{\theta} = T_0 r_1 - k r_2(\theta + \theta_0) r_2 \tag{6}$$

ここで，θ_0 は初期回転角を表す．軸心周りのモーメントの静的つり合いより

$$mg r_1 = k r_2 \theta_0 r_2 \tag{7}$$

が成立する．式（5）より得られる張力 T_0

$$T_0 = mg - m(r_1\ddot{\theta}) \quad (x_1 = r_1\theta) \tag{8}$$

を式（6）に代入して消去すると，滑車の回転の運動方程式は

$$J_0\ddot{\theta} = \{mg - m(r_1\ddot{\theta})\} r_1 - k r_2^2 (\theta + \theta_0)$$

$$= mg\, r_1 - m r_1^2\ddot{\theta} - k r_2^2\theta - k r_2^2\theta_0$$

となる．式（7）の関係から上式の右辺の第1項と第4項が打ち消されて

$$(J_0 + m r_1^2)\ddot{\theta} + k r_2^2\theta = 0 \tag{9}$$

となる．したがって，この系の固有角振動数は上式より

$$\omega_n = \sqrt{\frac{k r_2^2}{J_0 + m r_1^2}} \tag{10}$$

となり，式（4）の結果と一致する．

2.3 減衰自由振動

2.3.1 粘性減衰自由振動

図2.9は図2.1の系に，ばねと並列にダッシュポットを付加した系である．このダッシュポットとしては，図2.10のようにオイルが低速でピストンの孔を通って運動するときに生じる粘性抵抗を利用する機構が多く，速度 $\dot{x}$ に比例した**減衰力** $-c\dot{x}$ が作用する．ただし，c は減衰係数（1.4.2項参照）である．これによって，式（2.3）の右辺に減衰力 $-c\dot{x}$ が付加した形の運動方程式となる．

$$m\ddot{x} = -c\dot{x} - kx \tag{2.23}$$

上式の両辺を m で除して

$$\ddot{x} + \frac{c}{m}\dot{x} + \frac{k}{m}x = \ddot{x} + 2\zeta\omega_n\,\dot{x} + \omega_n^2 x = 0 \tag{2.24}$$

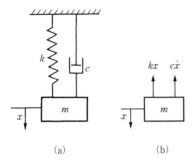

図2.9 1自由度減衰系の (a) 力学モデルと (b) 自由物体線図

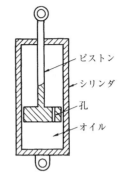

図2.10 オイルダンパの構造

と変形する．ここで，上式の両辺の係数比較から

$$\zeta=\frac{c}{2m\omega_n}=\frac{c}{2\sqrt{mk}} \quad [-] \tag{2.25}$$

となり，このζを**減衰比**（**減衰係数比**）と呼ぶ．さて，上式（2.24）の一般解を求めてみよう．いま基本解を$x(t)=e^{\lambda t}$と仮定して，上式に代入すると

$$(\lambda^2+2\zeta\omega_n\lambda+\omega_n{}^2)e^{\lambda t}=0$$

となり，次の**特性方程式**を得る．

$$\lambda^2+2\zeta\omega_n\lambda+\omega_n{}^2=0 \tag{2.26}$$

上式の2次方程式を解の公式（付録A4）により解けば，特性根は

$$\lambda=(-\zeta\pm\sqrt{\zeta^2-1})\omega_n$$

となる．このとき，$\zeta>1$のときは2つの実根，$0<\zeta<1$のときは2つの複素根，また$\zeta=1$のときは重根となる．それぞれの場合について考えてみよう．

(1) $\zeta>1$（**過減衰**）の場合

$$\lambda_1=(-\zeta+\sqrt{\zeta^2-1})\omega_n, \quad \lambda_2=(-\zeta-\sqrt{\zeta^2-1})\omega_n$$

とおくと，2つの基本解

$$x_1(t)=e^{\lambda_1 t}, \quad x_2(t)=e^{\lambda_2 t}$$

が式（2.24）を満足するので，それらに任意定数A, Bを乗じて和をとると，一般解は次のように書ける．

$$x(t)=Ae^{\lambda_1 t}+Be^{\lambda_2 t} \tag{2.27}$$

上式を時間tについて微分すると，次式を得る．

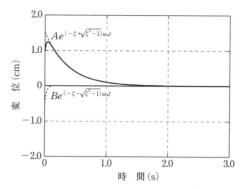

図2.11 過減衰（$\zeta=2$）のときの自由振動波形例（$\omega_n=10\,\mathrm{rad/s}$, $x_0=1\,\mathrm{cm}$, $v_0=15\,\mathrm{cm/s}$ のとき，式（2.29）から $x(t)=1.51e^{10(-2+\sqrt{3})t}-0.51e^{10(-2-\sqrt{3})t}$）

$$\dot{x}(t)=A\lambda_1 e^{\lambda_1 t}+B\lambda_2 e^{\lambda_2 t} \tag{2.28}$$

初期条件を式（2.8）で与えたとき，式（2.27）と式（2.28）から任意定数が

$$A=\frac{v_0-\lambda_2 x_0}{\lambda_1-\lambda_2}=\frac{v_0+(\zeta+\sqrt{\zeta^2-1})\omega_n x_0}{2\omega_n\sqrt{\zeta^2-1}}$$

$$B=\frac{\lambda_1 x_0-v_0}{\lambda_1-\lambda_2}=\frac{-v_0-(\zeta-\sqrt{\zeta^2-1})\omega_n x_0}{2\omega_n\sqrt{\zeta^2-1}}$$

と決まるので，A, B を式（2.27）に代入すれば，次の一般解を得る．

$$x(t)=Ae^{(-\zeta+\sqrt{\zeta^2-1})\omega_n t}+Be^{(-\zeta-\sqrt{\zeta^2-1})\omega_n t} \tag{2.29}$$

上式の振動波形を，図2.11に示す．この図よりわかるように，式（2.29）に振動する項が含まれていないために**無周期運動**となり，振幅はピーク値を取った後は時間の経過とともに単調に減衰して無限に0に漸近していき，負側には入らない．

(2)　$\zeta=1$（臨界減衰）の場合

$$\lambda_1=\lambda_2=-\omega_n \quad （重根）$$

となるので，基本解を次のように選べば

$$x_1(t)=e^{-\omega_n t}, \quad x_2(t)=te^{-\omega_n t}$$

が式（2.24）を満足するので，任意定数 A, B を乗じて和をとると，次のような一般解を得る．

$$x_1(t)=Ae^{-\omega_n t}+B\,te^{-\omega_n t}=(A+Bt)e^{-\omega_n t} \tag{2.30}$$

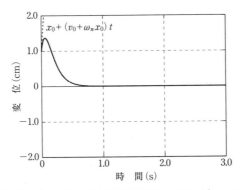

$x_0 + (v_0 + \omega_n x_0)\,t$

図2.12　臨界減衰（$\zeta=1$）のときの自由振動波形例（$\omega_n=10$ rad/s, $x_0=1$ cm, $v_0=15$ cm/s, のとき，式（2.31）から $x(t)=(1+25t)e^{-10t}$）

初期条件を式（2.8）で与え，$\zeta>1$ の場合と同様にして任意定数を決定すれば
$$A=x_0,\quad B=v_0+\omega_n x_0$$
となる．これらを式（2.30）に代入すれば，次の解を得る．
$$x(t)=\{x_0+(v_0+\omega_n x_0)t\}e^{-\omega_n t} \tag{2.31}$$
式（2.31）の振動波形を，図2.12に示す．この場合も振動する項が含まれていないために，無周期運動となる．このときの減衰係数 c は，式（2.25）に $\zeta=1$ を代入すると
$$c=2m\omega_n=2\sqrt{mk}=c_c \quad [\text{Ns/m}] \tag{2.32}$$
となり，この c_c を**臨界減衰係数**という．上式の関係から減衰比は式（2.25）より $\zeta=c/c_s$ と書ける．図2.11の振動波形と比較すると，$\zeta=1$ のときは最短時間で振幅が0に漸近することがわかる．

(3)　$0<\zeta<1$（不足減衰）の場合
$$\lambda_1=(-\zeta+j\sqrt{1-\zeta^2})\omega_n,\quad \lambda_2=(-\zeta-j\sqrt{1-\zeta^2})\omega_n$$
とおくと，次の2つの基本解
$$x_1(t)=e^{\lambda_1 t},\quad x_2(t)=e^{\lambda_2 t}$$
は式（2.24）を満足するので，任意定数 $\overline{A}_1$, $\overline{B}_1$（共役複素数）を乗じて和をとると，次の一般解を得る（式（2.7）参照）．

$$x(t) = \overline{A}_1 e^{(-\zeta + j\sqrt{1-\zeta^2})\omega_n t} + \overline{B}_1 e^{(-\zeta - j\sqrt{1-\zeta^2})\omega_n t} = e^{-\zeta\omega_n t}(\overline{A}_1 e^{j\sqrt{1-\zeta^2}\,\omega_n t} + \overline{B}_1 e^{-j\sqrt{1-\zeta^2}\,\omega_n t})$$

$$= e^{-\zeta\omega_n t}\{\overline{A}_1(\cos\sqrt{1-\zeta^2}\,\omega_n t + j\sin\sqrt{1-\zeta^2}\,\omega_n t) +$$
$$\overline{B}_1(\cos\sqrt{1-\zeta^2}\,\omega_n t - j\sin\sqrt{1-\zeta^2}\,\omega_n t)\}$$

$$= e^{-\zeta\omega_n t}\{(\overline{A}_1 + \overline{B}_1)\cos\sqrt{1-\zeta^2}\,\omega_n t + j(\overline{A}_1 - \overline{B}_1)\sin\sqrt{1-\zeta^2}\,\omega_n t\}$$

$$= e^{-\zeta\omega_n t}\{A_1\cos\sqrt{1-\zeta^2}\,\omega_n t + B_1\sin\sqrt{1-\zeta^2}\,\omega_n t\} \tag{2.33}$$

初期条件を式（2.8）で与え，同様にして，実数の任意定数を決定すれば

$$A_1 = x_0, \quad B_1 = \frac{v_0 + \zeta\omega_n x_0}{\omega_n\sqrt{1-\zeta^2}}$$

となる．これらを式（2.33）に代入すれば，次の一般解を得る．

$$x(t) = e^{-\zeta\omega_n t}\left\{x_0\cos\sqrt{1-\zeta^2}\,\omega_n t + \frac{v_0 + \zeta\omega_n x_0}{\omega_n\sqrt{1-\zeta^2}}\sin\sqrt{1-\zeta^2}\,\omega_n t\right\} \tag{2.34}$$

上式は三角関数の合成公式（付録A2）を使用して，次のように書ける．

$$\left.\begin{aligned} x(t) &= \sqrt{x_0^2 + \frac{(v_0 + \zeta\omega_n x_0)^2}{\omega_n^2(1-\zeta^2)}} \cdot e^{-\zeta\omega_n t}\sin(\sqrt{1-\zeta^2}\,\omega_n t + \phi) \\ \phi &= \tan^{-1}\left(\frac{A_1}{B_1}\right) = \tan^{-1}\left\{\frac{\omega_n x_0\sqrt{1-\zeta^2}}{v_0 + \zeta\omega_n x_0}\right\} \end{aligned}\right\} \tag{2.35}$$

　上式の振動波形例を，図2.13に示す．破線で示した包絡線（$\pm X_0 e^{-\zeta\omega_n t}$）の間を指数関数的に振幅が減衰する現象を**減衰自由振動**という．このとき固有

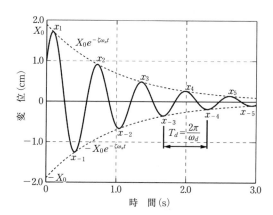

図2.13　減衰自由振動波形例（$\omega_n = 10\,\text{rad/s}$，$x_0 = 1\,\text{cm}$，$v_0 = 15\,\text{cm/s}$，$\zeta = 0.1$
のとき，式（2.35）から$x(t) = 1.893 e^{-t}\sin(9.95t + 0.556)$，$T_d = 0.63\,\text{s}$）

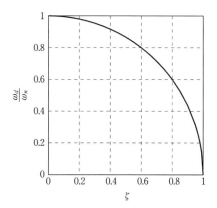

図 2.14 減衰比 ζ と ω_d/ω_n の関係

周期は

$$T_d = \frac{2\pi}{\omega_d} = \frac{2\pi}{\omega_n\sqrt{1-\zeta^2}} \quad [\mathrm{s}] \quad (\text{ここで } \omega_d = \omega_n\sqrt{1-\zeta^2}) \qquad (2.36)$$

で一定であり，**減衰固有周期**という．**減衰固有角振動数** ω_d と非減衰固有角振動数 ω_n の関係から $\zeta^2 + (\omega_d/\omega_n)^2 = 1$ となるため，図 2.14 のように表示できる．この図から常に $0 \leqq \omega_d/\omega_n \leqq 1$ の関係にあり，減衰比が増加するつれて，ω_d/ω_n は徐々に低下していく．

いま，ある時刻 t_0 において振幅の極大値を x_1 とし，この時刻より1周期後の時刻 $t_0 + T_d$ における減衰した振幅の極大値を x_2 とする．式 (2.33) を使用してその振幅の極大値の比を計算すると

$$\frac{x_1}{x_2} = \frac{e^{(-\zeta\omega_n t_0)}}{e^{\{-\zeta\omega_n(t_0+T_d)\}}} = e^{(\zeta\omega_n T_d)} = e^{\left(\frac{2\pi\zeta}{\sqrt{1-\zeta^2}}\right)}$$

となり，時間に依存せず減衰比 ζ だけによって決まる．同様にして図 2.13 の隣接する振幅の極大値（極小値）と極大値（極小値）との間には

$$\left.\begin{array}{l} \dfrac{x_1}{x_2} = \dfrac{x_2}{x_3} = \cdots = e^{(\zeta\omega_n T_d)} = e^{\left(\frac{2\pi\zeta}{\sqrt{1-\zeta^2}}\right)} \\[3mm] \dfrac{x_{-1}}{x_{-2}} = \dfrac{x_{-2}}{x_{-3}} = \cdots = e^{(\zeta\omega_n T_d)} = e^{\left(\frac{2\pi\zeta}{\sqrt{1-\zeta^2}}\right)} \end{array}\right\} \qquad (2.37)$$

の関係が成立する．式 (2.37) の両辺の自然対数をとって，δ で表すと

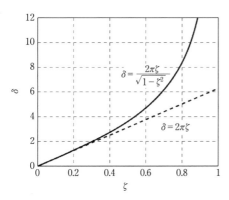

図2.15 式（2.38）と式（2.41）の比較

表2.1 各種材料・構造物の減衰比 ζ

材料・構造物	減衰比 ζ [−]
アルミ合金	5×10^{-4}
鉄　鋼	10×10^{-4}
木　材	50×10^{-4}
コンクリート	130×10^{-4}
ゴ　ム（天然）	500×10^{-4}
吊り橋	$0.002 \sim 0.08$
鉄骨建造物	$0.003 \sim 0.04$
道路橋	$0.02 \sim 0.05$
高層ビル	$0.02 \sim 0.10$
大型乗用車の懸架装置	$0.1 \sim 0.3$

$$\delta = \ln \frac{x_n}{x_{n+1}} = \ln \frac{x_{-n}}{x_{-(n+1)}} = \frac{2\pi\zeta}{\sqrt{1-\zeta^2}} \quad [-] \quad (n=1, 2, \cdots) \qquad (2.38)$$

となり，これを**対数減衰率***という．隣接する極大値（極小値）間の1サイクルだけの比では δ の精度が不十分な場合（減衰比が小さい場合）は，n サイクルの平均値として計算する．すなわち

$$n\delta = \ln\frac{x_1}{x_2} + \ln\frac{x_2}{x_3} + \ln\frac{x_3}{x_4} + \cdots + \ln\frac{x_n}{x_{n+1}} = \ln\frac{x_1}{x_{n+1}}, \quad \therefore \quad \delta = \frac{1}{n}\ln\frac{x_1}{x_{n+1}} \qquad (2.39)$$

となる．式（2.38）から ζ について解くと

$$\zeta = \frac{\delta}{\sqrt{4\pi^2 + \delta^2}} \qquad (2.40)$$

となり，対数減衰率 δ から減衰比 ζ が求まる．$\zeta \ll 1$ のとき，式（2.38）から

$$\delta \cong 2\pi\zeta \qquad (2.41)$$

となる．式（2.38）と式（2.41）の比較を，図2.15に示す．$0 < \zeta < 0.2$（$0 < \delta < 0.4\pi$）では，両式はほとんど一致する．

　実際の振動系において，減衰係数 c を直接測定することは難しい場合が多い．そのような場合には，図2.13に示すような減衰自由振動波形から，式（2.38）または式（2.39）により対数減衰率 δ を求め，式（2.40）へ代入して減衰比 ζ を決定すると，$c(= 2\zeta\sqrt{mk})$ が推定できる．参考までに実際の材料・

---

　*　対数減衰率 δ からの減衰比 ζ の決定は，$0 < \zeta < 0.7$ に制限される．

構造物の減衰比の値を，表2.1に示す．ゴムの減衰比は，通常の金属材料のそれより50〜100倍程度も大きいので防振材として有利である．しかし，実際には防振ゴムは剛性の効果が主で，減衰の効果はあまり期待できない．**防振は振動の絶縁**ともいい，その理論は2.7節で取り扱う．

例題 2.7 図2.9の1自由度減衰系において，質量 $m=100\,\mathrm{kg}$, ばね定数 $k=100\,\mathrm{N/m}$, 減衰係数 $c=30\,\mathrm{Ns/m}$ とするとき，減衰比 ζ と対数減衰率 δ を求めよ．

(解) 減衰比 ζ は定義式（2.25）より

$$\zeta=\frac{c}{c_c}=\frac{c}{2\sqrt{mk}}=\frac{30}{2\sqrt{100\cdot100}}=0.15$$

また，対数減衰率 δ はこの ζ の値を式（2.38）に代入すると

$$\delta=\frac{2\pi\zeta}{\sqrt{1-\zeta^2}}=\frac{2\pi\cdot015}{\sqrt{1-0.15^2}}=0.953$$

例題 2.8 図2.9において質量 $m=50\,\mathrm{kg}$ の物体が10秒間に5回繰り返し振動して，その変位振幅が1/32に減少したとき，ばね定数 k と減衰係数 c を求めよ．

(解) 10秒間に5回繰り返し振動したので，減衰固有周期 $T_d=10/5=2$ 秒となる．したがって式（2.36）から

$$T_d=\frac{2\pi}{\omega_d}=\frac{2\pi}{\sqrt{1-\zeta^2}\,\omega_n}=2 \quad \mathrm{s} \tag{1}$$

対数減衰率 δ は $n=5$（サイクル）で $x_6/x_1=1/32$ となるから，式（2.39）より

$$\delta=\frac{1}{5}\ln\left(\frac{32}{1}\right)=\frac{1}{5}\ln(2^5)=\ln2=0.693 \tag{2}$$

上の δ の値を式（2.40）に代入すれば

$$\zeta=\frac{\delta}{\sqrt{4\pi^2+\delta^2}}=\frac{0.693}{\sqrt{4\pi^2+0.693^2}}=0.110 \tag{3}$$

となる．この ζ の値を式（1）に代入すると

$$\omega_n=\frac{\pi}{\sqrt{1-\zeta^2}}=\frac{\pi}{\sqrt{1-0.110^2}}=3.161 \tag{4}$$

を得る．したがって，k, c は式（2.5）と式（2.25）から次のように求まる．

$$k = m\omega_n^2 = 50 \times 3.161^2 = 500 \text{ N/m}$$

$$c = 2\zeta m\omega_n = 2 \times 0.110 \times 50 \times 3.161 = 34.77 \text{ Ns/m}$$

2.3.2　クーロン減衰自由振動

図2.16に示すような**クーロン摩擦**（あるいは**乾性摩擦**）が作用する場合の系の振動を考えてみよう．クーロン摩擦では質量 m の運動方向と反対で接触面積に無関係に，垂直抗力 N に比例する一定の摩擦力 $F = \mu N$（μ：動摩擦係数）が作用する．この場合の運動方程式は

$$m\ddot{x} = -kx + \begin{cases} -F & (\dot{x} > 0) \\ +F & (\dot{x} < 0) \end{cases} \tag{2.42}$$

となる．上式の両辺を m で除して，変形すると次式を得る．

$$\ddot{x} + \omega_n^2 x = \mp s\omega_n^2 \tag{2.43}$$

ただし $s = F/m\omega_n^2 = F/k$ であり，摩擦力 F によるばねの一定変位を表す．上式の完全解を初期条件 $x(0) = x_0 > 0, \dot{x}(0) = v_0 = 0$ として求めてみよう．時刻 $t = 0$ から x は x_0 より減少するから，$\dot{x} < 0$ となる．したがって，式（2.43）より（−）を採用すると

$$\ddot{x} + \omega_n^2(x - s) = 0 \tag{2.44}$$

となる．視察から特殊解は $x = s$ となるので，式（2.7）の一般解との和として

$$x(t) = s + A_1 \cos \omega_n t + B_1 \sin \omega_n t \tag{2.45}$$

を得る．初期条件から，$A_1 = x_0 - s, B_1 = 0$ と決まるので，上式は

$$x(t) = s + (x_0 - s)\cos \omega_n t \qquad 0 \leq t < \frac{\pi}{\omega_n} \tag{2.46}$$

となり，上式は次に $\dot{x} = 0$ となる時刻まで成立する．その時刻は上式を微分して

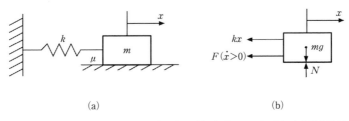

(a)　　　　　　　　　　　　　(b)

図2.16　クーロン減衰のあるばね-質量系の（a）力学モデルと（b）自由物体線図

$$\dot{x}(t) = -(x_0-s)\omega_n \sin \omega_n t = 0$$

より，$t = \pi/\omega_n$ となる．この時刻での $x(t)$ の値は式（2.46）から

$$x(\pi/\omega_n) = s + (x_0-s)(-1) = -x_0 + 2s$$

となる．t が π/ω_n を過ぎれば $\dot{x} > 0$ となるから，式（2.43）より（+）を採用する．

$$\ddot{x} + \omega_n^2 (x+s) = 0 \tag{2.47}$$

上式を式（2.44）と同様にして特殊解を求め，式（2.7）の一般解との和として

$$x(t) = -s + A_2 \cos \omega_n t + B_2 \sin \omega_n t \tag{2.48}$$

ここで，$t = \pi/\omega_n$ で $x = 2s - x_0$，$\dot{x} = 0$ であるから，$A_2 = x_0 - 3s$，$B_2 = 0$ と決まる．これを上式に代入すると，完全解は

$$x(t) = -s + (x_0-3s)\cos \omega_n t \qquad \frac{\pi}{\omega_n} \leq t < \frac{2\pi}{\omega_n} \tag{2.49}$$

となる．上式は次に $\dot{x} = 0$ なる時刻まで成立する．その時刻 t は

$$\dot{x}(t) = -(x_0-3s)\omega_n \sin \omega_n t = 0$$

より $t = 2\pi/\omega_n$ となる．この時刻での $x(t)$ の値は式（2.49）から

$$x(2\pi/\omega_n) = -s + (x_0-3s)(+1) = x_0 - 4s$$

以上の操作を順次繰り返せば，次の結果を得る．

$$\left.\begin{array}{ll}
x(t) = s + (x_0-s)\cos \omega_n t & 0 \leq t < \dfrac{\pi}{\omega_n} \\[2mm]
x(t) = -s + (x_0-3s)\cos \omega_n t & \dfrac{\pi}{\omega_n} \leq t < \dfrac{2\pi}{\omega_n} \\[2mm]
x(t) = s + (x_0-5s)\cos \omega_n t & \dfrac{2\pi}{\omega_n} \leq t < \dfrac{3\pi}{\omega_n} \\[2mm]
x(t) = -s + (x_0-7s)\cos \omega_n t & \dfrac{3\pi}{\omega_n} \leq t < \dfrac{4\pi}{\omega_n} \\[2mm]
\cdots\cdots
\end{array}\right\} \tag{2.50}$$

したがって，この質量 m の振動波形は図 2.17 に示すように，$x = \pm s$ の線を中心として 1/2 サイクルごとに $2s$ ずつ振幅が減少する．このように粘性減衰が存在するときと同じように減衰振動をするが，x の極値が $\pm s$ の範囲に入ったときは，ばねの復元力よりも摩擦力（F）が大きくなり運動は停止するため，粘性減衰振動の場合のように時間が経過しても $x = 0$ とはならない．

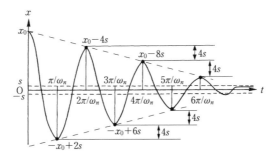

図 2.17　クーロン減衰のある自由振動の波形

例題 2.9　図 2.16 の系において，質量 m がばね（$k=20\,\mathrm{kN/m}$）に取り付けられている．この質量に初期変位 $x_0=11\,\mathrm{mm}$ を与えて静かに放すと，この質量が停止するまで何サイクルするか．また，質量が停止する位置はどこか．ただし，$F=15\,\mathrm{N}$ の一定のクーロン摩擦力が作用すると仮定する．

（解）　$2s=2F/k=1.5\,\mathrm{mm}$ となるので，1/2 サイクルごとに振幅が 1.5 mm 減衰する．したがって，初期変位 11 mm を超えない 1/2 サイクル数を n とすると

$$|11-1.5n|<0.75 \quad より \quad 6.83<n<7.83$$

したがって，上式から $n=7$ となり，3.5 サイクルとなる．このときの振幅の極小値は，$-0.5\,\mathrm{mm}$ となり，図 2.17 からわかるように $x=\pm0.75\,\mathrm{mm}$ 内に入ってしまう．そのとき $\dot{x}=0$ となるので，x 軸の負側の $x=-0.5\,\mathrm{mm}$ の位置で停止することになる．以下に粘性減衰とクーロン減衰の違いを，表 2.2 にまとめて示す．

　図 2.18 からわかるようにダッシュポットにおける粘性減衰力は速度に比例して発生するが，一方クーロン減衰力は摩擦力により発生し，作用方向は速度と反対方向でその大きさは速度には依存しないことに注意されたい．

表 2.2　粘性減衰とクーロン減衰の特徴の比較

項　目	粘性減衰	クーロン減衰
振幅の変化	隣接する振幅比が一定	隣接する振幅の差が一定
包絡線	指数関数	直　線
半周期（極値間）	$\pi/\omega_n\sqrt{1-\zeta^2}$　$(0<\zeta<1)$	π/ω_n
振動の停止時刻	理論的には停止しない	極値が $\pm s$ に入った時点
振動の停止位置	0 に無限に漸近	$\pm s$ 内の位置での極値

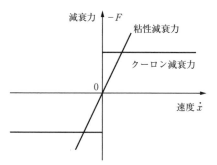

図2.18 粘性減衰とクーロン減衰の比較

.... 2.4 自由振動の位相平面トラジェクトリ ....

振動系の性質を調べるのに，変位 x と速度 $\dot{x}=v$ を座標とする平面に物体の運動を描くことがある．変位を x 軸，速度を v 軸として，(x, v) で平面をつくるとこの平面上の点はその運動の変位と速度に対応する．この平面を**位相平面**（あるいは**相平面**），その点を**状態点**，その軌跡を**位相平面トラジェクトリ**という．非減衰自由振動の式（2.4）について考えてみよう．$\dot{x}=v$ とおくと

$$\left.\begin{array}{l}\dot{x}=v \\ \dot{v}=-\omega_n{}^2 x\end{array}\right\} \tag{2.51}$$

と表せる．第1式に $\omega_n{}^2 x$，第2式に v を乗じて加えると次のようになる．

$$\omega_n{}^2 x\dot{x}+v\dot{v}=0 \tag{2.52}$$

上式を時間 t について積分すると

$$\omega_n{}^2 x^2+\frac{1}{2}v^2=E \quad (\text{一定}) \tag{2.53}$$

となる．E の値を与えて位相平面トラジェクトリを描くと上式は，図2.19のような楕円軌道になる．

運動は楕円上の矢印の方向で示すが，その方向は次のようにしてわかる．$x>0$，$v>0$（第1象限）であれば，式（2.51）よ

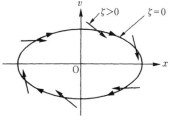

図2.19 位相平面トラジェクトリ

り $\dot{x}>0$, $\dot{v}<0$ である．これは右回りの軌道を描くことを示している．また，$x>0$, $v<0$（第4象限）であれば $\dot{x}<0$, $\dot{v}<0$ となり，同じく右回りの軌道となる．同様に $x<0$, $v>0$（第2象限）および $x<0$, $v<0$（第3象限）の場合を調べれば，同じく右回りの軌道となることが確かめられる．次に減衰自由振動の式（2.24）の場合はどうなるであろうか．同じようにして

$$\left.\begin{array}{l} \dot{x}=v \\ \dot{v}=-2\zeta\omega_n v-\omega_n{}^2 x \end{array}\right\} \tag{2.54}$$

とおいて，第2式を第1式で除すと

$$\frac{\mathrm{d}v}{\mathrm{d}x}=-2\zeta\omega_n-\omega_n{}^2\frac{x}{v}<-\omega_n{}^2\frac{x}{v} \tag{2.55}$$

となり $\zeta=0$ の場合よりも勾配が小さい．したがって，図2.19のように位相平面トラジェクトリは常に楕円の内側に向いているので，時間の経過とともに原点に近づくことがわかる．この場合の位相平面トラジェクトリの式は複雑であるから，**等傾斜線法**で求めてみよう．

$$\frac{\mathrm{d}v}{\mathrm{d}x}=-2\zeta\omega_n-\omega_n{}^2\frac{x}{v}=\alpha \quad (2.56)$$

とおけば

$$\frac{v}{x}=-\frac{\omega_n{}^2}{\alpha+2\zeta\omega_n} \tag{2.57}$$

となるから原点を通る直線となる．α の値を変えて図2.20のように線分を引いておき，その線上でトラジェクトリの傾き $\mathrm{d}v/\mathrm{d}x=\alpha$ に応じた多くの微小線分を引き，出発点 (x_0, v_0) よりその微小線分に接するように曲線を描いていけば完成する．

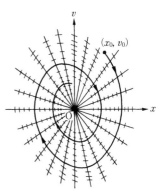

図2.20　減衰のある場合の位相平面トラジェクトリ

例題2.10　運動方程式（2.43）で与えられるクーロン減衰系の位相平面トラジェクトリを描け．

（解）　クーロン減衰自由振動の式（2.43）から

$$\left.\begin{array}{l} \dot{x}=v \\ \dot{v}=-\omega_n{}^2(x\pm s) \end{array}\right\} \tag{1}$$

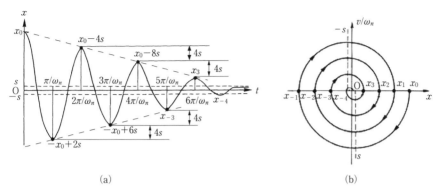

図2.21 (a) クーロン減衰のある自由振動波形と (b) その位相平面トラジェクトリ

とおいて，上式の第1式に $\omega_n{}^2(x\pm s)$，第2式に v を掛けて加えると

$$\omega_n{}^2(x\pm s)\dot{x}+v\dot{v}=0 \tag{2}$$

となる．上式を積分すると次式を得る．

$$\frac{1}{2}\omega_n{}^2(x\pm s)^2+\frac{1}{2}v^2=E \quad (\text{一定}) \tag{3}$$

初期条件を $t=0$ で $(x_0,0)$ とすると，式(3)は図2.21(b)のような上半面 $(v/\omega_n>0)$ では $(-s,0)$ を中心とする半円となる．下半面 $(v/\omega_n<0)$ では点 $(s,0)$ を中心とする半円となる．点 $(x_0,0)$ から出発した状態点は位相平面上で，交互に半径と中心を変えて半円を描きながら原点に近づき，極大（小）値が $-s<x<s$ に入ったとき，ばねの復元力が摩擦力より小さくなって物体は静止する（図2.21(a)参照）．

2.5 非減衰強制振動

　実際の振動問題において，減衰がまったくない状態はほとんど存在しないが，減衰が非常に小さい場合は無視して考えても差し支えない．いま図2.22のように，外部から**調和励振力** $F_0\sin\omega t$ が作用する場合を考えてみよう．運動方程式は自由物体線図から

$$m\ddot{x}=-kx+F_0\sin\omega t \tag{2.58}$$

となる．上式の両辺を m で除して変形すると，次のようになる．

$$\ddot{x}+\omega_n{}^2x=\frac{F_0}{m}\sin\omega t \tag{2.59}$$

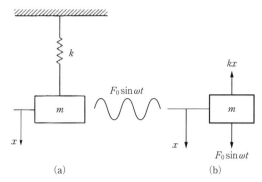

図2.22 調和励振力を受けるばね-質量系の（a）力学モデルと（b）自由物体線図

この**非減衰強制振動**の一般解（**完全解**）は

- **同次方程式**（右辺 $=0$）の**一般解** x_h（**同次解，余解，余関数**ともいう）
- **非同次方程式**の**特殊解** x_p（**特解**または**特殊積分**ともいう）

の和として与えられる．前者の解は式（2.7）で与えられ，自由振動を表す．一方，後者の解は調和励振力 $F_0 \sin \omega t$ が存在する非同次方程式の特殊解であり，強制振動を表す．この特殊解を求める方法には，次のような方法がある．

① 係数比較法（未定係数法）

② インパルス応答法（2.8.1項）

③ ラプラス変換法（2.8.2項）

④ 複素数表示による解法（3.2.2項）

ここでは，①の係数比較法を使用する．いま強制振動の特殊解 $x_p(t)$ を

$$x_p(t) = C \cos \omega t + D \sin \omega t \qquad (2.60)$$

とおき，式（2.59）に代入すると

$$C(\omega_n{}^2 - \omega^2)\cos \omega t + D(\omega_n{}^2 - \omega^2) \sin \omega t = \frac{F_0}{m} \sin \omega t$$

となる．両辺の $\cos \omega t$ と $\sin \omega t$（互いに独立な関数）の係数を比較すると

$$C(\omega_n{}^2 - \omega^2) = 0, \quad D(\omega_n{}^2 - \omega^2) = \frac{F_0}{m}$$

となる．$\omega_n \neq \omega$ であれば，任意定数は

$$C = 0, \quad D = F_0/m(\omega_n{}^2 - \omega^2)$$

と決まるので,特殊解は次のようになる.

$$x_p(t)=\frac{F_0}{m(\omega_n{}^2-\omega^2)}\sin \omega t=\frac{X_{st}}{1-(\omega/\omega_n)^2}\sin \omega t \qquad (2.61)$$

ここで $X_{st}=F_0/m\omega_n{}^2=F_0/k$ であり,調和励振力の振幅 F_0 に対するばねの静的変位を表す.よって,式 (2.59) の完全解は一般解と特殊解の和として

$$x(t)=x_h(t)+x_p(t)=A\cos \omega_n t+B\sin \omega_n t+\frac{X_{st}}{1-(\omega/\omega_n)^2}\sin \omega t \qquad (2.62)$$

となる.ここで,上式の右辺の第1項,第2項は固有角振動数 ω_n をもつ自由振動の一般解,第3項は励振力の振動数 ω をもつ強制振動の特殊解(**定常振動の解**)である.この任意定数 A, B は初期条件によって決定されるから,初期条件を式 (2.8) で与えれば

$$A=x_0, \quad B=\frac{v_0}{\omega_n}-\frac{(\omega/\omega_n)X_{st}}{1-(\omega/\omega_n)^2}$$

と決まる.したがって,式 (2.59) の完全解(一般解)は次のように求まる.

$$x(t)=x_0\cos \omega_n t+\left[\frac{v_0}{\omega_n}-\frac{(\omega/\omega_n)X_{st}}{1-(\omega/\omega_n)^2}\right]\sin \omega_n t+\frac{X_{st}}{1-(\omega/\omega_n)^2}\sin \omega t \qquad (2.63)$$

上式において,右辺の第3項の強制振動の特殊解に注目して,その変位振幅を X として,次のように書き直す.

$$x_p(t)=\frac{X_{st}}{1-(\omega/\omega_n)^2}\sin \omega t=X\sin \omega t$$

上式は $\omega/\omega_n>1$ のとき,振幅が負となるので便宜的に次のように書き改める.

$$\frac{x_p(t)}{X_{st}}=M\sin(\omega t-\phi) \qquad (2.64)$$

ここで

$$M=\frac{X}{X_{st}}=\frac{1}{|1-(\omega/\omega_n)^2|} \qquad :\text{振幅倍率(振幅比)}^* \qquad (2.65)$$

$$\phi=\begin{cases}0 & 0\leq(\omega/\omega_n)<1\\ \pi & (\omega/\omega_n)>1\end{cases} \qquad :\text{位相遅れ角} \qquad (2.66)$$

この振幅倍率 M と位相遅れ角 ϕ を**振動数比** ω/ω_n に対して描くと,図2.23のようになる.

---

* 増幅係数ともいう

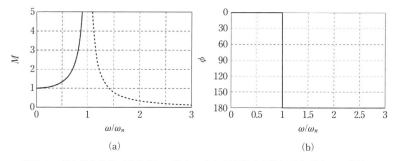

図2.23　調和外力励振（非減衰）の場合の（a）振幅倍率曲線と（b）位相遅れ曲線

（I）図2.23(a) の曲線を，**共振曲線，振幅応答曲線**または**振幅倍率曲線**

（II）図2.23(b) の曲線を，**位相曲線，位相応答曲線**または**位相遅れ曲線**

という．図2.23(a) の曲線の破線部は負値であること示す．式（2.65）から $\omega/\omega_n=1$ のとき，$M\to\infty$ となる．このような現象を**共振**という．また図2.23 (b) は $\omega/\omega_n=1$ を境にして，質量 m の位相角 ϕ が0から瞬時に180°（π）だけ遅れることを示す（$\omega/\omega_n=1$ では位相角 ϕ は定義されない）．これはこの系に減衰がないからであって，減衰がある場合には位相遅れが連続的に生じる（図2.26(b) 参照）．

　次に**共振角振動数** $\omega=\omega_n(\omega/\omega_n=1)$ のとき，どのような現象になるのかを調べてみよう．式（2.59）の強制振動の特殊解を

$$x_p(t)=t\,(C\cos\omega_n t+D\sin\omega_n t) \tag{2.67}$$

とおき，式（2.59）に代入して両辺の $\cos\omega_n t$ と $\sin\omega_n t$ の係数を比較すると

$$2D\,\omega_n=0,\quad -2C\,\omega_n=\frac{F_0}{m}$$

となる．任意定数 $C,\,D$ は

$$D=0,\quad C=-F_0/2m\omega_n=-X_{st}\omega_n/2$$

と決まる．したがって，式（2.59）の完全解は次のように求まる．

$$x(t)=x_h(t)+x_p(t)=A\cos\omega_n t+B\sin\omega_n t-\frac{X_{st}}{2}\omega_n t\cos\omega_n t \tag{2.68}$$

初期条件が式（2.8）で与えられると，$A=x_0, B=v_0/\omega_n+X_{st}/2$ と決まるから，完全解は

$$x(t)=x_0\cos\omega_n t+\left(\frac{v_0}{\omega_n}+\frac{X_{st}}{2}\right)\sin\omega_n t-\frac{X_{st}}{2}\omega_n t\cos\omega_n t \tag{2.69}$$

となる．上式の第1項，第2項の自由振動の振幅は時間に依存しないが，第3項の強制振動の振幅は時間 t とともに無限に増大する．いま初期条件が $x_0 = v_0 = 0$ のときの共振時の応答解は，式（2.69）から

$$x(t) = \frac{X_{st}}{2} \sin \omega_n t - \frac{X_{st}}{2} \omega_n t \cos \omega_n t \qquad (2.70)$$

となる．上式はまた式（2.63）において $x_0 = v_0 = 0$ として，$\omega/\omega_n \to 1$ の極限をとると $0/0$ の不定形となるため，ロピタルの定理を利用すると導出できる．

初期条件を $x_0 = v_0 = 0$ とおいて，式（2.63）から，$\omega/\omega_n = 0.1,\ 0.9,\ 1.0,\ 1.5$ のときの4つの強制振動応答を計算して無次元化して図 2.24 に示す（ただし，共振点 $\omega/\omega_n = 1$ では式（2.70）を使用）．(a) $\omega/\omega_n = 0.1$ では，励振力の振動数が $\omega = 0.1\omega_n$ と低く，その振幅が相対的に大きくなるため，相対的に高い振動数で振幅の小さな自由振動が重畳している．(b) $\omega/\omega_n = 0.9$ では，

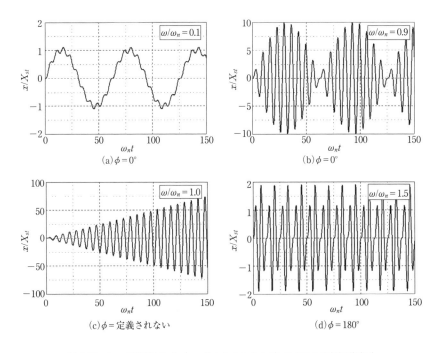

図 2.24　4つの振動数比（$\omega/\omega_n = 0.1, 0.9, 1.0, 1.5$）における強制振動波形
（位相遅れ角 ϕ は式（2.66）で定義される）

励振力の振動数 ω と自由振動の固有角振動数 ω_n が近いので，うなり現象（1.2節参照）が生じている．(c) ω/ω_n＝1.0（共振点）では，振幅は瞬時に無限大になるのではなく，時間とともに無限に増大していき，その包絡線は直線となる．(d) ω/ω_n＝1.5 では，励振力の振動数が ω＝$1.5\omega_n$ と相対的に高く，強制振動の位相遅れが ϕ＝180° となって反転するため，振幅が2つの極大値を示し複雑な振動波形となる．

2.6 減衰強制振動

2.6.1 調和外力による減衰強制振動

図2.25のように粘性減衰のある系に調和励振力 $F_0 \sin \omega t$ が作用したときの運動方程式は，自由物体線図から

$$m\ddot{x} = -kx - c\dot{x} + F_0 \sin \omega t \qquad (2.71)$$

となる．上式の両辺を m で除して式（2.24）のように変形すると

$$\ddot{x} + 2\zeta\omega_n\dot{x} + \omega_n^2\,x = \frac{F_0}{m}\sin\omega t \qquad (2.72)$$

この運動方程式の完全解は 2.5 節で述べたように，上式の右辺＝0 とおいた同次方程式の一般解と非同次方程式の特殊解の和で与えられる．強制振動の特殊解 $x_p(t)$ として式（2.60）を仮定して，上式に代入すると，次のようになる．

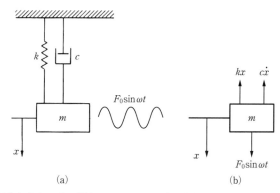

(a)　　　　　　　　　　(b)

図2.25　調和励振力を受けるばね-質量-ダッシュポット系の (a) 力学モデルと (b) 自由物体線図

$$\{C(\omega_n{}^2-\omega^2)+2D\zeta\omega_n\omega\}\cos\omega t+\{-2C\zeta\omega_n\omega+D(\omega_n{}^2-\omega^2)\}\sin\omega t$$

$$=\frac{F_0}{m}\sin\omega t \tag{2.73}$$

上式の両辺の $\cos\omega t$ と $\sin\omega t$ の係数を比較すると，次式を得る.

$$C(\omega_n{}^2-\omega^2)+2D\zeta\omega_n\omega=0$$

$$-2C\zeta\omega_n\omega+D(\omega_n{}^2-\omega^2)=\frac{F_0}{m}$$

上式より，任意定数 C, D は次のように決まる.

$$C=\frac{F_0}{m}\frac{(-2\zeta\omega_n\omega)}{(\omega_n{}^2-\omega^2)^2+(2\zeta\omega_n\omega)^2}=\frac{-2\zeta(\omega/\omega_n)X_{st}}{\{1-(\omega/\omega_n)^2\}^2+\{2\zeta(\omega/\omega_n)\}^2}$$

$$D=\frac{F_0}{m}\frac{(\omega_n{}^2-\omega^2)}{(\omega_n{}^2-\omega^2)^2+(2\zeta\omega_n\omega)^2}=\frac{\{1-(\omega/\omega_n)^2\}X_{st}}{\{1-(\omega/\omega_n)^2\}^2+\{2\zeta(\omega/\omega_n)\}^2}$$

ここで，$X_{st}=F_0/m\omega_n^2=F_0/k$. したがって，特殊解 $x_p(t)$ は次のように求まる.

$$x_p(t)=\frac{X_{st}}{\{1-(\omega/\omega_n)^2\}^2+\{2\zeta(\omega/\omega_n)\}^2}\cdot[\{-2\zeta(\omega/\omega_n)\}\cos\omega t+\{1-(\omega/\omega_n)^2\}\sin\omega t]$$

$$=\frac{X_{st}}{\sqrt{\{1-(\omega/\omega_n)^2\}^2+\{2\zeta(\omega/\omega_n)\}^2}}\sin(\omega t-\phi) \tag{2.74}$$

式 (2.72) の完全解（一般解）は $\zeta>1$，$\zeta=1$，$0<\zeta<1$ によって，それぞれ式 (2.29)，式 (2.31)，式 (2.33) で与えられる減衰自由振動の一般解に，強制振動の特殊解 (2.74) を加えればよい．$0<\zeta<1$ の場合は，減衰自由振動の一般解は式 (2.33) となるので

$$x(t)=x_h(t)+x_p(t)=e^{-\zeta\omega_n t}\{A_1\cos\sqrt{1-\zeta^2}\,\omega_n t+B_1\sin\sqrt{1-\zeta^2}\,\omega_n t\}$$

$$+\frac{X_{st}}{\sqrt{\{1-(\omega/\omega_n)^2\}^2+\{2\zeta(\omega/\omega_n)\}^2}}\sin(\omega t-\phi) \tag{2.75}$$

となる．ここで，任意定数 A_1, B_1 は初期条件から決定される．上式の第1項の減衰自由振動は時間の経過とともに減衰して消滅するので，第2項の強制振動だけが残る．このような振動を **定常振動** と呼ぶ．いま，この定常振動の解の変位振幅を X とおいて，次のように書き直す．

$$\frac{x_p(t)}{X_{st}}=\frac{X}{X_{st}}\sin(\omega t-\phi)=M\sin(\omega t-\phi)$$

ここで

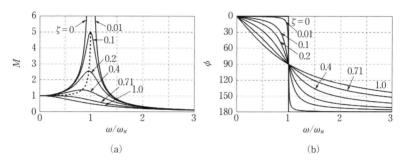

図 2.26 調和外力励振の場合の (a) 振幅倍率曲線と (b) 位相遅れ曲線

$$M=\frac{X}{X_{st}}=\frac{1}{\sqrt{\{1-(\omega/\omega_n)^2\}^2+\{2\zeta(\omega/\omega_n)\}^2}} \quad [-]:振幅倍率（振幅比） \quad (2.76)$$

$$\phi=\tan^{-1}\left(-\frac{C}{D}\right)=\tan^{-1}\frac{2\zeta(\omega/\omega_n)}{1-(\omega/\omega_n)^2} \quad (0\le\phi\le\pi):位相遅れ角^* \quad (2.77)$$

この振幅倍率 M と位相遅れ角 ϕ を，減衰比 ζ をパラメータとして振動数比
ω/ω_n に対して描くと，図 2.26 のようになる．

図 2.26(a) の振幅倍率曲線では $\zeta>0.71$（$=1/\sqrt{2}$）のとき M は極大値をも
たず，振動数比 ω/ω_n の全域で $M\le1$ となり，$0<\zeta<0.71$ のときには M が極
大値をもつ．その極大値をとる ω/ω_n は，式 (2.76) の分母の平方根の中を
$(\omega/\omega_n)^2$ について偏微分し，0 とおくと

$$\frac{\partial}{\partial(\omega/\omega_n)^2}[\{1-(\omega/\omega_n)^2\}^2+\{2\zeta(\omega/\omega_n)\}^2]=2\{(\omega/\omega_n)^2-1+2\zeta^2\}=0$$

より

$$\frac{\omega}{\omega_n}=\sqrt{1-2\zeta^2} \quad (\omega=\omega_n\sqrt{1-2\zeta^2}:共振角振動数) \quad (2.78)$$

となる．上式を元の式 (2.76) に代入すると，M の極大値 M_p は

$$M_p=\frac{X}{X_{st}}=\frac{1}{2\zeta\sqrt{1-\zeta^2}} \quad (共振振幅比) \quad (2.79)$$

となる．このように共振角振動数（共振点）の近くで，振幅倍率が大きくなる

---

* $\phi=\tan^{-1}(\ )$ の主値は $-\pi/2<\phi<\pi/2$ であるが，位相角 ϕ を偏角（値域：$-\pi\le\phi\le\pi$）とし
て計算するには補正が必要となる．この補正方法は，第 2 章の公式のまとめを参照された
い．

現象も**共振**と呼ぶ. 式 (2.78) より極大値が存在するのは, $0<\zeta<1/\sqrt{2}$ の範囲であり, ζ が増加するとともに振幅倍率が極大となる振動数比 ω/ω_n は, 1 より左側へ移動する (図2.26(a)の破線参照). また図2.26(b) の位相遅れ曲線では $\omega/\omega_n=1$ のとき, ζ に関係なく常に $\phi=90°$ となり, $\omega/\omega_n>1$ では $\phi=180°$ に漸近していく. これは減衰のない場合 ($\zeta=0$) の図2.23(b) の位相遅れ曲線の結果と同様である. 図2.26 に示す調和外力励振の場合の振幅倍率曲線と位相遅れ曲線の特性を, 次にまとめて示す.

1. $\omega/\omega_n=0$ のとき, $M=1$, $\phi=0°$ となる.
2. $\omega/\omega_n=1$ のとき, $M=1/2\zeta$, $\phi=90°$ (ζ に無関係) となる.
3. $\omega/\omega_n\to\infty$ のとき, $M\to0$, $\phi\to180°$ (逆位相) となる.
4. $\zeta>1/\sqrt{2}=0.707$ のときには, M の極大値は存在しない (共振しない).
5. M の極大値は $\omega/\omega_n=\sqrt{1-2\zeta^2}$ (共振振動数比) のときに生じ, M_p および ϕ の値は次式で与えられる.

$$M_p=\frac{1}{2\zeta\sqrt{1-\zeta^2}}, \quad \phi=\tan^{-1}\frac{\sqrt{1-2\zeta^2}}{\zeta} \quad (0<\zeta<1/\sqrt{2})$$

6. 減衰のない ($\zeta=0$) とき

$$M=\frac{1}{|1-(\omega/\omega_n)^2|}, \quad \phi=0° \quad (0<\omega/\omega_n<1) \quad \phi=180° \quad (1<\omega/\omega_n)$$

となり, $\omega/\omega_n=1$ では M は無限大になり, ϕ は瞬時に180°だけ遅れる (図2.23(b) の位相遅れ曲線を参照).

なお, 制御工学などでは広い範囲の入力 (励振) 振動数に対する応答を調べる必要があるので, 対数目盛を使用して, 横軸に $\log_{10}(\omega/\omega_n)$, 縦軸に $20\log_{10}M$ および ϕ (位相遅れ角) を描いた2つの図が使用される. これを**ボード線図**という.

Q 値: 強制振動実験によって図2.27 のような振幅倍率曲線が得られ

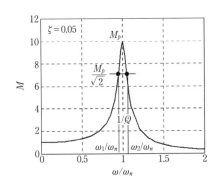

図2.27 Q値の定義

るとき，この図より系の減衰比 ζ を求めることができる．通常，質量 m やばね定数 k は簡単な計算とか実験によってかなり正確に求めることができる．減衰係数 c はそれに比べて困難なので，強制振動実験の測定データから求める場合が多い．図において極大値 M_p の $1/\sqrt{2}$ 倍の値 $M_p/\sqrt{2}$ に対応する振動数比を $\omega_1/\omega_n, \omega_2/\omega_n$ とすると，Q 値* はその差（**バンド幅**）の逆数として定義される．

$$Q=\frac{1}{(\omega_2/\omega_n)-(\omega_1/\omega_n)} \quad [-] \tag{2.80}$$

この Q 値をさらに詳しく計算してみよう．式（2.76）を $M_p/\sqrt{2}$ と等値すれば

$$\frac{1}{\sqrt{\{1-(\omega/\omega_n)^2\}^2+\{2\zeta(\omega/\omega_n)\}^2}}=\frac{1}{2\sqrt{2}\,\zeta\sqrt{1-\zeta^2}} \tag{2.81}$$

となる．上式の両辺を自乗して求まる $(\omega/\omega_n)^2$ に関する2次方程式を解の公式により解いて，2根を $\omega_1/\omega_n, \omega_2/\omega_n\,(\omega_1<\omega_2)$ とおけば，次のようになる．

$$\frac{\omega_1}{\omega_n}=\sqrt{1-2\zeta^2-2\zeta\sqrt{1-\zeta^2}}\,,$$

$$\frac{\omega_2}{\omega_n}=\sqrt{1-2\zeta^2+2\zeta\sqrt{1-\zeta^2}}$$

$\zeta\ll1$ のときは，右辺の ζ^2 項が省略できて，**テイラー展開**すると

$$\frac{\omega_1}{\omega_n}\frac{\omega_2}{\omega_n}-\frac{\omega_1}{\omega_n}\approx\sqrt{1+2\zeta}-\sqrt{1-2\zeta}\cong(1+\zeta)-(1-\zeta)=2\zeta$$

となるから，上式の逆数として

$$Q\cong\frac{1}{2\zeta} \tag{2.82}$$

となる．したがって，バンド値を強制振動実験から決定すれば減衰比 ζ が求められる．このような強制振動実験により得られる振幅倍率曲線（共振曲線）を利用して減衰比を求める方法を，**半値幅法（ハーフ・パワー法）**という．ただし，この方法で正確に測定できる減衰比の範囲は，$0<\zeta<0.05$ に限定される．

2.6.2　調和変位による減衰強制振動

鉄道車両や自動車がレールや路面の凹凸によって振動したり，地震によって

---

　*　Q 値は Q 係数ともいう．Q 値を求める2つの交点を，ハーフパワー点と呼ぶ．

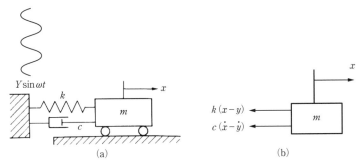

図2.28　調和変位励振を受けるばね-質量-ダッシュポット系の（a）力学モデルと（b）自由物体線図

建物が振動する場合を，**変位励振**による強制振動という．図2.28における1
自由度ばね-質量-ダッシュポット系の運動方程式は，自由物体線図から

$$m\ddot{x} = -k(x-y) - c(\dot{x}-\dot{y}) \tag{2.83}$$

となる．ただし，$y(t)$ は次のような調和変位励振と仮定する．

$$y(t) = Y \sin \omega t \tag{2.84}$$

ここで，Y は**変位振幅**，ω は強制変位の**励振振動数**である．上式を式（2.83）
に代入すると

$$m\ddot{x} + c\dot{x} + kx = c\omega Y \cos \omega t + kY \sin \omega t \tag{2.85}$$

となる．上式の両辺を m で除して式（2.24）のように変形すると

$$\ddot{x} + 2\zeta\omega_n\dot{x} + \omega_n^2 x = 2\zeta\omega_n\omega Y \cos \omega t + \omega_n^2 Y \sin \omega t \tag{2.86}$$

強制振動の特殊解 $x_p(t)$ を式（2.60）のように仮定し，上式に代入すると

$$\{(\omega_n^2 - \omega^2)C + 2\zeta\omega_n\omega D\}\cos \omega t + \{(\omega_n^2 - \omega^2)D - 2\zeta\omega_n\omega C\}\sin \omega t$$
$$= 2\zeta\omega_n\omega Y \cos \omega t + \omega_n^2 Y \sin \omega t \tag{2.87}$$

となる．両辺の $\cos \omega t$ と $\sin \omega t$ の係数を比較すると

$$\left.\begin{array}{l} (\omega_n^2 - \omega^2)C + 2\zeta\omega_n\omega D = 2\zeta\omega_n\omega Y \\ -2\zeta\omega_n\omega C + (\omega_n^2 - \omega^2)D = \omega_n^2 Y \end{array}\right\}$$

となる．上式より任意定数 C, D は

$$\left.\begin{array}{l} C = \dfrac{-2\zeta\omega_n\omega^3 Y}{(\omega_n^2 - \omega^2)^2 + (2\zeta\omega_n\omega)^2} = \dfrac{-2\zeta(\omega/\omega_n)^3 Y}{\{1 - (\omega/\omega_n)^2\}^2 + \{2\zeta(\omega/\omega_n)\}^2} \\[4mm] D = \dfrac{\omega^2(\omega_n^2 + 4\zeta^2\omega^2 - \omega^2)Y}{(\omega_n^2 - \omega^2)^2 + (2\zeta\omega_n\omega)^2} = \dfrac{\{1 + (4\zeta^2 - 1)(\omega/\omega_n)^2\}Y}{\{1 - (\omega/\omega_n)^2\}^2 + \{2\zeta(\omega/\omega_n)\}^2} \end{array}\right\}$$

と決まる．したがって，特殊解（定常振動の解）は次のように求まる．

$$x_p(t) = \frac{Y}{\{1-(\omega/\omega_n)^2\}^2 + \{2\zeta(\omega/\omega_n)\}^2} [-2\zeta(\omega/\omega_n)^3 \cdot \cos \omega t + \{1+(4\zeta^2-1)(\omega/\omega_n)^2\}$$

$$\sin \omega t]$$

$$= \frac{\sqrt{1+\{2\zeta(\omega/\omega_n)\}^2}\, Y}{\sqrt{\{1-(\omega/\omega_n)^2\}^2 + \{2\zeta(\omega/\omega_n)\}^2}} \ \sin (\omega t - \phi) \tag{2.88}$$

式（2.86）の完全解は，減衰自由振動の一般解と強制振動の特殊解との和として求まる．$0 < x < 1$ の場合は，減衰自由振動の一般解は式（2.33）となるので

$$x(t) = x_h(t) + x_p(t) = e^{-\zeta\omega_n t}\{A_1 \cos \sqrt{1-\zeta^2}\,\omega_n t + B_1 \sin \sqrt{1-\zeta^2}\,\omega_n t\}$$

$$+ \frac{\sqrt{1+\{2\zeta(\omega/\omega_n)\}^2}\, Y}{\sqrt{\{1-(\omega/\omega_n)^2\}^2 + \{2\zeta(\omega/\omega_n)\}^2}} \sin(\omega t - \phi) \tag{2.89}$$

となる．ここで，任意定数 A_1，B_1 は初期条件から決定される．式（2.88）の特殊解（定常振動の解）の変位振幅を X とおいて，次のように書き直す．

$$\frac{x_p(t)}{Y} = \frac{X}{Y} \sin(\omega t - \phi) = M \sin(\omega t - \phi) \tag{2.90}$$

ここで

$$M = \frac{X}{Y} = \frac{\sqrt{1+\{2\zeta(\omega/\omega_n)\}^2}}{\sqrt{\{1-(\omega/\omega_n)^2\}^2 + \{2\zeta(\omega/\omega_n)\}^2}} : 振幅倍率^*（振幅比） \tag{2.91}$$

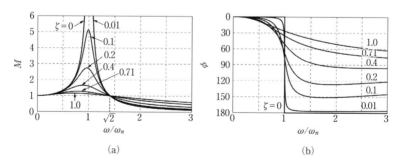

図 2.29　調和変位励振の場合の（a）振幅倍率曲線と（b）位相遅れ曲線

＊　変位伝達率ともいう．

$$\phi=\tan^{-1}\left(-\frac{C}{D}\right)=\tan^{-1}\frac{2\zeta(\omega/\omega_n)^3}{1+(4\zeta^2-1)(\omega/\omega_n)^2} \quad (0\leq\phi\leq\pi):\text{位相遅れ角} \quad (2.92)$$

この振幅倍率 M と位相遅れ角 ϕ を，減衰比 ζ をパラメータとして振動数比 ω/ω_n に対して描くと，図 2.29 のようになる．この調和変位励振の場合の振幅倍率曲線と位相遅れ曲線の特性を，以下にまとめて示す．

---

1) $\omega/\omega_n=0$ のとき，$M=1$，$\phi=0°$ となる．

2) $\omega/\omega_n=1$ のとき，$M=\sqrt{1+1/4\zeta^2}$，$\phi=\tan^{-1}(1/2\zeta)$ となる．

3) $\omega/\omega_n\to\infty$ のとき，$M\to0$，$\phi\to90°$ となる．

4) $\omega/\omega_n=\sqrt{2}$ のとき，常に $M=1$（ζ に無関係）となる．

5) M の極大値は $\omega/\omega_n=\sqrt{\sqrt{1+8\zeta^2}-1}/2\zeta$（共振振動数比）のとき生じ，$M_p$ と ϕ の値は次式で与えられる．

$$M_p=\frac{2\sqrt{2}\zeta^2}{\sqrt{\sqrt{1+8\zeta^2}-(1+4\zeta^2-8\zeta^4)}}, \quad \phi=\tan^{-1}\frac{\left(\sqrt{\sqrt{1+8\zeta^2}-1}\right)^3}{(4\zeta^2-1)\sqrt{1+8\zeta^2}+1}$$

6) 減衰のない（$\zeta=0$）とき，M と ϕ の値は調和外力励振の場合と同じである．

なお，図 2.28 の質量 m の変位振幅 X は絶対座標 x で表示した値である．一方，6.2 節の「サイズモ系の原理」における調和変位による強制振動では，相対変位振幅 Z で相対座標 x-y により表示する（図 6.2 参照）．振幅倍率曲線と位相遅れ曲線は座標系の変数の取り方により大きく異なることに注意されたい．

2.7　力の伝達率と振動の絶縁

　回転機械やエンジンを基礎に据え付けるとき，発生する振動が基礎に伝わり周囲の構造物に悪影響を与えることがある．また，これとは逆に精密機械や光学測定装置は，基礎の振動が伝達されて測定精度が劣化することがある．このために機械と基礎との間に，**振動の絶縁装置**を挿入することがしばしば行われる．絶縁装置は，図 2.30 のような構造になっている．すなわち

　(a) 機械に発生する調和外力 $F_0\sin\omega t$ が振動源となる場合

　(b) 基礎の調和変位 $Y\sin\omega t$ が振動源となる場合（**基礎励振**）

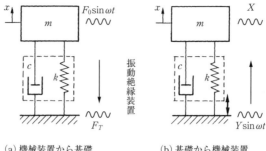

（a）機械装置から基礎　　　　　　（b）基礎から機械装置
　　　への力の伝達　　　　　　　　　への変位の伝達

図 2.30　振動絶縁装置の力学モデル

の力学モデルに対応している．図 2.30（a）のように質量 m に調和外力 $F_0 \sin \omega t$ が作用するとき，基礎にはばね k とダッシュポット c を通じて

$$F_T = c\dot{x} + kx \quad [N] \tag{2.93}$$

の力が伝達される．強制振動の特殊解（2.74）を上式に代入すると，伝達力は

$$F_T = \frac{X_{st}}{\sqrt{\{1-(\omega/\omega_n)^2\}^2 + \{2\zeta(\omega/\omega_n)\}^2}}\{\omega c \cos(\omega t-\phi) + k \sin(\omega t-\phi)\}$$

$$= \frac{\sqrt{1+\{2\zeta(\omega/\omega_n)\}^2}\,F_0}{\sqrt{\{1-(\omega/\omega_n)^2\}^2 + \{2\zeta(\omega/\omega_n)\}^2}}\sin\{\omega t-(\phi-\theta)\} \tag{2.94}$$

ここで，$X_{st}=F_0/m\omega_n{}^2=F_0/k, c=2\zeta m\omega_n,\ \theta=\tan^{-1}(c\omega/k)=\tan^{-1}\{2\zeta(\omega/\omega_n)\}$
式（2.94）の第 2 式の位相遅れ角 $\psi(=\phi-\theta)$ は，式（2.77）の ϕ を用いて

$$\tan\psi = \tan(\phi-\theta) = \frac{\tan\phi-\tan\theta}{1+\tan\phi\cdot\tan\theta} = \frac{2\zeta(\omega/\omega_n)^3}{1+(4\zeta^2-1)(\omega/\omega_n)^2} \quad (0\leq\psi\leq\pi)$$

$$\tag{2.95}$$

と変形できて，調和変位励振を受ける場合の式（2.92）と一致する．機械に発生する調和外力の振幅 F_0 に対する基礎への伝達力の振幅 F_T の比を**力の伝達率** T_R と呼び，式（2.94）から

$$T_R = \frac{|F_T|}{F_0} = \frac{\sqrt{1+\{2\zeta(\omega/\omega_n)\}^2}}{\sqrt{\{1-(\omega/\omega_n)^2\}^2 + \{2\zeta(\omega/\omega_n)\}^2}} \quad \left(=\frac{X}{Y}\right) \tag{2.96}$$

と変形できて，調和変位励振を受ける場合の式（2.91）と完全に一致する．図

2.29 から，力の伝達率曲線は次のような特性をもつ．

---

1. 力の伝達率 T_R を小さくするためには，$\omega/\omega_n \gg 1$ とすればよい（$\omega/\omega_n \geq 2 \sim 3$ が適切）．すなわち，外力の励振振動数 ω に比べて系の固有角振動数 $\omega_n = \sqrt{k/m}$ をできるだけ小さくなるように，ばね定数 k を小さくすればよい．

2. **振動の絶縁効果**は，$\omega/\omega_n > \sqrt{2}$ から現れる．この振動数比の領域では，減衰比 $\zeta = c/2\sqrt{mk}$ を小さくするのが有利であるから，減衰係数 c を小さくすればよい．減衰の存在は減衰のない（$\zeta=0$）場合に比べて一見不利に見えるが，共振点（$\omega/\omega_n \cong 1$）通過時の力の伝達率の増大を避けるためにも，適度な減衰比（$0.1 < \zeta < 0.2$）は必ず必要である．

3. $\omega/\omega_n > \sqrt{2}$ で $\zeta \ll 1$ のとき，伝達率 $T_R = 1/\{(\omega/\omega_n)^2 - 1\}$ となる（防振設計では，通常この式を利用）．このとき $R = 1 - T_R$ は力の**伝達力の低減率**を表し，絶縁装置の性能を表す指標となる．

一方，図 2.30(b) の基礎から調和変位励振を受けたときの振動絶縁方法については，**振幅倍率（変位伝達率）**の式 (2.91)＝式 (2.96) となるので，振動絶縁方法とまったく等しい．すなわち

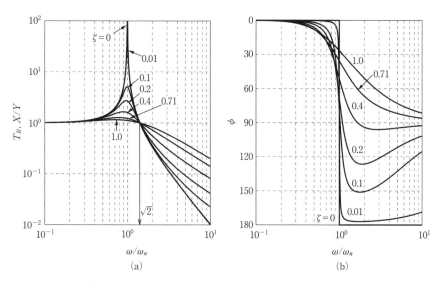

図 2.31 両指数表示した (a) 力および変位の伝達率（$T_R, X/Y$）と (b) 位相遅れ曲線

(a) 機械装置に作用する調和外力の基礎への力の伝達を防止する問題

　(b) 基礎の調和変位励振による機械への変位の伝達を防止する問題

は本質的には同一である．図2.29を書き改めて，力の伝達率 T_R および変位伝達率 X/Y - 振動数比 ω/ω_n を両指数表示した関係を，図2.31に示す．力および変位の伝達率（$T_R, X/Y$）を併せて，**振動伝達率**と呼ぶことがある．なお，この振動伝達率がデシベル（dB）表示（$20\log_{10} T_R$）されるとき，これを**ボード線図**（図2.38参照）という．

<hr>

2.8　過渡振動（過渡応答）

2.8.1　たたみ込み積分

　前節までは，調和励振力による1自由度減衰系の強制振動について考えてきた．この場合は，強制振動の特殊解は励振力と同一の振動数をもつという仮定より求められたが，ここでは任意の励振力 $f(t)$ の場合について考えてみよう．

　励振力 $f(t)$ が周期成分を含まないときは，固有角振動数 ω_n である自由振動が生じるが，減衰が存在すれば通常，自由振動は短時間で消えてしまう．この強制振動と自由振動が混在する状態を，**過渡振動**という．広義には，任意の非周期励振力を受けたときに系に生じる振動を意味する．

　図2.25において調和励振力 $F_0 \sin \omega t$ の代わりに任意の励振力 $f(t)$ が作用した場合の過渡振動の解を求めてみよう．いま $f(t)$ が**単位インパルス力**であるとする．これは図2.32での微小時間区間 $\Delta\tau$ で面積 $\hat{I}=1$ である斜線部にお

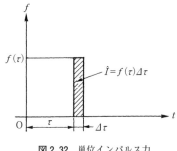

図2.32　単位インパルス力

いて，$\Delta\tau$ を 0 に近づけたときの極限値を意味する．この関数をディラックの**デルタ関数**といい $0<\tau<t$ において

$$\left.\begin{array}{l}\delta(t-\tau)=\begin{cases}\infty & (t=\tau)\\ 0 & (t\neq\tau)\end{cases}\\[2mm] \displaystyle\int_{-\infty}^{\infty}\delta(t-\tau)\,\mathrm{d}t=1\\[3mm] \displaystyle\int_{-\infty}^{\infty}f(t)\,\delta(t-\tau)\,\mathrm{d}t=f(\tau)\end{array}\right\} \tag{2.97}$$

なる性質をもつ．$\hat{I}=f(\tau)\Delta\tau$ は力と作用時間の積であるから**力積**となり，運動量の変化に等しい．$t=0$ において，$\Delta\tau\to0$ とすれば

$$\hat{I}=f(\tau)\Delta\tau=mv(0^{+})-mv(0^{-}) \quad[\text{Ns}] \tag{2.98}$$

となる．$v(0^{-})=0$ なので初期速度を $v(0^{+})=v_0$ とおくと，上式から $v_0=\hat{I}/m$ となる．また質量 m の位置は変位しないので，$t=0$ で初期変位 $x(0^{+})=0$ となる．したがって，減衰自由振動の一般解 (2.34) に初期条件 $x(0^{+})=x_0=0$，$\dot{x}(0^{+})=v_0=\hat{I}/m$ を代入すれば，次式を得る．

$$x(t)=h(t)=\frac{\hat{I}}{m\sqrt{1-\zeta^2}\,\omega_n}e^{-\zeta\omega_n t}\sin\sqrt{1-\zeta^2}\,\omega_n t \quad(t\geq0) \quad[\text{m}] \tag{2.99}$$

これを**単位インパルス応答関数**といい，$h(t)$ で表す（図 2.35(b) 参照）．単位の大きさをもつ力積が時刻 $t=0$ でなく，$t=\tau$ で作用したとすると，τ より大きな時刻 t での単位インパルス応答は，式 (2.99) において $t=t-\tau$ とおくと

$$h(t-\tau)=\frac{\hat{I}}{m\sqrt{1-\zeta^2}\,\omega_n}e^{-\zeta\omega_n(t-\tau)}\sin\sqrt{1-\zeta^2}\,\omega_n\,(t-\tau) \quad(t>\tau) \tag{2.100}$$

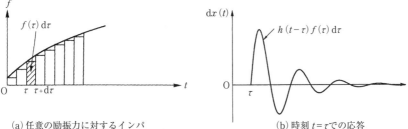

（a）任意の励振力に対するインパルス列による近似

（b）時刻 $t=\tau$ での応答

図 2.33 任意の励振力に対する応答（単位インパルス応答関数による場合）

となり，図 2.33(b) のようになる．さて，任意の励振力 $f(t)$ が作用した 1 自由度減衰系の応答を求めてみよう．$f(t)$ を図 2.33(a) に示すように，時間幅 $\Delta\tau$ で大きさが $f(\tau)$ であるような矩形パルス関数列で近似する．$\Delta\tau$ を十分に小さくすれば，このパルス関数列の和は $f(t)$ に一致する．いま，時刻 τ と $\tau+\Delta\tau$ 間の力積は $f(\tau)\Delta\tau$ であるので，その応答は単位パルス応答を $f(\tau)\Delta\tau$ 倍すればよい．ただし，力積が作用した時刻は $t=\tau$ であるから，式 (2.100) から

$$\Delta x(t,\tau)=h(t-\tau)f(\tau)\Delta\tau \quad [\mathrm{m}]$$

となる．上式には力積 $f(\tau)\Delta\tau$ があるので，式 (2.100) 内の力積 $\hat{I}$ は単に 1 としてよい．時刻 t での 1 自由度減衰系の応答は，時刻 $\tau=0$ から $\tau=t$ 間における力積 $f(\tau)\Delta t$ のそれぞれに対する応答の和となるので

$$x_\tau(t)=\lim_{\Delta\tau\to 0}\sum_{\tau=0}^{\tau=t}\Delta x(t,\tau)=\int_0^t h(t-\tau)f(\tau)\mathrm{d}\tau \qquad (2.101)$$

ここで
$$x_\tau(0)=\dot{x}_\tau(0)=0 \qquad (2.102)$$

のように表現できる．この積分を**たたみ込み積分**または**デュアメル積分**という．ただし，$h(t-\tau)$ は $t>\tau$ でのみ存在するから，積分の上限を ∞ で置き換えても値は変わらない．したがって，図 2.25 の 1 自由度減衰系において，調和励振力 $F_0\sin\omega t$ の代わりに任意の励振力 $f(t)$ が作用したときの過渡応答の一般解（完全解）は，減衰自由振動の一般解 (2.34) とたたみ込み積分による強制振動の特殊解 (2.101) との和として，次のように表せる．

$$x(t)=e^{-\zeta\omega_n t}\left\{x_0\cos\sqrt{1-\zeta^2}\,\omega_n t+\frac{v_0+\zeta\omega_n x_0}{\omega_n\sqrt{1-\zeta^2}}\sin\sqrt{1-\zeta^2}\,\omega_n t\right\}$$
$$+\frac{1}{m\sqrt{1-\zeta^2}\,\omega_n}\int_0^t f(\tau)\cdot e^{-\zeta\omega_n(t-\tau)}\sin\sqrt{1-\zeta^2}\,\omega_n(t-\tau)\mathrm{d}\tau \qquad (0<\zeta<1)$$

$$(2.103)$$

ここで，上式の第 1 項の減衰自由振動の一般解の任意定数 A_1，B_1 は，初期条件（$x(0)=x_0$，$\dot{x}(0)=v_0$）から決定される．これは第 2 項のたたみ込み積分が式 (2.102) の性質をもつため，任意定数の決定に関係しないからである．第 2 項は励振力 $f(t)$ に関する強制振動だけでなく，減衰自由振動も含んでいることに注意されたい．特に初期条件 $x_0=v_0=0$ のときには，式 (2.103) の第 1 項は消滅し，第 2 項が過渡振動の一般解となる．

いま，式（2.103）の第2項に調和励振力 $f(\tau)=\sin\omega\tau$ を代入して，たたみ込み積分を実行すると，次のような過渡振動の一般解を得る．

$$x(t)=\frac{X_{st}e^{-\zeta\omega_n t}}{\left[\{1-(\omega/\omega_n)^2\}^2+\{2\zeta(\omega/\omega_n)\}^2\right]}\left[\{(\omega/\omega_n)^2+2\zeta^2-1\}(\omega/\omega_d)\sin\omega_d t+2\zeta(\omega/\omega_n)\cos\omega_d t\right]$$

$$+\frac{X_{st}}{\sqrt{\{1-(\omega/\omega_n)^2\}^2+\{2\zeta(\omega/\omega_n)\}^2}}\sin(\omega t-\phi) \tag{2.104}$$

ここで，$X_{st}=F_0/k=F_0/m\omega_n^2$, $\omega_d=\omega_n\sqrt{1-\zeta^2}$, $\phi=\tan^{-1}[2\zeta(\omega/\omega_n)/\{1-(\omega/\omega_n)^2\}]$
上式の $e^{-\zeta\omega_n t}$ が掛かった第1項が減衰自由振動を，第2項が定常振動を示している．式（2.104）から減衰比 $\zeta=0.01$ として，$\omega/\omega_n=0.1$, 0.9, 1.0, 1.5 に対する4つの過渡振動応答を計算して無次元化して図2.34に示す．（a）$\omega/\omega_n=0.1$ では，初期には定常振動の上に相対的に高い振動数で振幅の小さ

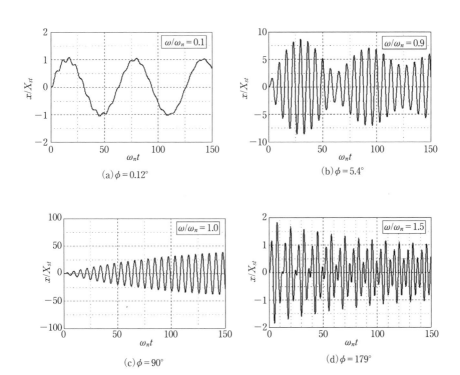

(a) $\phi=0.12°$

(b) $\phi=5.4°$

(c) $\phi=90°$

(d) $\phi=179°$

図2.34 4つの振動数比（$\omega/\omega_n=0.1$, 0.9, 1.0, 1.5）における過渡振動波形（減衰比 $\zeta=0.01$）

な減衰自由振動が重畳するが，この自由振動成分は時間とともに消滅していく．(b) $\omega/\omega_n=0.9$ では，励振力の振動数 ω と減衰固有角振動数 ω_d が近いためにうなり現象が生じるが，減衰の影響でうなりの振幅は時間とともに減衰して定常振動の一定振幅に収束していく．(c) $\omega/\omega_n=1.0$（ほぼ共振点）では，振幅は瞬時に無限大にはならず時間とともに増大するが，減衰の影響によりその振幅は一定値（$x/X_{st}=1/2\zeta=50$）に収束していく．(d) $\omega/\omega_n=1.5$ では，定常振動の位相がほぼ反転して減衰自由振動と重畳するので複雑な過渡振動波形を示し，振幅は時間とともに減衰していく．また図 2.24 と図 2.34 の振動波形を比較すると，強制振動に及ぼす減衰比の影響が明確になる．

2.8.2 ラプラス変換法

　これまでの振動解析では，常微分方程式で表された運動方程式を与えられた初期条件の下で，一般解と特殊解を求めてきた．特殊解を求めるときには，常に解を仮定してきた．ラプラス変換法では，このように特殊解を仮定せずに機械的に微分方程式が解けるので便利であるばかりでなく，系の動特性を表す伝達関数（2.8.3 項）の概念も導入することができる．実変数 $t>0$ について定義される関数 $f(t)$ について，新しい複素変数 s（実部 >0）を導入して次の積分変換

$$F(s)=\int_0^\infty f(t)e^{-st}\mathrm{d}t=\mathscr{L}\,[f(t)] \qquad (2.105)$$

を行う操作をラプラス変換と呼ぶ（$\mathscr{L}$ はラプラス演算子を表す）．この新しい関数 $F(s)$ を**像関数**，$f(t)$ を**原関数**という．このラプラス変換により，時間 t 領域の関数 $f(t)$ を，複素変数 s 領域の関数 $F(s)$ へ変換することになる．一方，この $F(s)$ は次の**複素逆変換積分**（ブロムウィッチ積分）すなわち逆ラプラス変換公式

$$f(t)=\frac{1}{2\pi\,j}\int_{c-j\infty}^{c+j\infty}F(s)e^{st}\mathrm{d}s=\mathscr{L}^{-1}\,[F(s)] \qquad (2.106)$$

により，$f(t)$ に逆変換することができる（$\mathscr{L}^{-1}$ は逆ラプラス演算子を表す）．ここで，積分区間の上限と下限にある c は，式（2.106）の積分が収束する任意の正値であればよい．この逆ラプラス変換により，複素変数 s 領域の関数

表2.3 ラプラス変換の表

No.	$f(t)$	$F(s)$	No.	$f(t)$	$F(s)$
1	$\delta(t)$	1	10	$\cos at$	$\dfrac{s}{s^2+a^2}$
2	$u(t)$	$\dfrac{1}{s}$	11	$at-\sin at$	$\dfrac{a^3}{s^2(s^2+a^2)}$
3	$t^n(n=1,2,\cdots)$	$\dfrac{n!}{s^{n+1}}$	12	$1-\cos at$	$\dfrac{a^2}{s(s^2+a^2)}$
4	e^{-at}	$\dfrac{1}{s+a}$	13	$\dfrac{1}{a}\sin at-\dfrac{1}{b}\sin bt$	$\dfrac{b^2-a^2}{(s^2+a^2)(s^2+b^2)}$
5	$e^{-at}-e^{-bt}$	$\dfrac{b-a}{(s+a)(s+b)}$	14	$\cos at-\cos bt$	$\dfrac{(b^2-a^2)s}{(s^2-a^2)(s^2-b^2)}$
6	te^{-at}	$\dfrac{1}{(s+a)^2}$	15	$t\sin at$	$\dfrac{2as}{(s^2+a^2)^2}$
7	$\sinh at$	$\dfrac{a}{s^2-a^2}$	16	$t\cos at$	$\dfrac{s^2-a^2}{(s^2+a^2)^2}$
8	$\cosh at$	$\dfrac{s}{s^2-a^2}$	17	$e^{-at}\sin bt$	$\dfrac{b}{(s+a)^2+b^2}$
9	$\sin at$	$\dfrac{a}{s^2+a^2}$	18	$e^{-at}\cos bt$	$\dfrac{s+a}{(s+a)^2+b^2}$

を，時間 t 領域の関数へ戻すことになる．ラプラス変換，逆ラプラス変換の計算は，表2.3に示すような公式を用いて行われる．

微分と指数関数の積に関しては，次の公式がある．

表2.4 ラプラス変換の公式

	$f(t)$	$F(s)$
高階導関数	$\dfrac{d^nf(t)}{dt^n}$	$s^nF(s)-s^{n-1}f(0)-s^{n-2}f'(0)-\cdots-f^{n-1}(0)$
2階導関数	$\dfrac{d^2f(t)}{dt^2}$	$s^2F(s)-sf(0)-f'(0)$
1階導関数	$\dfrac{df(t)}{dt}$	$sF(s)-f(0)$
指数関数の積	$e^{at}f(t)$	$F(s-a)$

ただし，$f(0), f'(0), \cdots, f^{(n-1)}(0)$ は $t=0^+$ における初期条件を示す．

ラプラス変換による適用例—非減衰強制振動の場合：

運動方程式（2.59）の完全解を初期条件（2.8）の下で求めてみよう．この式の両辺を，表2.3と表2.4を用いてラプラス変換すると

$$s^2 X(s) - s x_0 - v_0 + \omega_n^2 X(s) = \frac{F_0}{m} \frac{\omega}{s^2 + \omega^2} \qquad (2.107)$$

となる．上式は $X(s)$ に関する代数方程式であり，$X(s)$ について解くと

$$X(s) = \frac{s x_0 + v_0}{s^2 + \omega_n^2} + \frac{F_0}{m} \frac{\omega}{(s^2 + \omega^2)(s^2 + \omega_n^2)} \qquad (2.108)$$

となる．上式を元の微分方程式（2.59）の**補助方程式**と呼ぶ．上式の**逆ラプラス変換**を求める前に，次のように部分分数に分解しておく．

$$X(s) = x_0 \frac{s}{s^2 + \omega_n^2} + v_0 \frac{1}{s^2 + \omega_n^2} + \frac{F_0}{m} \frac{\omega}{\omega_n^2 - \omega^2} \left\{ \frac{1}{s^2 + \omega^2} - \frac{1}{s^2 + \omega_n^2} \right\} \quad (2.109)$$

表2.3を用いて，右辺の各項を逆ラプラス変換すると

$$x(t) = x_0 \cos \omega_n t + \frac{v_0}{\omega_n} \sin \omega_n t + \frac{F_0}{m} \frac{\omega}{\omega_n^2 - \omega^2} \left(\frac{1}{\omega} \sin \omega t - \frac{1}{\omega_n} \sin \omega_n t \right)$$

$$= x_0 \cos \omega_n t + \left[\frac{v_0}{\omega_n} - \frac{(\omega/\omega_n) X_{st}}{1 - (\omega/\omega_n)^2} \right] \sin \omega_n t + \frac{X_{st}}{1 - (\omega/\omega_n)^2} \sin \omega t \qquad (2.110)$$

となり，式（2.63）の完全解と一致する．このように，ラプラス変換の演算がうまくできれば，2.5節で述べたように一般解における任意定数を初期条件により決める操作や，特殊解を仮定することが不必要になる．これにより，自由度数が大きくなって初期条件の数が増えたときに，ラプラス変換法は大変便利になる．ラプラス変換による運動方程式（微分方程式）の解法の一般的な手順を，以下にまとめておく．

---

(1)　運動方程式の両辺のラプラス変換をとり，代数方程式を導出する．

(2)　代数方程式から未知関数（解のラプラス変換）$X(s)$ について解く．

(3)　逆変換公式を用いて未知関数 $X(s)$ の逆ラプラス変換を行い，解 $x(t)$ を求める．

ラプラス変換による適用例－減衰強制振動の場合

次に，任意の励振力 $f(t)$ の場合について考えてみよう．式（2.72）の右辺を $f(t)/m$ とおいて，初期条件を $x_0=v_0=0$ と仮定する．すなわち

$$\ddot{x}+2\zeta\omega_n\dot{x}+\omega_n{}^2x=\frac{f(t)}{m} \tag{2.111}$$

表2.4を用いて，上式の両辺をラプラス変換すると

$$(s^2+2\zeta\omega_ns+\omega_n{}^2)X(s)=\frac{F(s)}{m} \tag{2.112}$$

となる．$X(s)$ について解いて，その逆ラプラス変換により

$$x(t)=\frac{1}{m}\mathscr{L}^{-1}\left[\frac{F(s)}{s^2+2\zeta\omega_ns+\omega_n{}^2}\right] \tag{2.113}$$

を得る．表2.3より $f(t)$ のラプラス変換 $F(s)$ が与えられれば，逆変換により $x(t)$ を求めることができる．その簡単な例について計算してみよう．ただし，$0<\zeta<1$ とする．

(1)　$f(t)=\delta(t)$（単位インパルス関数）

表2.3の No.1 より $F(s)=1$ であるから，逆ラプラス変換により

$$x(t)=\frac{1}{m}\mathscr{L}^{-1}\left[\frac{1}{s^2+2\zeta\omega_ns+\omega_n{}^2}\right]=\frac{1}{m}\mathscr{L}^{-1}\left[\frac{1}{(s+\zeta\omega_n)^2+(1-\zeta^2)\omega_n{}^2}\right]$$

$$=\frac{1}{m\sqrt{1-\zeta^2}\,\omega_n}e^{-\zeta\omega_nt}\sin\sqrt{1-\zeta^2}\,\omega_nt\triangleq h(t) \tag{2.114}$$

となり，式（2.99）の単位インパルス応答関数 $h(t)$ と一致する．上式の両辺に $m\omega_n$ を乗じて位相角 ω_nt に対して描くと，図2.35(b) のようになり，$\zeta=0$

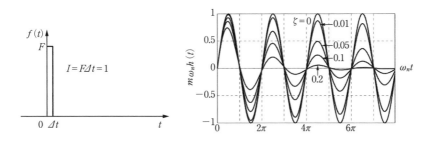

(a)　　　　　　　　　　　　　(b)

図2.35　(a) 単位インパルス力に対する (b) 単位インパルス応答関数

以外では初期変位 $x(0)=0$ から始まり最終的には元の位置 $x=0$ に収束していく減衰自由振動応答を表す.

　この単位インパルス応答関数の $h(t)=$ 式（2.114）を使用すると，任意の励振力 $f(t)$ に対する1自由度減衰系の強制振動の応答が，式（2.103）の第2項のようにたたみ込み積分の形で表せる.

(2)　$f(t)=u(t)\,(t\geq 0)$（単位ステップ関数）

表2.3のNo.2より $F(s)=1/s$ であるから，逆ラプラス変換により

$$x(t)=\mathcal{L}^{-1}\left[\frac{1}{ms(s^2+2\zeta\omega_n s+\omega_n^2)}\right]=\frac{1}{m\omega_n^2}\mathcal{L}^{-1}\left[\frac{1}{s}-\frac{(s+\zeta\omega_n)+\zeta\omega_n}{(s+\zeta\omega_n)^2+(1-\zeta^2)\omega_n^2}\right]$$

$$=\frac{1}{m\omega_n^2}\left[1-e^{-\zeta\omega_n t}\{\cos\sqrt{1-\zeta^2}\,\omega_n t+\frac{\zeta}{\sqrt{1-\zeta^2}}\sin\sqrt{1-\zeta^2}\,\omega_n t\}\right]$$

$$=\frac{1}{k}\left[1-\frac{1}{\sqrt{1-\zeta^2}}e^{-\zeta\omega_n t}\sin(\sqrt{1-\zeta^2}\,\omega_n t+\phi)\right]\triangleq A(t) \qquad(2.115)$$

ここで，$k=m\omega_n^2$，$\phi=\tan^{-1}(\sqrt{1-\zeta^2}/\zeta)$

上式の $A(t)$ を**単位ステップ応答関数（インディシャル応答関数）**と呼ぶ. 上式の両辺に k を乗じて位相角 $\omega_n t$ に対して描くと，図2.36(b) のようになる. この図から初期変位 $x(0)=0$ より立ち上がり，$\zeta=0$ 以外では減衰しながら最終的には一定値 $=1$ に収束していくことがわかる. 式（2.114）の単位インパルス応答関数 $h(t)$ と式（2.115）の単位ステップ応答関数 $A(t)$ の間には，次の関係が成立する.

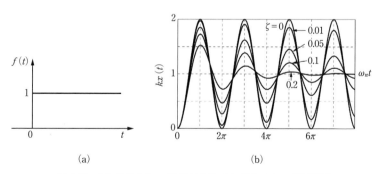

(a)　　　　　　　　　　　　(b)

図2.36　(a) 単位ステップ力に対する　(b) 単位ステップ応答関数

$$h(t) = \frac{d}{dt}A(t) = \frac{\omega_n e^{-\zeta\omega_n t}}{k\sqrt{(1-\zeta^2)}}\sin\sqrt{1-\zeta^2}\,\omega_n t = \frac{e^{-\zeta\omega_n t}}{m\sqrt{(1-\zeta^2)}\,\omega_n}\sin\sqrt{1-\zeta^2}\,\omega_n t$$

$$(2.116)$$

この単位ステップ応答関数 $A(t)$ を使用すると，図2.37に示すように任意の励振力 $f(t)$ の $t=\tau$ から $\tau+d\tau$ までの間に作用する $[df(\tau)/d\tau]d\tau$ のステップ力に対する1自由度減衰系の応答は

$$dx(t) = \frac{df(\tau)}{d\tau}\,d\tau\,A(t-\tau)$$

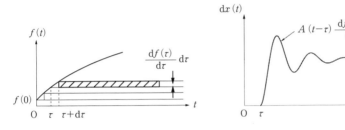

(a) 任意の励振力に対するステップ関数列による近似

(b) 時刻 $t=\tau$ での応答

図2.37 任意の励振力に対する応答（単位ステップ応答関数による場合）

となり，個々のステップ関数の応答の重ね合わせとして，次のように求まる．

$$x(t) = f(0)A(t) + \int_0^t A(t-\tau)\cdot\frac{df(\tau)}{d\tau}\,d\tau \qquad (2.117)$$

上式の第1項 $f(0)A(t)$ は時刻 $t=0$ におけるステップ応答を加算するためである．式（2.117）を**重ね合わせ積分**または**デュアメル積分**という．この関係を図示すると，図2.37のようになる．いま，たたみ込み積分式（2.101）と重ね合わせ積分（2.117）が実質的には等しいことを証明しよう．

すなわち，式（2.116）から

$$h(t-\tau) = -\frac{dA(t-\tau)}{d\tau}$$

となるので，上式を式（2.101）に代入して部分積分（付録A2）すれば，以下のように式（2.117）が導出できる．

$$x(t) = \int_0^t h(t-\tau)f(\tau)\,\mathrm{d}\tau = -\int_0^t \frac{\mathrm{d}A(t-\tau)}{d\tau}f(\tau)\,\mathrm{d}\tau$$

$$= -[A(t-\tau)f(\tau)]_0^t + \int_0^t A(t-\tau)\frac{\mathrm{d}f(\tau)}{\mathrm{d}\tau}\mathrm{d}\tau = f(0)A(t) + \int_0^t A(t-\tau)\frac{\mathrm{d}f(\tau)}{\mathrm{d}\tau}\mathrm{d}\tau$$

前述のインパルス応答（図2.35）やステップ応答（図2.36）で示された重要な点は，一般に無周期外力に対する系の応答には減衰自由振動応答，すなわちその系の減衰固有角振動数 ω_d をもつ自由振動が現れるということである．

さて任意の励振力 $f(t)$ に対する強制振動の応答 $x(t)$ は，単位インパルス応答関数 $h(t)$ のラプラス変換 $H(s)$ を利用して，式（2.106）より

$$x(t) = \mathcal{L}^{-1}\{X(s)\} = \frac{1}{2\pi j}\int_{c-j\infty}^{c+j\infty} H(s)F(s)\,e^{st}\mathrm{d}s \tag{2.118}$$

と書ける．ただし，ラプラス変換 $H(s)$ は式（2.114）より

$$H(s) = \frac{1}{m(s^2 + 2\zeta\omega_n s + \omega_n{}^2)}, \quad h(t) = \mathcal{L}^{-1}[H(s)]$$

となる．ここで，任意の励振力 $f(t)$ のラプラス変換 $F(s)$ の定義式（2.105）を式（2.118）に代入すると

$$x(t) = \frac{1}{2\pi j}\int_{c-j\infty}^{c+j\infty} H(s)\left\{\int_0^\infty f(\tau)\,e^{-s\tau}\mathrm{d}\tau\right\}e^{st}\mathrm{d}s$$

$$= \int_0^\infty f(\tau)\left\{\frac{1}{2\pi j}\int_{c-j\infty}^{c+j\infty} H(s)e^{s(t-\tau)}\mathrm{d}s\right\}\mathrm{d}\tau$$

$$= \int_0^\infty f(\tau)h(t-\tau)\mathrm{d}\tau = \int_0^\infty h(t-\tau)f(\tau)\mathrm{d}\tau \quad （変数変換が可能） \tag{2.119}$$

となり，式（2.101）と同じ形のたたみ込み積分が導かれる．この積分により，一般の線形系の過渡応答が計算できる．解析的に積分が求められないときには，有限時間領域内で数値積分を行うことになる．式（2.119）の両辺のラプラス変換をとると，たたみ込み積分に対する次のラプラス変換公式を得る．

$$\mathcal{L}\{x(t)\} = X(s) = H(s)\,F(s) \tag{2.120}$$

2.8.3 伝達関数と応答

振動系における励振を入力，振動応答を出力と考えると，制御工学やシステム工学の理論で使用されている**伝達関数**の概念を用いて過渡振動や定常振動の解析を行うことができる．いま，初期条件を無視して，式（2.112）から任意の

入力 $f(t)$ に対する出力応答 $x(t)$ のラプラス変換の比として，次式が得られる．

$$\frac{X(s)}{F(s)}=\frac{1}{m(s^2+2\zeta\omega_n s+\omega_n{}^2)} \tag{2.121}$$

上式を $G(s)$ とおいて，これを伝達関数と呼ぶ．すなわち

$$G(s)=\frac{X(s)}{F(s)}=\frac{\text{出力のラプラス変換}}{\text{入力のラプラス変換}} \tag{2.122}$$

であるので，系の伝達関数 $G(s)$ がわかれば，任意の入力 $f(t)$ のラプラス変換 $F(s)$ との積によって $X(s)=G(s)F(s)$ となる．これを逆ラプラス変換すれば，系の過渡応答が次のように求められる．すなわち

$$x(t)=\mathscr{L}^{-1}[X(s)]=\mathscr{L}^{-1}[G(s)F(s)] \tag{2.123}$$

と表すことができる．また，式（2.120）と式（2.122）の比較から，伝達関数 $G(s)$ は単位インパルス応答関数 $h(t)$ のラプラス変換 $H(s)$ に相当する（$G(s)=H(s)$）ことがわかる．式（2.123）は，式（2.119）を一般的に表した式になる．

また複素変数を $s=j\omega$ とおいて式（2.121）から得られる $G(j\omega)$ を，**周波数伝達関数**または**周波数応答関数**と呼び

$$G(j\omega)=\frac{1}{m(\omega_n{}^2-\omega^2+2j\zeta\omega_n\omega)}=\frac{1}{m}\frac{(\omega_n{}^2-\omega^2)-j2\zeta\omega_n\omega}{(\omega_n{}^2-\omega^2)^2+(2\zeta\omega_n\omega)^2} \tag{2.124}$$

となる．その絶対値は振幅特性（ゲイン特性），偏角は位相特性（位相遅れ）を表す．すなわち

$$\text{ゲイン特性：}|G(j\omega)|=\frac{1}{m\sqrt{(\omega_n{}^2-\omega^2)^2+(2\zeta\omega_n\omega)^2}}\left(=\frac{M}{k}\right) \tag{2.125}$$

$$\text{位相特性：}\phi=-\angle G(j\omega)=\tan^{-1}\frac{2\zeta\omega_n\omega}{\omega_n{}^2-\omega^2} \tag{2.126}$$

式（2.125）と式（2.126）は，それぞれ式（2.76）の M（振幅倍率）と式（2.77）の ϕ（位相遅れ角）に対応している．またこのゲイン特性をデシベル表示（dB）（$g=20\log_{10}k|G(j\omega)|$）した線図と位相特性の線図を，制御工学では**ボード線図**と呼ぶ．このゲイン特性と位相特性を減衰比 ζ をパラメータとして描いたボード線図の例を，図 2.38 に示す．

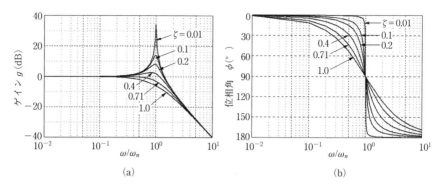

図2.38　2次遅れ系のボード線図　(a) ゲイン特性曲線と　(b) 位相特性曲線

このボード線図は次のような特性を示す.

---

1) $\omega/\omega_n \to 0$ のとき, ゲイン $g \to 0$ dB, 位相角 $\phi \to 0°$ となる.

2) $\omega/\omega_n \to \infty$ のとき, ゲイン g の漸近線の傾きは -40 dB/dec, 位相角 $\phi \to 180°$ となる.

3) $\omega/\omega_n = 1$ のとき, ゲイン $g = 20 \log_{10}(1/2\zeta)$dB, 位相角 $\phi = 90°$ となる.

4) $0 \leq \zeta \leq 1/\sqrt{2}(\cong 0.71)$ の範囲では, $\omega/\omega_n = \sqrt{1-2\zeta^2}$ (共振振動数比) のときに, 極大値のゲイン $g = 20 \log_{10}\left(1/2\zeta\sqrt{1-\zeta^2}\right)$dB, 位相角 $\phi = \tan^{-1}\left(\sqrt{1-2\zeta^2}/\zeta\right)$ となる.

[演習問題 2]

2.1　次のようなばね-質量系（図2.1）の固有角振動数 ω_n(rad/s) と周期 T(s) を求めよ.

(1)　$m = 1$ kg,　$k = 100$ N/m

(2)　$m = 5$ kg,　$k = 100$ N/cm

(3)　$m = 10$ kg,　$k = 10$ kgf/m

(4)　$m = 50$ kg,　$k = 10$ kgf/cm

2.2　次のようなばね-質量-ダッシュポット系（図2.9）の減衰固有振動数 f_d(Hz) と減衰比 ζ を求めよ.

(1)　　$m=1\,\mathrm{kg}$,　$k=100\,\mathrm{N/m}$,　$c=10\,\mathrm{Ns/m}$

(2)　　$m=5\,\mathrm{kg}$,　$k=10\,\mathrm{N/cm}$,　$c=0.1\,\mathrm{Ns/cm}$

(3)　　$m=1\,\mathrm{kg}$,　$k=10\,\mathrm{kgf/m}$,　$c=0.1\,\mathrm{kgf\cdot s/m}$

(4)　　$m=5\,\mathrm{kg}$,　$k=10\,\mathrm{kgf/cm}$,　$c=0.1\,\mathrm{kgf\cdot s/m}$

2.3　ばね-質量系（図 2.1）の固有振動数が $f_n=3.2\,\mathrm{Hz}$ であった. この系に質量 $m'=5\,\mathrm{kg}$ を追加したとき, 固有振動数は $f_n=2.5\,\mathrm{Hz}$ になった. ばね定数 k と元の質量 m はいくらか.

2.4　ばね-質量-ダッシュポット系（図 2.9）において質量 $m=10\,\mathrm{kg}$, ばね定数 $k=10\,\mathrm{kN/m}$, 減衰係数 $c=100\,\mathrm{Ns/m}$ のとき, 減衰比 ζ および対数減衰率 δ を求めよ.

2.5　次のようなばね-質量系（図 2.1）の自由振動の一般解を求めよ. ただし, 初期条件を $x(0)=0.1\,\mathrm{m}$, $\dot{x}(0)=0.01\,\mathrm{m/s}$ とする.

(1)　　$m=1\,\mathrm{kg}$,　$k=100\,\mathrm{N/m}$

(2)　　$m=5\,\mathrm{kg}$,　$k=5\,\mathrm{N/m}$

2.6　図 2.39 のように質量 m の物体に, 角度 α でばね（ばね定数 k）が壁に取り付けられている. この質量が水平方向に微小並進運動するときの固有角振動数 ω_n を求めよ.

2.7　図 2.40 のように質量 m の均一な棒が, 間隔 $2a$ で同じ角速度 ω で反対方向に回転する 2 つのローラー上におかれていて, それとの間に摩擦が働いている. 棒が左右に並進運動するときの固有角振動数 ω_n を求めよ. 動摩擦係数を μ とする.

2.8　図 2.41 のように質量 m の薄い板をばね k で吊るして空気中で振動させたとき, 固有周期は T であった. この板全体を液体中に浸して振動させると周期はその n（>1）倍となった. 板に作用する液体の抵抗が板の面積 S とその速

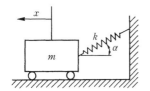

図 2.39　斜めに取り付けられた
　　　　　ばね-質量系

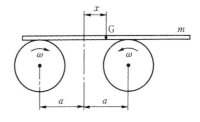

図 2.40　回転する 2 つのローラー上の棒の
　　　　　並進振動

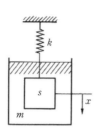

図 2.41　液体中に浸された板と
　　　　　ばねによる振動系

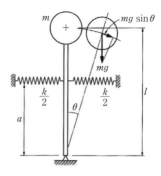

図 2.42　両側をばねで支えられた倒立振り子
　　　　　の回転運動

度に比例すれば，板の抵抗係数 c はいくらか.

2.9　図 2.42 のような倒立振り子において，平衡点の周りに微小回転運動するとき
　　　の固有角振動数 ω_n を求めよ.

2.10　図 2.43 のように剛体棒の左端がヒンジ支
　　　持（回転自由）され，右端に質量 m，途
　　　中にばね k とダッシュポット c が取り付
　　　けられている．この回転系の微小振動の
　　　運動方程式を導き，固有角振動数 ω_n と減
　　　衰比 ζ を求めよ.

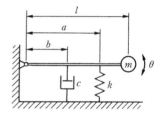

図 2.43　先端に集中質量をもつ剛体
　　　　　棒の回転振動

2.11　図 2.25 において質量 $m=100\,\mathrm{kg}$ に調和
　　　励振力（振幅 $F_0=200\,\mathrm{N}$，励振振動数
　　　$f=5\,\mathrm{Hz}$）が作用したとき，近似共振点
　　　（$\omega_1/\omega_n \fallingdotseq 1$）での振幅が $X=15\,\mathrm{mm}$ となっ
　　　た．ばね定数 k と減衰係数 c を求めよ.

2.12　図 2.44 に示すように上下運動のみが可能
　　　な質量 M の振動台がばね（ばね定数 k）
　　　で床上に支持され，内部では偏心量 e を
　　　もつ回転体 m_e が一定の角速度 ω で回転
　　　している．振動台上に質量 m の供試体を
　　　置いたときに，供試体が振動台から離れ
　　　ないための条件を求めよ.

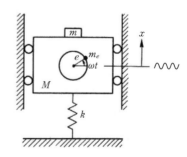

図 2.44　不つり合い質量を有する振動台

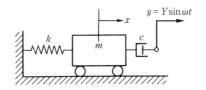

図 2.45　調和変位励振を受けるばね-質量-ダッシュポット系の力学モデル

2.13　図 2.45 に示す系のダッシュポット先端に調和変位励振 $y(t) = Y \sin \omega t$ を受けるとき，質量 m の定常振動の解 $x(t)$ の変位振幅 X を求めよ.

2.14　図 2.9 に示すばね-質量-ダッシュポット系の減衰自由振動において，変位振幅は 5 サイクルで 1/10 に減少した. この系の質量に $f(t) = 20 \cos 10t$ (N) の調和励振力が作用したときの定常振動の解 $x(t)$ の変位振幅 X を求めよ. ただし，質量を $m = 10\,\mathrm{kg}$，ばね定数を $k = 100\,\mathrm{N/m}$ とする.

2.15　図 2.46 のような軸径 d，長さ l の弾性軸の右端に，慣性モーメント J の円板が同軸に付けられている. この軸に $T_0 \sin \omega t$ の励振トルクが作用したとき，ねじり振動の定常振動の解 $\theta(t)$ の角度振幅 Θ を求めよ. ただし，ねじりばね定数を k_t，減衰係数を c_t とし，この軸自身の慣性モーメントは，円板のそれに比較して無視できると仮定する.

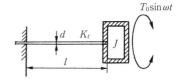

図 2.46　液体中に浸された円板を先端にもつ弾性軸のねじり振動

2.16　図 2.9 に示すばね-質量-ダッシュポット系に，図 2.47 のような周期励振力 $f(t)$ が作用したときの定常振動の解 $x(t)$ を求めよ.

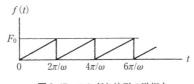

図 2.47　のこぎり波形の励振力

2.17　図 2.48 のようなばね-質量-ダッシュポット系（質量 $m = 50\,\mathrm{kg}$，ばね定数 $k = 10\,\mathrm{kN/m}$，減衰係数 $c = 200\,\mathrm{Ns/m}$）に，調和励振力（振幅 $F_0 = 100\,\mathrm{kN}$，励振振動数 $f = 10\,\mathrm{Hz}$）が作用したとき，基礎に伝達される伝達力 F_T を求めよ.

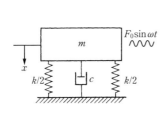

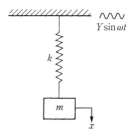

図2.48 調和励振力を受けるばね-
　　　　質量-ダッシュポット系の
　　　　力学モデル

図2.49 調和変位励振を受けるばね
　　　　-質量系の力学モデル

2.18 図2.49のようにばね-質量系（質量 $m=30$ kg，ばね定数 $k=2$ kN/m）の強制
　　　振動を考える．支持部が調和変位励振 $y(t)=5\sin 4\pi t$ (cm) を受けるとき，質
　　　量 m の定常振動の解 $x(t)$ を求めよ．

2.19 次の2階微分方程式の完全解 $x(t)$ をラプラス変換によって求めよ．

　　　$\ddot{x}+\dot{x}+x=e^t$

　　　ただし，初期条件は　$x(0)=0,\ \dot{x}(0)=1$ とする．

2.20 次の像関数 $F(s)$ を逆ラプラス変換して原関数 $f(t)$ を求めよ．

　　　(1)　$F(s)=\dfrac{(s+3)}{(s^2+2s+5)}$

　　　(2)　$F(s)=\dfrac{(s+2)}{(s-1)(s^2+2s+2)}$

第 2 章の公式のまとめ	式番号
例題 2.1　単振り子の固有角振動数（図 2.3）　　$\omega_n = \sqrt{g/l}$	(3)
例題 2.2　U 字管の液柱の固有角振動数（図 2.4）　$\omega_n = \sqrt{2g/l}$	(3)
例題 2.3　ねじり振り子の固有角振動数（図 2.5）　$\omega_n = \sqrt{k_t/J}$	(3)
例題 2.4　ばね-質量系の固有角振動数（図 2.6）　　$\omega_n = \sqrt{k/(m+\rho'l/3)}$	(5)
例題 2.5　物理振り子の固有角振動数（図 2.7）　　$\omega_n = \sqrt{mgp/J_0}$	(4)
例題 2.6　ばね-質量-滑車系の固有角振動数（図 2.8） $\omega_n = \sqrt{kr_2^2/(J_0+mr_1^2)}$	(4)
1 自由度系の非減衰自由振動の一般解（初期条件　$x(0)=x_0,\ \dot{x}(0)=v_0$） $m\ddot{x}+kx=0 : \ddot{x}+\omega_n^2 x=0$	(2.3-2.4)
$x(t)=x_0 \cos \omega_n t + \dfrac{v_0}{\omega_n}\sin \omega_n t$　　　　（図 2.2）	(2.10)
ここで，$\omega_n = \sqrt{k/m}$. $k=0$ であれば，$\omega_n = 0$ となり振動は生じない.	
エネルギ法 $$\dfrac{\mathrm{d}}{\mathrm{d}t}(T+U)=0$$ ここで，T は運動エネルギ，U はポテンシャル・エネルギ.	(2.16)
1 自由度系の減衰自由振動の一般解（初期条件　$x(0)=x_0,\ \dot{x}(0)=v_0$） $m\ddot{x}+c\dot{x}+kx=0 : \ddot{x}+2\zeta\omega_n\dot{x}+\omega_n^2 x=0 \quad (0<\zeta<1)$	(2.23-2.24)
$x(t)=e^{-\zeta\omega_n t}\left\{x_0 \cos \sqrt{1-\zeta^2}\,\omega_n t + \dfrac{v_0+\zeta\omega_n x_0}{\omega_n\sqrt{1-\zeta^2}}\sin \sqrt{1-\zeta^2}\,\omega_n t\right\}$　（図 2.13）	(2.34)
ここで，$\zeta = c/2\sqrt{mk}$. 式（2.34）で $\zeta=0$ とおくと，式（2.10）と一致する.	
1 自由度系の調和外力励振による非減衰強制振動の一般解（初期条件 $x(0)=x_0,\ \dot{x}(0)=v_0$） $m\ddot{x}+kx=F_0 \sin \omega t : \ddot{x}+\omega_n^2 x=F_0 \sin \omega t/m$	(2.58-2.59)
$x(t)=x_0 \cos \omega_n t + \left[\dfrac{v_0}{\omega_n}-\dfrac{(\omega/\omega_n)X_{st}}{1-(\omega/\omega_n)^2}\right]\sin \omega_n t + \dfrac{X_{st}}{1-(\omega/\omega_n)^2}\sin \omega t \quad (\omega \neq \omega_n)$ （図 2.24a, b, d）	(2.63)

$$x(t)=\frac{X_{st}}{2}\sin\omega_n t-\frac{X_{st}}{2}\omega_n t\cos\omega_n t \quad (\omega=\omega_n：共振点, \ x_0=v_0=0)$$
（図 2.24c）
(2.70)

ここで，$X_{st}=F_0/m\omega_n^2=F_0/k$. 式（2.63）で $X_{st}=0(F_0=0)$ とおくと，式（2.10）と一致する.

---

1 自由度系の調和外力励振による減衰強制振動の一般解（初期条件 $x(0)=x_0, \ \dot{x}(0)=v_0$）

$$m\ddot{x}+c\dot{x}+kx=F_0\sin\omega t：\ddot{x}+2\zeta\omega_n\dot{x}+\omega_n^2 x=F_0\sin\omega t/m$$
(2.71-2.72)

$$\left.\begin{aligned}x(t)=&e^{-\zeta\omega_n t}[A_1\cos\sqrt{1-\zeta^2}\,\omega_n t+B_1\sin\sqrt{1-\zeta^2}\,\omega_n t]\\&+\frac{X_{\mathrm{st}}}{\sqrt{\{1-(\omega/\omega_n)^2\}^2+\{2\zeta(\omega/\omega_n)\}^2}}\sin(\omega t-\phi)\end{aligned}\right\}$$
(2.75)

ここで，$\phi=\tan^{-1}\dfrac{2\zeta(\omega/\omega_n)}{1-(\omega/\omega_n)^2}\quad(0\leq\phi\leq\pi)$
(2.77)

式（2.75）で $\zeta=0$ とおいて，任意定数 A_1, B_1 を初期条件から決定すると，式（2.63）と一致する.

振幅倍率 M（1 自由度減衰系に調和外力 $f(t)=F_0\sin\omega t$ が作用する場合）

$$M=\frac{X}{X_{st}}=\frac{1}{\sqrt{\{1-(\omega/\omega_n)^2\}^2+\{2\zeta(\omega/\omega_n)\}^2}}\quad（図 2.26a）$$
(2.76)

---

1 自由度系の調和変位励振による減衰強制振動の一般解（初期条件 $x(0)=x_0, \ \dot{x}(0)=v_0$）

$$m\ddot{x}+c\dot{x}+kx=c\dot{y}+ky：\ddot{x}+2\zeta\omega_n\dot{x}+\omega_n^2 x=2\zeta\omega_n\omega Y\cos\omega t+\omega_n^2 Y\sin\omega t$$
(2.83)

ここで，$y(t)=Y\sin\omega t$
(2.86)

$$\left.\begin{aligned}x(t)=&e^{-\zeta\omega_n t}\{A_1\cos\sqrt{1-\zeta^2}\,\omega_n t+B_1\sin\sqrt{1-\zeta^2}\,\omega_n t\}\\&+\frac{\sqrt{1+\{2\zeta(\omega/\omega_n)\}^2}\,Y}{\sqrt{\{1-(\omega/\omega_n)^2\}^2+\{2\zeta(\omega/\omega_n)\}^2}}\sin(\omega t-\phi)\end{aligned}\right\}$$
(2.89)

ここで，$\phi=\tan^{-1}\dfrac{2\zeta(\omega/\omega_n)^3}{1+(4\zeta^2-1)(\omega/\omega_n)^2}\quad(0\leq\phi\leq\pi)$
(2.92)

式（2.89）で $Y=0$ とおいて，任意定数 A_1, B_1 を初期条件から決定すると，式（2.34）と一致する.

振幅倍率 M（1 自由度減衰系に調和変位 $y(t)=Y\sin\omega t$ が作用する場合）

$$M=\frac{X}{Y}=\frac{\sqrt{1+\{2\zeta(\omega/\omega_n)\}^2}}{\sqrt{\{1-(\omega/\omega_n)^2\}^2+\{2\zeta(\omega/\omega_n)\}^2}}\quad（図 2.29a）$$
(2.91)

力の伝達率 T_R（1自由度減衰系に調和外力 $f(t) = F_0 \sin \omega t$ が作用する場合）

$$T_R = \frac{|F_T|}{F_0} = \frac{\sqrt{1 + \{2\zeta(\omega/\omega_n)\}^2}}{\sqrt{\{1 - (\omega/\omega_n)^2\}^2 + \{2\zeta(\omega/\omega_n)\}^2}} \qquad （図 2.31a）\qquad (2.96)$$

単位インパルス応答関数 $h(t)$

$$h(t) \triangleq \frac{\tilde{I}}{m\sqrt{1 - \zeta^2}\,\omega_n} e^{-\zeta\omega_n t} \sin\sqrt{1 - \zeta^2}\,\omega_n t \qquad (t \geq 0) \qquad （図 2.35b）\qquad (2.99)$$

1自由度系の任意の外力励振 $f(t)$ による減衰強制振動の一般解（初期条件 $x(0) = x_0$, $\dot{x}(0) = v_0$）

$$m\ddot{x} + c\dot{x} + kx = f(t) : \ddot{x} + 2\zeta\omega_n\dot{x} + \omega_n{}^2 x = f(t)/m \qquad (2.111)$$

$$x(t) = e^{-\zeta\omega_n t}\left\{ x_0 \cos\sqrt{1 - \zeta^2}\,\omega_n t + \frac{v_0 + \zeta\omega_n x_0}{\omega_n\sqrt{1 - \zeta^2}} \sin\sqrt{1 - \zeta^2}\,\omega_n t \right\}$$

$$+ \frac{1}{m\sqrt{1 - \zeta^2}\,\omega_n} \int_0^t f(\tau) \cdot e^{-\zeta\omega_n(t-\tau)} \sin\sqrt{1 - \zeta^2}\,\omega_n(t-\tau)\mathrm{d}\tau \quad (0 < \zeta < 1) \qquad (2.103)$$

式（2.103）の第1項の減衰自由振動の任意定数 A_1, B_1 は，第2項に依存せずに初期条件から一意的に決定される．特に初期条件が $x_0 = v_0 = 0$ のときには，式（2.103）の第1項は消滅して，第2項が一般解を与える．

1自由度系の調和外力励振による減衰強制振動の一般解（初期条件 $x(0) = 0$, $\dot{x}(0) = 0$）

$$m\ddot{x} + c\dot{x} + kx = F_0 \sin\omega t : \ddot{x} + 2\zeta\omega_n\dot{x} + \omega_n{}^2 x = F_0 \sin\omega t/m \qquad (2.71\text{-}2.72)$$

$$x(t) = \frac{X_{st}e^{-\zeta\omega_n t}}{\left[\{1 - (\omega/\omega_n)^2\}^2 + \{2\zeta(\omega/\omega_n)\}^2\right]}\left[\{(\omega/\omega_n)^2 + 2\zeta^2 - 1\}(\omega/\omega_d)\sin\omega_d t \right. \qquad (2.104)$$

$$\left. + 2\zeta(\omega/\omega_n)\cos\omega_d t\right] + \frac{X_{st}}{\sqrt{\{1 - (\omega/\omega_n)^2\}^2 + \{2\zeta(\omega/\omega_n)\}^2}}\sin(\omega t - \phi)$$

$$（図 2.34）$$

式（2.104）は式（2.103）において，初期条件を $x_0 = v_0 = 0$, $f(\tau) = F_0 \sin\omega\tau$ としたときの第2項のたたみ込み積分と一致する．式（2.104）の第1項が減衰自由振動の一般解，第2項が強制振動の特殊解（定常振動の解）を示す．

単位ステップ応答関数（インディシャル応答関数）$A(t)$

$$A(t) \triangleq \frac{1}{k}\left[1 - \frac{1}{\sqrt{1-\zeta^2}}e^{-\zeta\omega_n t}\sin\left(\sqrt{1-\zeta^2}\,\omega_n t + \phi\right)\right] \qquad \text{（図2.36b）}$$

(2.115)

ここで，$k = m\omega_n^2$，$\phi = \tan^{-1}\left(\sqrt{1-\zeta^2}/\zeta\right)$ である．

　逆正接関数で表示された位相角の求め方

位相角 ϕ（値域：$-\pi \leq \phi \leq \pi$）を逆正接関数により計算するときには，次の補正が必要となる．$\phi = \tan^{-1}(y/x)$ の主値は（$-\pi/2 < \phi < \pi/2$）であることに注意して，位相角 ϕ を直交座標上の点 (x, y) の偏角と考えると

1) $x \neq 0$　の場合　　　　　　　　　　2) $x = 0$　の場合

　$x > 0 \rightarrow \phi = \tan^{-1}(y/x)$　　　　　　$y > 0 \rightarrow \phi = \pi/2$

　$x < 0,\ y > 0 \rightarrow \phi = \tan^{-1}(y/x) + \pi$　　　$y < 0 \rightarrow \phi = -\pi/2$

　$x < 0,\ y < 0 \rightarrow \phi = \tan^{-1}(y/x) - \pi$　　　$y = 0 \rightarrow \phi =$ 不定

エクセル（マイクロソフト社の表計算ソフト）に用意された関数を使用すると，$\phi = \text{ATAN2}(x, y)$ と一式で書けて非常に便利である．振動工学における位相角を表す逆正接関数 $\tan^{-1}(y/x)$ の値は，このように補正して計算する．

3 2自由度系の振動

　2自由度系の振動は，多自由度系の振動の応答を求めるための基礎となる．代表的な2自由度並進および回転の振動系について固有振動数，固有振動モードを求め，これをもとに自由振動応答を求める方法について述べる．また，対象物の振動を抑制するための2自由度系の非減衰・減衰強制振動理論に基づく動吸振器の設計原理についても説明する．

3.1　非減衰自由振動

3.1.1　並進（直線）振動系

　第2章では，物体の運動がただ1つの座標で表される1自由度系について述べた．ここでは，物体の運動を表すのに2個の座標を必要とする **2自由度系** について述べよう．図3.1に示すように2つの質量 m_1, m_2 とばね定数 k_1, k_2, k_3 の3つのばねをもつ系について考えてみよう．図2.1と同じように m_1, m_2 には重力 m_1g, m_2g が作用するが，静的な伸びを考えた平衡点の周りで運動方程式を考えれば，これらは運動方程式には含まれない．図において m_1, m_2 が平衡点より上方にそれぞれ x_1, x_2 だけ変位したとすると，m_1, m_2 についての運動方程式は，自由物体線図から

$$\left.\begin{array}{l} m_1\ddot{x}_1 = -k_1x_1 - k_2(x_1-x_2) \\ m_2\ddot{x}_2 = k_2(x_1-x_2) - k_3x_2 \end{array}\right\} \tag{3.1}$$

となる．上式を整理して行列形式で表すと

$$\begin{bmatrix} m_1 & 0 \\ 0 & m_2 \end{bmatrix}\begin{Bmatrix} \ddot{x}_1 \\ \ddot{x}_2 \end{Bmatrix} + \begin{bmatrix} k_1+k_2 & -k_2 \\ -k_2 & k_2+k_3 \end{bmatrix}\begin{Bmatrix} x_1 \\ x_2 \end{Bmatrix} = \begin{Bmatrix} 0 \\ 0 \end{Bmatrix} \tag{3.2}$$

となる．式（3.2）の自由振動の一般解として，次のような調和関数を仮定す

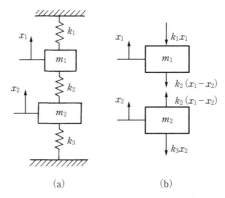

図 3.1　2 自由度ばね-質量系の（a）力学モデルと（b）自由物体線図

る（cos 関数でも同一の結果）.

$$\begin{Bmatrix} x_1(t) \\ x_2(t) \end{Bmatrix} = \begin{Bmatrix} A_1 \\ A_2 \end{Bmatrix} \sin(\omega t + \phi) \tag{3.3}$$

ここで A_1, A_2 は質量 m_1, m_2 の変位振幅である. 上式を式（3.2）に代入して $\sin(\omega t + \phi)$ を除いて A_1, A_2 について整理すると

$$\left(\begin{bmatrix} k_1+k_2 & -k_2 \\ -k_2 & k_2+k_3 \end{bmatrix} - \omega^2 \begin{bmatrix} m_1 & 0 \\ 0 & m_2 \end{bmatrix} \right) \begin{Bmatrix} A_1 \\ A_2 \end{Bmatrix} = \begin{Bmatrix} 0 \\ 0 \end{Bmatrix} \tag{3.4}$$

となり, 上式は 4.4 節で詳しく取り扱う**固有値問題**となる. 上式を変形すると

$$\begin{bmatrix} k_1+k_2-m_1\omega^2 & -k_2 \\ -k_2 & k_2+k_3-m_2\omega^2 \end{bmatrix} \begin{Bmatrix} A_1 \\ A_2 \end{Bmatrix} = \begin{Bmatrix} 0 \\ 0 \end{Bmatrix} \tag{3.5}$$

となり, A_1 と A_2 がともに 0 とならない解（**非自明解**）をもつためには, 上式の**係数行列式** $=0$ となる必要がある. すなわち

$$\begin{vmatrix} k_1+k_2-m_1\omega^2 & -k_2 \\ -k_2 & k_2+k_3-m_2\omega^2 \end{vmatrix} = 0 \tag{3.6}$$

上の**行列式**を展開し整理すると, 次のようになる.

$$m_1 m_2 \left[\omega^4 - \left(\frac{k_1+k_2}{m_1} + \frac{k_2+k_3}{m_2} \right) \omega^2 + \frac{(k_1+k_2)(k_2+k_3)-k_2{}^2}{m_1 m_2} \right] = 0 \tag{3.7}$$

上式を**振動数方程式**（**特性方程式**）という. これは ω^2 に関する 2 次方程式なので, 解の公式から次の 2 根を得る.

$$\omega_{n1}^2, \omega_{n2}^2 = \frac{1}{2}\left[\left(\frac{k_1+k_2}{m_1}+\frac{k_2+k_3}{m_2}\right) \mp \sqrt{\left(\frac{k_1+k_2}{m_1}-\frac{k_2+k_3}{m_2}\right)^2 + \frac{4k_2^2}{m_1 m_2}}\right] \quad (3.8)$$

すなわち,式 (3.3) の ω は上式で与えられる固有角振動数 ($\omega_{n1}<\omega_{n2}$) となるから,式 (3.2) の自由振動の解は,$\omega=\omega_{n1}$ に対しては1次振動モード(上添字$^{(1)}$で表示)を

$$x_1^{(1)}(t)=A_1^{(1)}\sin(\omega_{n1}t+\phi_1), \quad x_2^{(1)}(t)=A_2^{(1)}\sin(\omega_{n1}t+\phi_1)$$

また,$\omega=\omega_{n2}$ に対しては,2次振動モード(上添字$^{(2)}$で表示)を

$$x_1^{(2)}(t)=A_1^{(2)}\sin(\omega_{n2}t+\phi_2), \quad x_2^{(2)}(t)=A_2^{(2)}\sin(\omega_{n2}t+\phi_2)$$

とおくことができる.$\omega=\omega_{n1}$ のとき $A_1=A_1^{(1)}$,$A_2=A_2^{(1)}$,また,$\omega=\omega_{n2}$ のとき $A_1=A_1^{(2)}$,$A_2=A_2^{(2)}$ であるから,式 (3.5) より各振動モードの変位振幅比はそれぞれ,次のようになる.

$$\left.\begin{array}{l}\dfrac{A_2^{(1)}}{A_1^{(1)}}=\dfrac{k_1+k_2-m_1\omega_{n_1}^2}{k_2}=\dfrac{k_2}{k_2+k_3-m_2\omega_{n_1}^2}=\kappa_1 \\[3mm] \dfrac{A_2^{(2)}}{A_1^{(2)}}=\dfrac{k_1+k_2-m_1\omega_{n_2}^2}{k_2}=\dfrac{k_2}{k_2+k_3-m_2\omega_{n_2}^2}=\kappa_2\end{array}\right\} \quad (3.9)$$

上式に式 (3.8) の $\omega_{n1}^2, \omega_{n2}^2$ を代入すると,κ_1 と κ_2 を決定することができる.その結果,常に $\kappa_1>0$,$\kappa_2<0$ であることがわかる.これは図3.2に示すように1次振動モードで m_1, m_2 は常に**同位相**で運動するが,2次振動モードでは m_1, m_2 は**逆位相**(180°遅れ)で運動することを意味する.このように κ_1, κ_2 の値によって振動の形が決まる.この振動の形を**モード形状**または**固有(規準)振動モード**といい,図示すると図3.3のようになる.この図では振動モードをわかりやすく表示するために,2つの質量の上下方向の変位振幅を便宜的に水平方向に示した(上向きの変位が右方向の+変位として表示).質量のつり合いの位置を●で,2次**振動モードの節**(振幅が0の位置)を○で示す.自由振動の解は,1次および2次固有振動モードの重ね合わせとして次のように表せる.

$$\left.\begin{array}{l}x_1(t)=x_1^{(1)}(t)+x_1^{(2)}(t)=A_1^{(1)}\sin(\omega_{n1}t+\phi_1)+A_1^{(2)}\sin(\omega_{n2}t+\phi_2) \\[2mm] x_2(t)=x_2^{(1)}(t)+x_2^{(2)}(t)=A_2^{(1)}\sin(\omega_{n1}t+\phi_1)+A_2^{(2)}\sin(\omega_{n2}t+\phi_2)\end{array}\right\} \quad (3.10)$$

式 (3.9) より決定される κ_1, κ_2 を用いれば,式 (3.10) は

$$\left.\begin{array}{l}x_1(t)=A_1^{(1)}\sin(\omega_{n1}t+\phi_1)+A_1^{(2)}\sin(\omega_{n2}t+\phi_2) \\[2mm] x_2(t)=\kappa_1 A_1^{(1)}\sin(\omega_{n1}t+\phi_1)+\kappa_2 A_1^{(2)}\sin(\omega_{n2}t+\phi_2)\end{array}\right\} \quad (3.11)$$

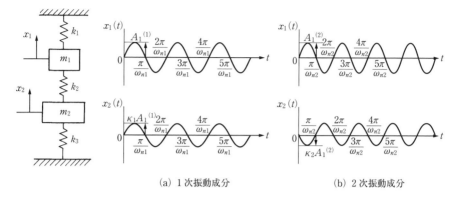

(a) 1次振動成分 (b) 2次振動成分

図3.2 2自由度ばね-質量系の (a) 1次振動波形と (b) 2次振動波形

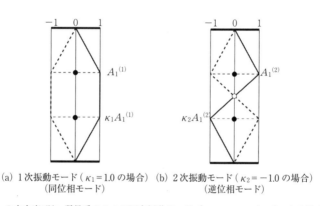

(a) 1次振動モード ($\kappa_1 = 1.0$ の場合) (b) 2次振動モード ($\kappa_2 = -1.0$ の場合)
　　(同位相モード)　　　　　　　　　(逆位相モード)

図3.3 2自由度ばね-質量系の2つの固有振動モード ($m_1 = m_2 = m$, $k_1 = k_2 = k$ の場合)

となる．上式の4個の任意定数 $A_1^{(1)}$, $A_1^{(2)}$, ϕ_1, ϕ_2 は初期条件

$$x_1(0) = x_{10}, \quad \dot{x}_1(0) = v_{10}, \quad x_2(0) = x_{20}, \quad \dot{x}_2(0) = v_{20} \qquad (3.12)$$

を用いれば，1自由度系の自由振動の場合と同様にして決定できる．

3.1.2 回転（ねじり）振動系

図3.4に示す2自由度回転系の場合について，固有角振動数および固有振動モードを求めよう．円板1，2の軸心周りの慣性モーメントを J，ねじり角を θ_1, θ_2，軸のねじり剛性を k_t とすると回転系の運動方程式は，自由物体線図から

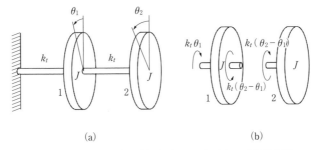

図3.4 2自由度回転系の (a) 力学モデルと (b) 自由物体線図

$$\left.\begin{array}{l} J\ddot{\theta}_1 = -k_t\theta_1 + k_t(\theta_2-\theta_1) \\ J\ddot{\theta}_2 = -k_t(\theta_2-\theta_1) \end{array}\right\} \tag{3.13}$$

となる．上式を整理して行列表示すると

$$\begin{bmatrix} J & 0 \\ 0 & J \end{bmatrix} \begin{Bmatrix} \ddot{\theta}_1 \\ \ddot{\theta}_2 \end{Bmatrix} + \begin{bmatrix} 2k_t & -k_t \\ -k_t & k_t \end{bmatrix} \begin{Bmatrix} \theta_1 \\ \theta_2 \end{Bmatrix} = \begin{Bmatrix} 0 \\ 0 \end{Bmatrix} \tag{3.14}$$

となる．この自由ねじり振動の一般解として，次のような調和振動

$$\begin{Bmatrix} \theta_1(t) \\ \theta_2(t) \end{Bmatrix} = \begin{Bmatrix} \Theta_1 \\ \Theta_2 \end{Bmatrix} \sin(\omega t + \phi) \tag{3.15}$$

を仮定する．ここで，Θ_1 と Θ_2 は円板 1, 2 の角度振幅を表す．上式を式 (3.14) に代入して $\sin(\omega t + \phi)$ を除いて整理すると

$$\begin{bmatrix} 2k_t - J\omega^2 & -k_t \\ -k_t & k_t - J\omega^2 \end{bmatrix} \begin{Bmatrix} \Theta_1 \\ \Theta_2 \end{Bmatrix} = \begin{Bmatrix} 0 \\ 0 \end{Bmatrix} \tag{3.16}$$

となる．上式の係数行列式を展開して 0 とおくと，次の振動数方程式を得る．

$$J^2\left\{\omega^4 - 3\left(\frac{k_t}{J}\right)\omega^2 + \left(\frac{k_t}{J}\right)^2\right\} = 0$$

上式は ω^2 に関する 2 次方程式なので，解の公式から次の 2 根 $(\omega_{n1} < \omega_{n2})$ を得る．

$$\omega_{n1}^2 = \frac{(3-\sqrt{5})}{2}\cdot\frac{k_t}{J}, \quad \omega_{n2}^2 = \frac{(3+\sqrt{5})}{2}\cdot\frac{k_t}{J} \tag{3.17}$$

したがって，式 (3.15) の解は，$\omega = \omega_{n1}\,(=0.618\sqrt{k_t/J})$ に対しては，1 次ねじり振動モードを

$$\theta_1^{(1)}(t) = \Theta_1^{(1)}\sin(\omega_{n1}t + \phi_1), \quad \theta_2^{(1)}(t) = \Theta_2^{(1)}\sin(\omega_{n1}t + \phi_1)$$

また $\omega = \omega_{n2}\,(=1.618\sqrt{k_t/J})$ に対しては，2 次ねじり振動モードを

$$\theta_1^{(2)}(t)=\Theta_1^{(2)}\sin(\omega_{n2}t+\phi_2),\quad \theta_2^{(2)}(t)=\Theta_2^{(2)}\sin(\omega_{n2}t+\phi_2)$$

とおくことができるから，角度振幅比は式（3.16）より

$$\left.\begin{array}{l}\dfrac{\Theta_2^{(1)}}{\Theta_1^{(1)}}=\dfrac{2k_t-J\omega_{n1}^2}{k_t}=\dfrac{k_t}{k_t-J\omega_{n1}^2}=\dfrac{1+\sqrt{5}}{2}=1.618=\kappa_1\\[3mm]\dfrac{\Theta_2^{(2)}}{\Theta_1^{(2)}}=\dfrac{2k_t-J\omega_{n2}^2}{k_t}=\dfrac{k_t}{k_t-J\omega_{n2}^2}=\dfrac{1-\sqrt{5}}{2}=-0.618=\kappa_2\end{array}\right\}\quad(3.18)$$

となる．$\kappa_1>0$ は 2 枚の円板の 1 次ねじり振動モードの角度振幅比が同位相
（回転方向が同じ）であり，$\kappa_2<0$ は 2 枚の円板の 2 次ねじり振動モードの角
度振幅比が逆位相になることを示している．この回転系のねじり振動モードを
図示すると，図3.5のようになる．円板の位置を●で，2 次ねじり振動モード
の節を○で示す．図では，2 つの円板の角度振幅比を同位相の場合，その同一
方向（時計方向を上側）に，逆位相の場合はその反対方向に示す．

　自由ねじり振動の一般解は，1 次および 2 次ねじり振動モードの重ね合わせ
として次のように求まる．

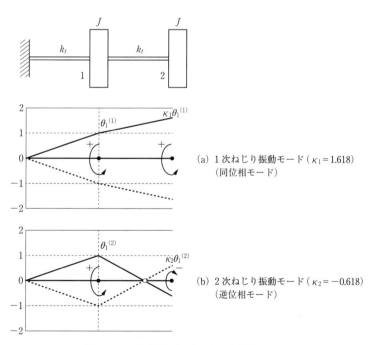

(a) 1 次ねじり振動モード（$\kappa_1=1.618$）
　　（同位相モード）

(b) 2 次ねじり振動モード（$\kappa_2=-0.618$）
　　（逆位相モード）

図 3.5　2 自由度回転系のねじり固有振動モード

$$\left.\begin{array}{l}\theta_1(t)=\theta_1{}^{(1)}(t)+\theta_1{}^{(2)}(t)=\Theta_1{}^{(1)}\sin(\omega_{n1}t+\phi_1)+\Theta_1{}^{(2)}\sin(\omega_{n2}t+\phi_2)\\[4pt]\theta_2(t)=\theta_2{}^{(1)}(t)+\theta_2{}^{(2)}(t)=\kappa_1\Theta_1{}^{(1)}\sin(\omega_{n1}t+\phi_1)+\kappa_2\Theta_1{}^{(2)}\sin(\omega_{n2}t+\phi_2)\end{array}\right\} \quad (3.19)$$

上式の4個の任意定数 $\Theta_1{}^{(1)}, \Theta_1{}^{(2)}, \phi_1, \phi_2$ は，次の初期条件から決定できる．

$$\theta_1(0)=\theta_{10}, \quad \dot{\theta}_1(0)=\omega_{10}, \quad \theta_2(0)=\theta_{20}, \quad \dot{\theta}_2(0)=\omega_{20} \quad (3.20)$$

3.1.3 並進と回転の連成振動系

図3.6に示すように剛体棒が上下運動（バウンシング）と回転運動（ピッチング）を同時にする場合について考えてみよう．これは車体の簡単な振動モデルとして考えられている．剛体棒の質量を m，その重心 G 周りの慣性モーメントを J，重心より l_1, l_2 の位置に取り付けられた2つのばねのばね定数を k_1, k_2 とする．ただし，$k_1 l_1 \neq k_2 l_2$ とする．重心 G の鉛直方向の変位を x（下向き正），重心周りの微小回転角を θ（時計回り方向を正）とする．剛体棒の重心の上下運動とその周りの回転の運動の方程式は，自由物体線図から

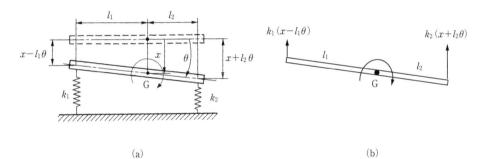

図3.6 上下運動と回転運動する (a) 剛体棒モデルと (b) 自由物体線図

$$\left.\begin{array}{l}m\ddot{x}=-k_1(x-l_1\theta)-k_2(x+l_2\theta)\\[4pt]J\ddot{\theta}=k_1(x-l_1\theta)l_1-k_2(x+l_2\theta)l_2\end{array}\right\} \quad (3.21)$$

となる．上式を整理して行列表示すると，次のようになる．

$$\begin{bmatrix} m & 0 \\ 0 & J \end{bmatrix}\begin{Bmatrix} \ddot{x} \\ \ddot{\theta} \end{Bmatrix}+\begin{bmatrix} k_1+k_2 & -(k_1l_1-k_2l_2) \\ -(k_1l_1-k_2l_2) & k_1l_1{}^2+k_2l_2{}^2 \end{bmatrix}\begin{Bmatrix} x \\ \theta \end{Bmatrix}=\begin{Bmatrix} 0 \\ 0 \end{Bmatrix} \quad (3.22)$$

この自由振動の一般解として，次のような調和振動

$$\begin{Bmatrix} x(t) \\ \theta(t) \end{Bmatrix}=\begin{Bmatrix} X \\ \Theta \end{Bmatrix}\sin(\omega t+\phi) \quad (3.23)$$

を仮定する．ただし，X は変位振幅，Θ は角度振幅である．式（3.23）をそれぞれ式（3.22）に代入し，$\sin(\omega t + \phi)$ を除くと次式を得る．

$$\begin{bmatrix} k_1 + k_2 - m\omega^2 & -(k_1 l_1 - k_2 l_2) \\ -(k_1 l_1 - k_2 l_2) & k_1 l_1{}^2 + k_2 l_2{}^2 - J\omega^2 \end{bmatrix} \begin{Bmatrix} X \\ \Theta \end{Bmatrix} = \begin{Bmatrix} 0 \\ 0 \end{Bmatrix} \tag{3.24}$$

ここで，X と Θ がともに 0 とならない解（非自明解）をもつためには，上式の係数行列式＝0 となる必要がある．すなわち

$$\begin{vmatrix} k_x - m\omega^2 & -k_{x\theta} \\ -k_{x\theta} & k_\theta - J\omega^2 \end{vmatrix} = 0 \tag{3.25}$$

ここで，$k_x = k_1 + k_2$（棒の全ばね定数），$k_\theta = k_1 l_1{}^2 + k_2 l_2{}^2$（棒の全回転ばね定数），$k_{x\theta} = k_1 l_1 - k_2 l_2$（連成項）とする．上式を展開すると，次の振動数方程式を得る．

$$mJ \left\{ \omega^4 - \left(\frac{k_x}{m} + \frac{k_\theta}{J} \right) \omega^2 + \frac{k_x k_\theta - k_{x\theta}{}^2}{mJ} \right\} = 0 \tag{3.26}$$

上式は ω^2 に関する 2 次方程式であるので解の公式から，次の 2 根（$\omega_{n1} < \omega_{n2}$）を得る．

$$\omega_{n1}{}^2, \omega_{n2}{}^2 = \frac{1}{2} \left[\left(\frac{k_x}{m} + \frac{k_\theta}{J} \right) \mp \sqrt{ \left(\frac{k_x}{m} - \frac{k_\theta}{J} \right)^2 + \frac{4 k_{x\theta}{}^2}{mJ} } \right] \tag{3.27}$$

したがって，式（3.23）の解は $\omega = \omega_{n1}$ に対しては，1 次振動モードを

$$x_1(t) = X^{(1)} \sin(\omega_{n1} t + \phi_1), \quad \theta_1(t) = \Theta^{(1)} \sin(\omega_{n1} t + \phi_1)$$

また $\omega = \omega_{n2}$ に対しては，2 次振動モードを

$$x_2(t) = X^{(2)} \sin(\omega_{n2} t + \phi_2), \quad \theta_2(t) = \Theta^{(2)} \sin(\omega_{n2} t + \phi_2)$$

とおくことができる．振幅比はそれぞれ，式（3.24）より

$$\left. \begin{aligned} \frac{X^{(1)}}{\Theta^{(1)}} &= \frac{k_{x\theta}}{k_x - m\omega_{n1}{}^2} = \frac{k_\theta - J\omega_{n1}{}^2}{k_{x\theta}} = \kappa_1 \\ \frac{X^{(2)}}{\Theta^{(2)}} &= \frac{k_{x\theta}}{k_x - m\omega_{n2}{}^2} = \frac{k_\theta - J\omega_{n2}{}^2}{k_{x\theta}} = \kappa_2 \end{aligned} \right\} \tag{3.28}$$

となる．式（3.27）の $\omega_{n1}{}^2, \omega_{n2}{}^2$ を式（3.28）に代入すると，κ_1, κ_2 が決定できる．したがって，自由振動の一般解は 1 次および 2 次固有振動モードの重ね合わせとして，次のように表せる．

$$\left. \begin{aligned} x(t) &= x^{(1)}(t) + x^{(2)}(t) = X^{(1)} \sin(\omega_{n1} t + \phi_1) + X^{(2)} \sin(\omega_{n2} t + \phi_2) \\ \theta(t) &= \theta^{(1)}(t) + \theta^{(2)}(t) = (X^{(1)}/\kappa_1) \sin(\omega_{n1} t + \phi_1) + (X^{(2)}/\kappa_2) \sin(\omega_{n2} t + \phi_2) \end{aligned} \right\} \tag{3.29}$$

上式の4個の任意定数 $X^{(1)}, X^{(2)}, \phi_1, \phi_2$ は，次の初期条件

$$x(0)=x_0, \quad \dot{x}(0)=v_0, \quad \theta(0)=\theta_0, \quad \dot{\theta}(0)=\omega_0 \qquad (3.30)$$

より決定できる．ここで，θ_0 は初期角変位，ω_0 は初期角速度である．いま $k_1l_1=k_2l_2$ の特別な場合を考えてみよう．このとき $k_{x\theta}=k_1l_1-k_2l_2=0$ となるので，式（3.22）から明らかなように並進運動 $x(t)$ と回転運動 $\theta(t)$ の振動は互いに干渉せず完全に独立することになる．このような振動を**非連成振動**という．

例題 3.1　図 3.1 の 2 自由度ばね-質量系において $m_1=m_2=m, k_1=k_2=k_3=k$ とし，初期条件が $x_1(0)=1, \dot{x}_1(0)=x_2(0)=\dot{x}_2(0)=0$ のとき，自由振動の一般解 $x_1(t)$, $x_2(t)$ を求めよ．ただし，$m=1\,\mathrm{kg}$, $k=100\,\mathrm{N/m}$, 振幅の単位は cm とする．

（解）　式（3.8）より 1 次および 2 次固有角振動数を求めれば

$$\omega_{n1}=\sqrt{k/m}, \quad \omega_{n2}=\sqrt{3k/m} \qquad (1)$$

となる．式（3.9）より変位振幅比はそれぞれ

$$\frac{A_2^{(1)}}{A_1^{(1)}}=\kappa_1=1, \quad \frac{A_2^{(2)}}{A_1^{(2)}}=\kappa_2=-1 \qquad (2)$$

となる．したがって，自由振動の一般解である式（3.11）は

$$\left.\begin{array}{l} x_1(t)=A_1^{(1)}\sin(\sqrt{k/m}\,t+\phi_1)+A_1^{(2)}\sin(\sqrt{3k/m}\,t+\phi_2) \\ x_2(t)=A_1^{(1)}\sin(\sqrt{k/m}\,t+\phi_1)-A_1^{(2)}\sin(\sqrt{3k/m}\,t+\phi_2) \end{array}\right\} \qquad (3)$$

となる．与えられた 4 つの初期条件より，次の関係を得る．

$$\left.\begin{array}{l} x_1(0)=A_1^{(1)}\sin\phi_1+A_1^{(2)}\sin\phi_2=1 \\ x_2(0)=A_1^{(1)}\sin\phi_1-A_1^{(2)}\sin\phi_2=0 \\ \dot{x}_1(0)=A_1^{(1)}\sqrt{k/m}\cos\phi_1+A_1^{(2)}\sqrt{3k/m}\cos\phi_2=0 \\ \dot{x}_2(0)=A_1^{(1)}\sqrt{k/m}\cos\phi_1-A_1^{(2)}\sqrt{3k/m}\cos\phi_2=0 \end{array}\right\} \qquad (4)$$

上式より 4 個の任意定数を求めると，次のように求まる．

$$A_1^{(1)}=A_1^{(2)}=0.5, \quad \phi_1=\phi_2=\pi/2 \qquad (5)$$

したがって，自由振動の一般解は式（3）より

$$\left.\begin{array}{l} x_1(t)=0.5\cos(\sqrt{k/m}\cdot t)+0.5\cos(\sqrt{3k/m}\cdot t) \\ x_2(t)=0.5\cos(\sqrt{k/m}\cdot t)-0.5\cos(\sqrt{3k/m}\cdot t) \end{array}\right\} \qquad (6)$$

となる．この 2 つの自由振動波形を，図 3.7 に示す．

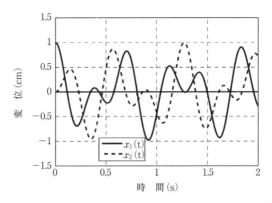

図3.7　2自由度ばね-質量系の自由振動波形　($\omega_{n1}=10$ rad/s, $\omega_{n2}=10\sqrt{3}$ rad/s)

例題3.2　図3.6に示す剛体棒について，固有角振動数と固有振動モードを求めよ．ただし，棒の質量：$m=1600$ kg，棒の重心G周りの慣性モーメント：$J=2500$ kg m^2，棒の重心から左端までの距離：$l_1=1.4$ m，棒の重心から右端までの距離：$l_2=1.6$ m，棒の両端における等価ばね剛性：$k_1=35$ kN/m, $k_2=41$ kN/m.

（解）　与えられた諸定数から式（3.27）に使用する値をまとめて計算する．

$$k_x/m=(k_1+k_2)/m=47.5 \text{ (s}^{-2}), \quad k_\theta/J=(k_1l_1{}^2+k_2l_2{}^2)/J=69.4 \text{ (s}^{-2})$$

$$k_{x\theta}{}^2/mJ=(k_1l_1-k_2l_2)^2/mJ=68.9 \text{ (s}^{-2})$$

上式の結果を式（3.27）に代入すると，1次および2次固有角振動数は

$$\omega_{n1}=6.7 \text{ rad/s} \, (f_1=1.07 \text{ Hz}), \quad \omega_{n2}=8.5 \text{ rad/s} \, (f_2=1.35 \text{ Hz})$$

となる．この2つの値をそれぞれ式（3.28）に代入すると，1次および2次振動モードの振幅比（変位振幅/角度振幅）は次のように求まる．

$$\left.\begin{array}{l} \dfrac{X^{(1)}}{\Theta^{(1)}}=-3.7 \text{ m/rad}=-6.46 \text{ cm/deg} \\[3mm] \dfrac{X^{(2)}}{\Theta^{(2)}}=0.42 \text{ m/rad}=0.73 \text{ cm/deg} \end{array}\right\}$$

これらの振動モードを図示すると，図3.8のようになる．1次および2次振動モードの節（P）を○で示す．1次振動モードでは重心Gより右側に点Pがあり，2次振動モードでは逆に重心Gより左側に点Pがある．ここで，1次振動モードの点Pを**バウンス中心**，2次振動モードでは点Pを**ピッチ中心**と呼ぶ．

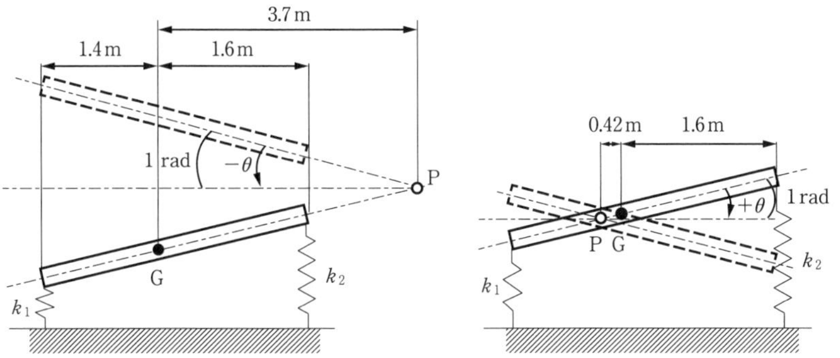

(a) 1次振動モード (並進モードが優勢)　(b) 2次振動モード (回転モードが優勢)

図 3.8 剛体棒の1次および2次固有振動モード

3.2 強制振動

3.2.1 非減衰強制振動―動吸振器の理論

2自由度系の強制振動の例として，**動吸振器**を考えてみよう．これは機械類や構造物の発生する振動を除去したり軽減したりするために，主振動系に付加される副振動系を動吸振器と呼んでいる．図3.9のように下部の主振動系の質量を m_1，ばね定数を k_1，上部に取り付ける動吸振器（破線内）の質量を m_2，ばね定数を k_2 とする．主振動系の m_1 に調和励振力 $F_0 \sin \omega t$ が作用している場合を考えよう．

この系の運動方程式は，自由物体線図から

$$\left.\begin{aligned} m_1\ddot{x}_1 &= -k_1x_1 + k_2(x_2 - x_1) + F_0 \sin \omega t \\ m_2\ddot{x}_2 &= -k_2(x_2 - x_1) \end{aligned}\right\} \tag{3.31}$$

となる．上式を行列形式で表すと，次のようになる．

$$\begin{bmatrix} m_1 & 0 \\ 0 & m_2 \end{bmatrix} \begin{Bmatrix} \ddot{x}_1 \\ \ddot{x}_2 \end{Bmatrix} + \begin{bmatrix} k_1 + k_2 & -k_2 \\ -k_2 & k_2 \end{bmatrix} \begin{Bmatrix} x_1 \\ x_2 \end{Bmatrix} = \begin{Bmatrix} F_0 \sin \omega t \\ 0 \end{Bmatrix} \tag{3.32}$$

この系の定常振動の解として，次の調和振動を仮定する．

$$\begin{Bmatrix} x_1(t) \\ x_2(t) \end{Bmatrix} = \begin{Bmatrix} A_1 \\ A_2 \end{Bmatrix} \sin \omega t \tag{3.33}$$

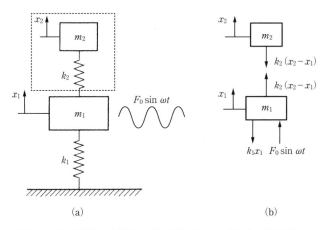

図3.9　2自由度ばね-質量系の (a) 力学モデルと (b) 自由物体線図

ここで，A_1，A_2 は変位振幅である．上式を式 (3.32) に代入し両辺より $\sin \omega t$ を除くと，次式を得る．

$$\begin{bmatrix} k_1+k_2-m_1\omega^2 & -k_2 \\ -k_2 & k_2-m_2\omega^2 \end{bmatrix} \begin{Bmatrix} A_1 \\ A_2 \end{Bmatrix} = \begin{Bmatrix} F_0 \\ 0 \end{Bmatrix} \tag{3.34}$$

クラメルの公式（付録 A3）により，上式から A_1，A_2 を求めると

$$A_1 = \frac{(k_2-\omega^2 m_2)F_0}{\Delta(\omega)}, \quad A_2 = \frac{k_2 F_0}{\Delta(\omega)} \tag{3.35}$$

となる．ここで，式 (3.35) の分母の $\Delta(\omega)$ は次式で与えられる．

$$\Delta(\omega) = (k_1+k_2-\omega^2 m_1)(k_2-\omega^2 m_2) - k_2{}^2 \tag{3.36}$$

式 (3.35) における第1式の分子 $= 0$ から

$$\omega = \sqrt{\frac{k_2}{m_2}} = \omega_{22} \tag{3.37}$$

となる．主振動系の m_1 に作用する調和外力の励振振動数 ω と動吸振器の固有角振動数 ω_{22} が一致するように選べば，式 (3.35) から

$$\left.\begin{array}{l} A_1 = 0 \\ A_2 = -\dfrac{F_0}{k_2} \end{array}\right\} \tag{3.38}$$

となるため，主振動系の m_1 は完全に静止する．一方，動吸振器の m_2 は上式

から

$$x_2(t) = -\frac{F_0}{k_2}\sin\omega t = \frac{F_0}{k_2}\sin(\omega t - 180°) \tag{3.39}$$

となり，主振動系の m_1 に作用する励振力と逆位相で振動する．これが動吸振器の原理であり，一定の励振振動数 ω に応じて動吸振器の固有角振動数 ω_{22} と一致するように k_2/m_2 の比を定めれば，主振動系の m_1 を静止させることができる．$\omega/\omega_{22}=1$ となる励振振動数を**反共振角振動数**という．いま，動吸振器の固有角振動数（ω_{22}）と主振動系の固有角振動数（ω_{11}）を同調させて

$$\omega_{22}=\omega_{11}, \quad \therefore \ \frac{k_2}{m_2}=\frac{k_1}{m_1} \quad 変形して \quad \frac{k_2}{k_1}=\frac{m_2}{m_1}=\mu \quad （質量比）\tag{3.40}$$

とおくと，式 (3.36) は次のように書ける．

$$\begin{aligned}\Delta(\omega)&=k_1k_2\{\{1+\mu-(\omega/\omega_{11})^2\}\{1-(\omega/\omega_{22})^2\}-\mu\}\\&=k_1k_2\{\{1+\mu-((\omega/\omega_{11}))^2\}\{1-((\omega/\omega_{11}))^2\}-\mu\}\end{aligned}\tag{3.41}$$

上式を式 (3.35) に代入すると，変位振幅 A_1, A_2 が求まる．

$$\left.\begin{aligned}\frac{A_1}{F_0/k_1}&=\frac{(1-r^2)}{(1+\mu-r^2)(1-r^2)-\mu}\\\frac{A_2}{F_0/k_1}&=\frac{1}{(1+\mu-r^2)(1-r^2)-\mu}\end{aligned}\right\} \quad ここで \quad r=\frac{\omega}{\omega_{11}}=\frac{\omega}{\omega_{22}} \tag{3.42}$$

さらに，上式の変位振幅の絶対値をとって

$$M_1=\frac{|A_1|}{X_{st}}, \ M_2=\frac{|A_2|}{X_{st}} \quad ここで \quad X_{st}=\frac{F_0}{k_1} \tag{3.43}$$

とおいて，$r=\omega/\omega_{11}$ に対して M_1, M_2 を描くと，図 3.10 のようになる．図中の破線は変位振幅が負であり，位相が反転して（180°の位相のずれ）いることを示す．式 (3.41) $\Delta(\omega)=0$ の振動数方程式（r の4次方程式：$r^4-(2+\mu)r^2+1=0$）で質量比 μ^* を与えると，2つの正根が得られ，この根が M_1 と M_2 が無限大となる共振振動数比（$r_1=\omega_{n1}/\omega_{11}$，$r_2=\omega_{n2}/\omega_{11}$）に対応する．いま，$\mu=0.05$ とすると $r_1=0.89$，$r_1=1.12$ となる．位相は，M_1 では共振（＋反共振）振動数比 r_1, 1, r_2 の値で，M_2 では共振振動数比 r_1, r_2 の値で位相が反転している．

---

* 一般的には $0.05<\mu<0.25$ の値が使用される．

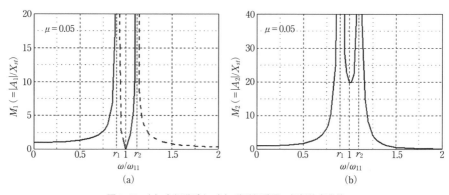

図 3.10　(a) 主振動系と (b) 動吸振器の振幅倍率曲線

3.2.2　非減衰強制振動—遠心振り子式動吸振器の理論

　回転機械に有効な**遠心振り子式動吸振器**を図 3.11 に示す．遠心振り子とは回転軸に平行な支軸を取り付けた振り子で，軸の回転とともに同一回転面内で振り子運動をする．振り子の長さ r と回転軸の中心 O から振り子の支軸 A 間の距離 R とを調整することにより，回転軸の外乱によるねじれ振動が除去できる．その原理を説明しよう．図 3.11 に示す記号を，以下のように定義する．

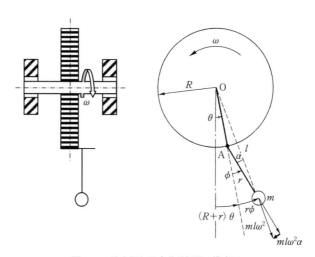

図 3.11　遠心振り子式動吸振器の模式図

　　振り子の集中質量：m，振り子の長さ：r，回転軸の角速度：ω

　　回転軸のねじれ角：θ，振り子のねじれ角：ϕ

　　回転軸の中心 O から振り子の支軸 A 間の距離：R

　　回転軸の中心 O から振り子の集中質量 m の重心間の距離：l

　　回転軸の中心 O と振り子の重心を結ぶ直線と振り子とのなす微小角：α

振り子の集中質量 m に作用する遠心力（慣性力）は $ml\omega^2$ となるので，振り子に作用する遠心力の接線方向の成分は，$\alpha \ll 1$，$\phi \ll 1$ とすると

$$ml\omega^2 \sin\alpha \fallingdotseq ml\omega^2\alpha$$

となる．また三角形 OAm について正弦定理（付録 A2）より

$$\frac{l}{\sin(\pi-\phi)}=\frac{R}{\sin\alpha} \quad \text{すなわち} \quad l\alpha=R\phi$$

となる．したがって接線方向に作用する遠心力の成分は

$$ml\omega^2\alpha=mR\omega^2\phi \tag{3.44}$$

となる．振り子の集中質量 m の接線方向の運動方程式は，上図から

$$m\{(R+r)\ddot{\theta}+r\ddot{\phi}\}=-ml\omega^2\alpha=-mR\omega^2\phi \tag{3.45}$$

となり，上式を変形すると，振り子のねじり振動の運動方程式を得る．

$$\ddot{\phi}+\left(\frac{R}{r}\omega^2\right)\phi=-\left(1+\frac{R}{r}\right)\ddot{\theta} \tag{3.46}$$

ここで，回転軸のねじれ角 θ が一定角速度 ω による角度変位と重畳した外乱による角度変位 $\gamma=\Theta\sin n\omega t$（$n$：外乱トルクの 1 回転当たりのサイクル数）の和として

$$\theta(t)=\omega t+\gamma=\omega t+\Theta\sin n\omega t \quad (\Theta：外乱の角度振幅) \tag{3.47}$$

で与えられると仮定する．振り子のねじれ角 ϕ の定常振動の解として

$$\phi(t)=\Phi\sin n\omega t \quad (\Phi：角度振幅) \tag{3.48}$$

とおいて，式（3.47）と式（3.48）を式（3.46）に代入すると，角度振幅比として

$$\frac{\Theta}{\Phi}=\frac{R/r-n^2}{n^2(1+R/r)}$$

の関係式を得る．上式で

$$n^2 = \frac{R}{r} \quad \left(n = \sqrt{\frac{R}{r}} \right) \tag{3.49}$$

とすれば，$\Theta/\Phi=0$ となり回転軸のねじり振動 $\theta(t)$ の外乱成分 γ が完全に除去される．すなわち，回転軸の一定角速度 ω の n 倍の振動数成分をもった微小な周期的なねじれ振動の外乱が，この遠心振り子式動吸振器により吸収できる．外乱トルクのサイクル数 n が一定である限り，振り子は回転軸のすべての一定角速度 ω に対して有効な可変速度形の動吸振器として動作する．

3.2.3　減衰強制振動—粘性動吸振器の理論

次に粘性減衰のある動吸振器を考えよう．図3.9の上部の動吸振器のばね k_2 と並列にダッシュポット（減衰係数 c）が付加された図3.12の場合について考えてみよう．運動方程式は，自由物体線図から

$$\left.\begin{array}{l} m_1\ddot{x}_1 = c(\dot{x}_2-\dot{x}_1) + k_2(x_2-x_1) - k_1x_1 + F_0\sin\omega t \\ m_2\ddot{x}_2 = -c(\dot{x}_2-\dot{x}_1) - k_2(x_2-x_1) \end{array}\right\} \tag{3.50}$$

上式を行列形式で表すと，次のようになる．

$$\begin{bmatrix} m_1 & 0 \\ 0 & m_2 \end{bmatrix} \begin{Bmatrix} \ddot{x}_1 \\ \ddot{x}_2 \end{Bmatrix} + \begin{bmatrix} c & -c \\ -c & c \end{bmatrix} \begin{Bmatrix} \dot{x}_1 \\ \dot{x}_2 \end{Bmatrix} + \begin{bmatrix} k_1+k_2 & -k_2 \\ -k_2 & k_2 \end{bmatrix} \begin{Bmatrix} x_1 \\ x_2 \end{Bmatrix} = \begin{Bmatrix} F_0\sin\omega t \\ 0 \end{Bmatrix} \tag{3.51}$$

ここで，以下で使用する記号を次のように定義する．

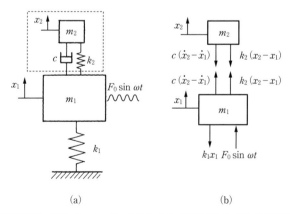

(a)　　　　　　　　　(b)

図3.12　2自由度ばね-質量-ダッシュポット系の（a）力学モデルと（b）自由物体線図

主振動系の固有角振動数：$\omega_{11} = \sqrt{k_1/m_1}$

動吸振器の固有角振動数：$\omega_{22} = \sqrt{k_2/m_2}$

固有角振動数比：$\lambda = \omega_{22}/\omega_{11}$

動吸振器の減衰比：$\zeta = c/2\sqrt{m_2 k_2}$，質量比：$m = m_2/m_1$

主振動系のばね k_1 の静的変位：$X_{st} = F_0/k_1$

いま式（3.51）の定常振動の解を，複素数表示により次のように仮定する．

$$\begin{Bmatrix} x_1(t) \\ x_2(t) \end{Bmatrix} = \begin{Bmatrix} A_1 e^{j(\omega t - \phi_1)} \\ A_2 e^{j(\omega t - \phi_2)} \end{Bmatrix} = \begin{Bmatrix} A_1 e^{-j\phi_1} \\ A_2 e^{-j\phi_2} \end{Bmatrix} e^{j\omega t} = \begin{Bmatrix} \tilde{A}_1 \\ \tilde{A}_2 \end{Bmatrix} e^{j\omega t} \tag{3.52}$$

ここで，A_1, A_2 は変位振幅，$\tilde{A}_1$, $\tilde{A}_2$ は複素振幅，ϕ_1, ϕ_2 は位相遅れ角である．式（3.51）の外力項の調和励振力も同様に次のように複素数表示する．

$$\begin{Bmatrix} F_0 \sin \omega t \\ 0 \end{Bmatrix} = \begin{Bmatrix} F_0 \\ 0 \end{Bmatrix} e^{j\omega t} \quad (\text{ここで } e^{j\omega t} = \cos \omega t + j \sin \omega t) \tag{3.53}$$

式（3.52）と式（3.53）を式（3.51）に代入し，両辺より $e^{j\omega t}$ を除けば

$$\begin{bmatrix} k_1 + k_2 - \omega^2 m_1 + j\omega c & -k_2 - j\omega c \\ -k_2 - j\omega c & k_2 - \omega^2 m_2 + j\omega c \end{bmatrix} \begin{Bmatrix} \tilde{A}_1 \\ \tilde{A}_2 \end{Bmatrix} = \begin{Bmatrix} F_0 \\ 0 \end{Bmatrix} \tag{3.54}$$

となる．クラメルの公式により上式の複素振幅 $\tilde{A}_1$, $\tilde{A}_2$ を求めれば，次のようになる．

$$\left. \begin{aligned} \tilde{A}_1 &= \frac{(k_2 - \omega^2 m_2 + j\omega c)F_0}{\Delta(\omega)} \\ \tilde{A}_2 &= \frac{(k_2 + j\omega c)F_0}{\Delta(\omega)} \end{aligned} \right\} \tag{3.55}$$

ここで両式の右辺の分母 $\Delta(\omega)$ は，式（3.54）の係数行列式を表す．すなわち

$$\Delta(\omega) = (k_1 + k_2 - \omega^2 m_1 + j\omega c)(k_2 - \omega^2 m_2 + j\omega c) - (k_2 + j\omega c)^2$$
$$= k_1 k_2 \big[\{1 - (\omega/\omega_{11})^2\}\{1 - (\omega/\omega_{22})^2\} - \mu(\omega/\omega_{11})^2 + 2j\zeta(\omega/\omega_{22})\{1 - (1+\mu)(\omega/\omega_{11})^2\} \big]$$
$$\tag{3.56}$$

したがって，A_1, A_2 の振幅倍率は式（3.55）からそれぞれ次のように求まる．

$$\frac{A_1}{X_{st}} = \frac{\sqrt{\left\{1 - \left(\dfrac{\omega}{\omega_{22}}\right)^2\right\}^2 + \left\{2\zeta\left(\dfrac{\omega}{\omega_{22}}\right)\right\}^2}}{\sqrt{\left[\left\{1 - \left(\dfrac{\omega}{\omega_{11}}\right)^2\right\}\left\{1 - \left(\dfrac{\omega}{\omega_{22}}\right)^2\right\} - \mu\left(\dfrac{\omega}{\omega_{11}}\right)^2\right]^2 + \left[2\zeta\left(\dfrac{\omega}{\omega_{22}}\right)\left\{1 - (1+\mu)\left(\dfrac{\omega}{\omega_{11}}\right)^2\right\}\right]^2}}$$

$$\frac{A_2}{X_{st}}=\frac{\sqrt{1+\left\{2\zeta\left(\dfrac{\omega}{\omega_{22}}\right)\right\}^2}}{\sqrt{\left[\left\{1-\left(\dfrac{\omega}{\omega_{11}}\right)^2\right\}\left\{1-\left(\dfrac{\omega}{\omega_{22}}\right)^2\right\}-\mu\left(\dfrac{\omega}{\omega_{11}}\right)^2\right]^2+\left[2\zeta\left(\dfrac{\omega}{\omega_{22}}\right)\left\{1-(1+\mu)\left(\dfrac{\omega}{\omega_{11}}\right)^2\right\}\right]^2}}$$

$$(3.57)$$

また式 (3.55) の複素振幅の位相遅れ角は，それぞれ

$$\tan\phi_1=\frac{2\zeta\mu\left(\dfrac{\omega}{\omega_{11}}\right)^2\left(\dfrac{\omega}{\omega_{22}}\right)^3}{\left\{1-\left(\dfrac{\omega}{\omega_{22}}\right)^2\right\}\left[\left\{1-\left(\dfrac{\omega}{\omega_{11}}\right)^2\right\}\left\{1-\left(\dfrac{\omega}{\omega_{22}}\right)^2\right\}-\mu\left(\dfrac{\omega}{\omega_{11}}\right)^2\right]+\left\{2\zeta\left(\dfrac{\omega}{\omega_{22}}\right)\right\}^2\left\{1-(1+\mu)\left(\dfrac{\omega}{\omega_{11}}\right)^2\right\}}$$

$$\tan\phi_2=\frac{2\zeta\left\{1-\left(\dfrac{\omega}{\omega_{11}}\right)^2\right\}\left(\dfrac{\omega}{\omega_{22}}\right)^3}{\left\{1-\left(\dfrac{\omega}{\omega_{11}}\right)^2\right\}\left[\left\{1-\left(\dfrac{\omega}{\omega_{11}}\right)^2\right\}\left\{1-\left(\dfrac{\omega}{\omega_{22}}\right)^2\right\}-\mu\left(\dfrac{\omega}{\omega_{11}}\right)^2\right]+\left\{2\zeta\left(\dfrac{\omega}{\omega_{22}}\right)\right\}^2\left\{1-(1+\mu)\left(\dfrac{\omega}{\omega_{11}}\right)^2\right\}}$$

$$(3.58)$$

となる．式 (3.57) と式 (3.58) は，次のようにして導出できる．すなわち，式 (3.55) の複素振幅 $\widetilde{A}_1$，$\widetilde{A}_2$ において，それぞれを

$$\widetilde{A}=\frac{\gamma+j\delta}{\alpha+j\beta}$$

とおくと

$$\widetilde{A}=\frac{\gamma+j\delta}{\alpha+j\beta}\cdot\frac{\alpha-j\beta}{\alpha-j\beta}=\frac{\alpha\gamma+\beta\delta}{\alpha^2+\beta^2}+j\frac{\alpha\delta-\beta\gamma}{\alpha^2+\beta^2}=A_E+jA_0$$

のように ω に関して偶関数 A_E と奇関数 A_0 に分けることができる．これより，複素振幅 $\widetilde{A}$ の変位振幅と位相遅れ角は，それぞれ

$$A=\sqrt{A_E{}^2+A_0{}^2}=\sqrt{\frac{\gamma^2+\delta^2}{\alpha^2+\beta^2}},\quad \phi=\tan^{-1}\frac{A_0}{A_E}=\tan^{-1}\frac{\alpha\delta-\beta\gamma}{\alpha\gamma+\beta\delta}$$

となる．これは式 (3.52) の A_1，A_2 と ϕ_1，ϕ_2 に対応している．

定常振動の解は，調和励振力 $F_0\sin\omega t$ が $F_0 e^{j\omega t}$ の虚部に対応するため，式 (3.52) の複素数の虚部をとって定常振動の解は次のように求められる．

$$\left.\begin{array}{l}x_1(t)=A_1\sin(\omega t-\phi_1)\\x_2(t)=A_2\sin(\omega t-\phi_2)\end{array}\right\}\qquad(3.59)$$

いま式 (3.57) において $\lambda=1(\omega_{11}=\omega_{22})$，$\mu=0.05$ としたとき，減衰比 ζ を

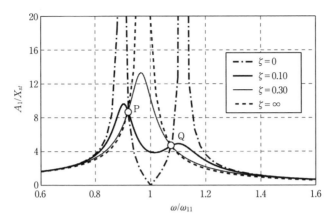

図 3.13 主振動系の振幅倍率曲線 ($\lambda=1$, $\mu=0.05$)

パラメータとして振動数比 ω/ω_{11} に対して描いた主振動系の振幅倍率曲線を，図 3.13 に示す．この振幅倍率曲線は，次のような特性を示す．

1) 減衰比 $\zeta=0$（一点鎖線）のとき，振幅倍率は $\omega/\omega_{11}=1$ で 0 となる．
2) 減衰比 ζ が小さいとき，共振のピークが 2 つある．減衰比 ζ がある値を超えると共振のピークは 1 つになる．減衰比 $\zeta=0$ のときは図 3.10(a) と同じ 2 自由度系の質量 m_1 の振幅倍率曲線となる．$\zeta=\infty$（破線）のときは，2 つの質量 m_1，m_2 が一体となって振動する 1 自由度系の振幅倍率曲線となり，その固有角振動数 ω_n は式（3.57）の振幅倍率 A_1/X_{st} が無限大となる条件式から与えられる．

$$\frac{\omega_n}{\omega_{11}}=\frac{1}{\sqrt{(1+\mu)}}=0.98 \quad \text{すなわち} \quad \omega_n=\sqrt{\frac{k_1}{m_1(1+\mu)}}=0.98\,\omega_{11}$$

3) 任意の減衰比 ζ に対して振幅倍率曲線上には，必ず通過する 2 つの**定点***（点 P と点 Q）がある．

---

* この固有の定点を利用した動吸振器の設計論は，定点理論と呼ばれる．

############################## 3.3 **粘性動吸振器の最適設計** ##############################

　前節の粘性動吸振器の**最適設計**を行うには，主振動系の振幅倍率曲線の極大値をできるだけ小さくすればよい．そのためには図 3.13 の点 P と点 Q の高さを等しく，かつこの点で振幅倍率曲線が極大となるように $\lambda(=\omega_{22}/\omega_{11})$ および ζ を選べばよい．まず，点 P と点 Q での高さが等しいためには，式 (3.57) の第 1 式において $\zeta=0$ と $\zeta=\infty$ とおくと，次式を得る．

$$\zeta=0 \quad \text{のとき} \quad \frac{1-(\omega/\omega_{22})^2}{\{1-(\omega/\omega_{11})^2\}\{1-(\omega/\omega_{22})^2\}-\mu(\omega/\omega_{11})^2} \tag{3.60}$$

$$\zeta=\infty \quad \text{のとき} \quad \frac{1}{1-(1+\mu)(\omega/\omega_{11})^2} \tag{3.61}$$

上式を等置するためには，A_1/X_{st} の位相に注意して符号を考慮する必要がある．式 (3.60) の振幅倍率曲線は 2 自由度系の図 3.10(a) の実線に対応する．一方，式 (3.61) の振幅倍率曲線は 1 自由度系の図 3.13 の破線に対応する．両式が交点をもつためには，異符号とする必要がある．したがって

$$\text{式 (3.60)} = -\text{式 (3.61)}$$

上式は $(\omega/\omega_{11})^2$ に関する 2 次方程式となり，解の公式により 2 根は

$$\left(\frac{\omega}{\omega_{11}}\right)^2 = \frac{1+\mu+(\omega_{11}/\omega_{22})^2 \mp \sqrt{(1+\mu)^2+(\omega_{11}/\omega_{22})^4-2(\omega_{11}/\omega_{22})^2}}{(2+\mu)(\omega_{11}/\omega_{22})^2} \tag{3.62}$$

となる．この 2 根が点 P(−) と点 Q(+) に対応する．これを $(\omega/\omega_{11})^2_P$, $(\omega/\omega_{11})^2_Q$ として点 P と点 Q での高さ（振幅値）を等しくする．2 根を式 (3.61) に代入して等置する．この場合にも，点 P では式 (3.61) の値は正，点 Q での値は負になるため，点 Q での値を以下のように異符号とする．

$$\frac{1}{1-(1+\mu)(\omega/\omega_{11})^2_P} = -\frac{1}{1-(1+\mu)(\omega/\omega_{11})^2_Q} \tag{3.63}$$

上式を変形すると次の関係を得る．

$$\left(\frac{\omega}{\omega_{11}}\right)^2_P + \left(\frac{\omega}{\omega_{11}}\right)^2_Q = \frac{2}{1+\mu}$$

一方，式 (3.63) から 2 根の和が

$$\left(\frac{\omega}{\omega_{11}}\right)_P^2+\left(\frac{\omega}{\omega_{11}}\right)_Q^2=\frac{2\{1+\mu+(\omega_{11}/\omega_{22})^2\}}{(2+\mu)(\omega_{11}/\omega_{22})^2}$$

となるので，上の2式を等置して $(\omega_{11}/\omega_{22})$ について解くと次のようになる．

$$\frac{\omega_{11}}{\omega_{22}}=1+\mu \quad \text{すなわち} \quad \lambda=\frac{1}{1+\mu} \quad (\textbf{最適同調条件}) \tag{3.64}$$

上式を式（3.62）に代入すると，点Pと点Qでの振動数比は

$$\left(\frac{\omega}{\omega_{11}}\right)_P^2, \left(\frac{\omega}{\omega_{11}}\right)_Q^2=\frac{1}{(1+\mu)}\left\{1\mp\sqrt{\frac{\mu}{2+\mu}}\right\} \tag{3.65}$$

となる．上式を式（3.63）に代入して点Pと点Qでの高さを求めると，最大振幅倍率は

$$\frac{A_1}{X_{st}}=\frac{1}{1-(1+\mu)(\omega/\omega_{11})_P^2}=-\frac{1}{1-(1+\mu)(\omega/\omega_{11})_Q^2}=\sqrt{\frac{2+\mu}{\mu}} \tag{3.66}$$

となる．ところが，この点Pと点Qで同時に極大となる ζ の値は存在しないため，点Pと点Qでの極大を与える ζ の値を求めて平均する．極大値を求めるには

$$\frac{\partial}{\partial(\omega/\omega_{11})^2}\left(\frac{A_1}{X_{st}}\right)=0 \tag{3.67}$$

が必要となる．上式の複雑な計算過程から次の2次方程式を得る．

$$x^2-2(1-2\zeta^2)x+\frac{1}{(1+\mu)^2}=0 \quad \text{ここで} \quad x=\left(\frac{\omega}{\omega_{11}}\right)^2 \tag{3.68}$$

上式を ς^2 について解くと

$$\zeta^2=-\frac{x}{4}-\frac{1}{4x(1+\mu)^2}+\frac{1}{2} \tag{3.69}$$

上式の x に式（3.65）の $(\omega/\omega_{11})_P^2$，$(\omega/\omega_{11})_Q^2$ を代入すると，2つの減衰比が

$$\zeta_P{}^2, \zeta_Q{}^2=\frac{\mu}{8(1+\mu)}\left(3\mp\sqrt{\frac{\mu}{2+\mu}}\right) \tag{3.70}$$

と求まる．その2乗平均値として，**最適減衰比**が次のように決定できる．

$$\zeta_{opt}=\sqrt{\frac{\zeta_P{}^2+\zeta_Q{}^2}{2}}=\sqrt{\frac{3\mu}{8(1+\mu)}} \quad (\text{最適減衰条件}) \tag{3.71}$$

いま，図3.13で使用した質量比 $\mu=1/20$ の場合，式（3.64）より固有角振動数比 $\lambda=\omega_{22}/\omega_{11}=20/21$，式（3.71）より最適減衰比 $\zeta_{opt}=0.1336$ となる．こ

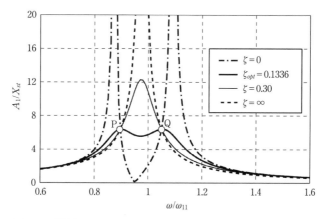

図 3.14　最適化された主振動系の振幅倍率曲線 ($\mu=1/20$, $\lambda=20/21$)

の3つのパラメータ値を使用して主振動系の振幅倍率曲線を描き直すと，図 3.14 のようになる．この振幅倍率曲線は，次のような特性を示す．

1) 減衰比 $\zeta=0$ のとき，式 (3.57) の振幅倍率 A_1/X_{st} は，$\omega/\omega_{22}=1$ すなわち $\omega/\omega_{11}=\lambda(\omega/\omega_{22})=0.95$ で 0 となる．

2) どのような振動数比 ω/ω_{11} に対しても振幅倍率 $A_1/X_{st}=0$ とはならないため，主振動系の m_1 の振動を完全には除去することはできない．

3) 点 P と点 Q で極大値 ($=\sqrt{41}=6.40$) を等しくすると，広範囲の振動数比 ω/ω_{11} に対して振幅倍率 A_1/X_{st} が平坦になるため，**制振効果**がある．

ここでは，粘性動吸振器の減衰比を

$$\zeta=\frac{c}{2\sqrt{m_2 k_2}}=\frac{c}{2m_2\omega_{22}} \tag{3.72}$$

と定義したが，$\bar{\zeta}=c/2m_2\omega_{11}$（主振動系の固有角振動数 ω_{11} で無次元化）と定義する場合には，式 (3.64) の関係から $\bar{\zeta}=\zeta/(1+\mu)$ となるため，式 (3.71) の最適減衰比は次のように表示される．

$$\bar{\zeta}_{opt}=\frac{\zeta_{opt}}{1+\mu}=\sqrt{\frac{3\mu}{8\,(1+\mu)^3}} \tag{3.73}$$

以上の最適同調，最適減衰の条件式から粘性動吸振器を構成する最適設計パラメータ (m_2, k_2, c) は，主振動系のパラメータ (m_1, k_1) と質量比 μ により次の

ように決定される.

粘性動吸振器の質量 m_2 [kg]：$m_2 = \mu m_1$　　　　　　　　　(3.74)

粘性動吸振器のばね定数 k_2 [N/m]：$k_2 = k_1 \dfrac{\mu}{(1+\mu)^2}$　　　　　(3.75)

粘性動吸振器の減衰係数 c [Nm/s]：$c = 2\sqrt{m_1 k_1}\left(\dfrac{\mu}{1+\mu}\right)\sqrt{\dfrac{3\mu}{8(1+\mu)}}$　　(3.76)

式 (3.74) は質量比の定義式から，式 (3.75) は式 (3.64) から導出できる.
一方，式 (3.76) は式 (3.72) に，式 (3.73) 〜式 (3.75) を代入して変形す
ると導出できる.

[演習問題 3]

3.1　図 3.15 に示す 2 自由度ばね-質量系の固有角振動数および 2 つの質量の振幅
　　　比を求めよ.

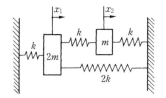

図 3.15　2 自由度ばね-質量系の力学モデル

3.2　図 3.16 に示す 2 自由度ばね-質量-ダッシュポット系の固有角振動数を求める
　　　ための振動数方程式を導け.

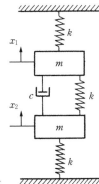

図 3.16　2 自由度ばね-質量-ダッシュポット系の力学モデル

3.3 図 3.1 に お い て $m_1=m_2=m$, $k_1=k_3=k$, $k_2=2k$ と し，初 期 条 件 が $x_1(0)=$ 1, $\dot{x}_1(0)=x_2(0)=\dot{x}_2(0)=0$ のとき，この 2 自由度ばね-質量系の自由振動の一般解 $x_1(t)$, $x_2(t)$ を求めよ．

3.4 図 3.17 に示す 2 自由度ばね-質量系において，支持部から調和変位励振 $y(t)=Y\sin\omega t$ を受けるとき，この系の定常振動の解 $x_1(t)$, $x_2(t)$ を求めよ．

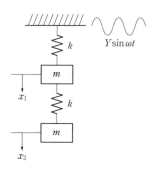

図 3.17　変位励振を受ける 2 自由度ばね-質量系の力学モデル

3.5 図 3.18 に示す 3 つの円板の慣性モーメントが $J_1=10\,\mathrm{kg\cdot m^2}$, $J_2=5\,\mathrm{kg\cdot m^2}$, $J_3=8\,\mathrm{kg\cdot m^2}$，軸のねじり剛性が $k_{t1}=5\,\mathrm{kN\cdot m}$, $k_{t2}=2\,\mathrm{kN\cdot m}$ であるとき，この 3 自由度ねじり（回転）系の固有角振動数を求めよ．

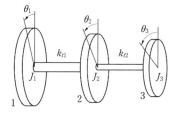

図 3.18　3 つの円板からなる 1 軸のねじり振動系の力学モデル

3.6 図 3.19 に示す 2 軸の歯車列系は図 3.18 と等価な 1 軸の歯車列系のねじり振動となることを示せ．ただし，z_2, z_3 は歯数であり，その歯数比を $n=z_2/z_3$ とする．

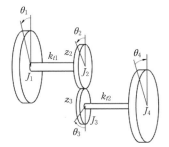

図3.19 2軸の歯車列からなるねじり振動系の力学モデル

3.7 図3.4において初期条件が $\theta_1(0)=0$, $\dot{\theta}_1(0)=1$, $\theta_2(0)=0$, $\dot{\theta}_2(0)=1$ とするとき，この2自由度回転系の自由振動の一般解 $\theta_1(t), \theta_2(t)$ を求めよ．

3.8 図3.4において円板2に $T_0 \sin\omega t$ の励振トルクが作用したとき，この2自由度回転系のねじり振動の定常振動の解 $\theta_1(t), \theta_2(t)$ を求めよ．

3.9 図3.20に示す2本のばねで吊るされた剛体棒の並進/回転連成振動を考える．重心G周りの並進と回転が連成した2自由度系の固有角振動数および振幅比（＝変位振幅/角度振幅）を求めよ．

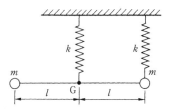

図3.20 2つの集中質量をもつ剛体棒の並進・回転振動

3.10 図3.21に示す2本のばねで支持された剛体棒の並進/回転連成振動を考える．重心G周りに並進と回転が連成した2自由度系における固有角振動数および振幅比を求めよ．

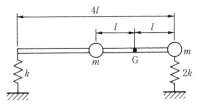

図3.21 2つの集中質量をもつ剛体棒の並進・回転連成振動

第3章の公式のまとめ	式番号
動吸振器（質量 m_2，ばね定数 k_2）の最適設計 （説明図 3.9） $$\omega = \omega_{22} = \sqrt{\frac{k_2}{m_2}} \quad (\omega：主振動系の励振振動数)$$	(3.37)
遠心振り子式動吸振器の最適設計 （説明図 3.11） $$\frac{R}{r} = n^2 \quad (n：整数)$$	(3.49)
粘性動吸振器（質量 m_2，ばね定数 k_2，減衰係数 c）の最適設計（説明図 3.12） 最適同調条件（λ：固有角振動数比） $$\lambda = \frac{\omega_{22}}{\omega_{11}} = \frac{1}{1+\mu} \quad (\mu：質量比)$$	(3.64)
最適減衰条件（ζ_{opt}：最適減衰比） $$\zeta_{opt} = \sqrt{\frac{3\mu}{8(1+\mu)}}$$	(3.71)
最適設計パラメータ 粘性動吸振器の質量 m_2 [kg]：$m_2 = \mu m_1$	(3.74)
粘性動吸振器のばね定数 k_2 [N/m]：$k_2 = k_1 \dfrac{\mu}{(1+\mu)^2}$	(3.75)
粘性動吸振器の減衰係数 c [Nm/s]：$c = 2\sqrt{m_1 k_1} \left(\dfrac{\mu}{1+\mu}\right) \sqrt{\dfrac{3\mu}{8(1+\mu)}}$	(3.76)

4 多自由度系の振動

　2以上の自由度を有する集中定数系を多自由度系という．本章では，多自由度系の代表例として，$n(\geqq 2)$ 自由度系の運動方程式を導くためのラグランジュの方程式について述べる．また，多自由度系の自由振動と強制振動を解析するための一般的手法について説明する．

4.1 運動方程式

　第2章と第3章でそれぞれ1自由度系および2自由度系の振動について述べた．ここではより一般的な**多自由度系**の振動について考えよう．図4.1に示す n 自由度ばね-質量-ダッシュポット系の運動方程式*は，自由物体線図から

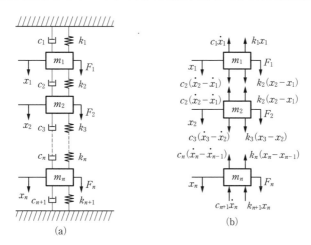

図4.1 n 自由度ばね-質量-ダッシュポット系の (a) 力学モデルと (b) 自由物体線図

---

　*　図4.1では下向きを座標の正としているが，上向きを正としても運動方程式は同じである．

$$m_1\ddot{x}_1 = c_2(\dot{x}_2 - \dot{x}_1) - c_1\dot{x}_1 + k_2(x_2 - x_1) - k_1x_1 + F_1$$

$$m_2\ddot{x}_2 = c_3(\dot{x}_3 - \dot{x}_2) - c_2(\dot{x}_2 - \dot{x}_1) + k_3(x_3 - x_2) - k_2(x_2 - x_1) + F_2$$

$$\cdots\cdots$$

$$m_n\ddot{x}_n = -c_{n+1}\dot{x}_n - c_n(\dot{x}_n - \dot{x}_{n-1}) - k_{n+1}x_n - k_n(x_n - x_{n-1}) + F_n$$

と書ける．上式を整理して行列形式で表すと

$$[M]\{\ddot{x}\} + [C]\{\dot{x}\} + [K]\{x\} = \{f\} \tag{4.1}$$

となる．ここで，$[M], [C], [K]$ はそれぞれ**質量行列（慣性行列）**，**減衰行列**，**剛性行列**，$\{\ddot{x}\}, \{\dot{x}\}, \{x\}, \{f\}$ はそれぞれ**加速度ベクトル**，**速度ベクトル**，**変位ベクトル**，**外力ベクトル**という．これらは以下のように表される．

$$\underset{n \times n}{[M]} = \begin{bmatrix} m_1 & 0 & 0 & \cdots & 0 & 0 \\ 0 & m_2 & 0 & \cdots & 0 & 0 \\ 0 & 0 & m_3 & \cdots & 0 & 0 \\ \vdots & \vdots & \vdots & & \vdots & \vdots \\ 0 & 0 & 0 & \cdots & 0 & m_n \end{bmatrix} \tag{4.2}$$

$$\underset{n \times n}{[C]} = \begin{bmatrix} (c_1 + c_2) & -c_2 & 0 & \cdots & 0 \\ -c_2 & (c_2 + c_3) & -c_3 & \cdots & 0 \\ 0 & -c_3 & (c_3 + c_4) & \cdots & 0 \\ \vdots & \vdots & \vdots & & \vdots \\ 0 & 0 & 0 & \cdots & (c_n + c_{n+1}) \end{bmatrix} \tag{4.3}$$

$$\underset{n \times n}{[K]} = \begin{bmatrix} (k_1 + k_2) & -k_2 & 0 & \cdots & 0 \\ -k_2 & (k_2 + k_3) & -k_3 & \cdots & 0 \\ 0 & -k_3 & (k_3 + k_4) & \cdots & 0 \\ \vdots & \vdots & \vdots & & \vdots \\ 0 & 0 & 0 & \cdots & (k_n + k_{n+1}) \end{bmatrix} \tag{4.4}$$

$$\{\ddot{x}\} = \begin{Bmatrix} \ddot{x}_1 \\ \ddot{x}_2 \\ \ddot{x}_3 \\ \vdots \\ \ddot{x}_n \end{Bmatrix}, \quad \{\dot{x}\} = \begin{Bmatrix} \dot{x}_1 \\ \dot{x}_2 \\ \dot{x}_3 \\ \vdots \\ \dot{x}_n \end{Bmatrix}, \quad \{x\} = \begin{Bmatrix} x_1 \\ x_2 \\ x_3 \\ \vdots \\ x_n \end{Bmatrix}, \quad \{f\} = \begin{Bmatrix} F_1 \\ F_2 \\ F_3 \\ \vdots \\ F_n \end{Bmatrix} \tag{4.5}$$

ここで，減衰行列 $[C]$，剛性行列 $[K]$ はともに**対称行列**（付録 A3）でバンド幅（主対角線上を含めて非零成分が現れる幅）3の帯行列になっていて，各

速度および各変位はそれぞれ**減衰連成**，**静的連成（弾性連成）**している．一方，質量行列 $[M]$ は主対角線上にのみ質量成分がある**対角行列**（付録 A3）になっていて，**集中質量行列**と呼ばれる．この集中質量行列では各加速度は連成しないので，**動的連成（慣性連成）**は生じない．

<hr />

4.2 影響係数とたわみ行列

　多自由度系の運動方程式は別の方法を用いて導出できることを示そう．図 4.1 に示した多自由度系の質点において，ある質点にのみ外力が作用したときに各質点に生じる変位の関係を考える．すなわち質量 m_j に単位力（＝1）が加わったとき，m_i に生じる変位の大きさを a_{ij} で表しこれを**影響係数**という．これによって m_j にのみ F_j が作用したときに m_i に生じる変位を，x_{ij} とすると

$$x_{ij} = a_{ij} F_j \tag{4.6}$$

と書ける．したがって，すべての力 $F_j (j=1, 2, \cdots, n)$ に対する質量 m_i の変位の総和をとると

$$x_i = \sum_{j=1}^{n} x_{ij} = \sum_{j=1}^{n} a_{ij} F_j \quad (i=1, 2, \cdots, n) \tag{4.7}$$

となる．上式を行列形式で書き換えると，次のようになる．

$$\{x\} = [A]\{f\} \tag{4.8}$$

ここで，$[A]$ は影響係数 a_{ij} からなる n 行 n 列の**たわみ行列（影響係数行列）**であり，次のように表される．

$$[A] = \begin{bmatrix} a_{11} & a_{12} & a_{13} & \cdots & a_{1n} \\ a_{21} & a_{22} & a_{23} & \cdots & a_{2n} \\ a_{31} & a_{32} & a_{33} & \cdots & a_{3n} \\ \vdots & \vdots & \vdots & & \vdots \\ a_{n1} & a_{n2} & a_{n3} & \cdots & a_{nn} \end{bmatrix} \tag{4.9}$$

また，逆に質量 m_j を単位長さ（＝1）変位させたときに各質点に作用するばねの復元力を考えれば

$$\{f\} = [K]\{x\} \tag{4.10}$$

と表される．ここで，$[K]$ は**剛性係数** k_{ij} からなる n 行 n 列の**剛性行列**である．式 (4.10) を式 (4.8) に代入すれば，たわみ行列 $[A]$ と剛性行列 $[K]$ の関係は

$$\{x\}=[K][A]\{x\} \tag{4.11}$$

すなわち

$$[K][A]=[I] \tag{4.12}$$

という関係を得る．ここで，$[I]$ は**単位行列**（付録 A3）である．したがって，式（4.12）から $[K]$ と $[A]$ は互いの逆行列と等しくなり

$$[K]=[A]^{-1}, \quad [A]=[K]^{-1} \tag{4.13}$$

という関係を導く．次にたわみ行列 $[A]$ の重要な性質である対称性（$a_{ij}=a_{ji}$）について，図 4.2 に示す 2 自由度ばね-質量系を例として考えてみよう．

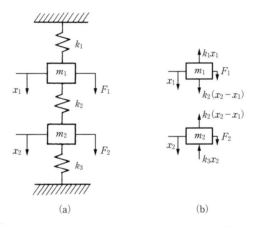

(a)   (b)

図 4.2 2 自由度ばね-質量系におけるマクスウェルの相反定理の証明

上の自由物体線図に基づいて，質量 m_1, m_2 について静的な力のつり合い関係から，次式が得られる．

$$\left.\begin{array}{l} k_2(x_2-x_1)+F_1=k_1x_1 \\ F_2=k_3x_2+k_2(x_2-x_1) \end{array}\right\} \tag{4.14}$$

いま式（4.14）に $F_1=1$（単位力），$F_2=0$ を代入して，x_1, x_2 について解くと

$$\left.\begin{array}{l} x_1=\dfrac{k_2+k_3}{k_1k_2+k_2k_3+k_3k_1}=a_{11} \\[3mm] x_2=\dfrac{k_2}{k_1k_2+k_2k_3+k_3k_1}=a_{21} \end{array}\right\} \tag{4.15}$$

を得る．次に式（4.14）に $F_1=0, F_2=1$（単位力）を代入して，x_1, x_2 について解くと

$$\left.\begin{array}{l} x_1 = \dfrac{k_2}{k_1 k_2 + k_2 k_3 + k_3 k_1} = a_{12} \\[3mm] x_2 = \dfrac{k_1 + k_2}{k_1 k_2 + k_2 k_3 + k_3 k_1} = a_{22} \end{array}\right\} \tag{4.16}$$

を得る．式（4.15）と式（4.16）から $a_{21}=a_{12}$ となり，影響係数の対称性 $a_{ij}=a_{ji}$ が証明された．これを**マクスウェルの相反定理**という．たわみ行列 $[A]$ が対称行列となるので，その逆行列である**剛性行列** $[K]$ も対称行列（$k_{ij}=k_{ji}$）となる．

例題 4.1　図 4.3 の 3 自由度ばね-質量系におけるたわみ行列（影響係数行列）$[A]$ および剛性行列 $[K]$ を求めよ．

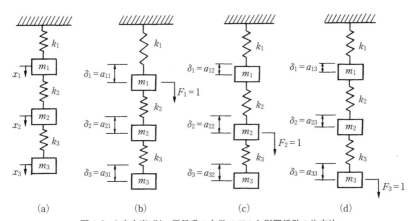

(a)　　　　　　(b)　　　　　　(c)　　　　　　(d)

図 4.3　3 自由度ばね-質量系の力学モデルと影響係数の決定法

（解）　まず，質量 m_1 のみに単位力 $F_1=1$（$F_2=F_3=0$）を作用させると，m_1 の変位は $a_{11}=a_{21}=a_{31}=1/k_1$ となる．次に，質量 m_2 のみに単位力 $F_2=1$（$F_1=F_3=0$）を作用させると，m_2 の変位はばね k_1 および k_2 の直列合成［式（1.24）］により得られるので，$a_{22}=(1/k_1)+(1/k_2)$ となる．m_3 は m_2 が変位しただけ剛体移動をするので，$a_{32}=(1/k_1)+(1/k_2)$ となる．m_1 の変位はマクスウェルの相反定理より $a_{12}=a_{21}=1/k_1$ である．質量 m_3 のみに単位力 $F_3=1$（$F_1=F_2=0$）を作用させると，m_3 の変位は

$a_{33}=(1/k_1)+(1/k_2)+(1/k_3)$ となる．m_1 および m_2 の変位は，マクスウェルの相反定理よりそれぞれ $a_{13}=a_{31}=1/k_1$ および $a_{23}=a_{32}=(1/k_1)+(1/k_2)$ である．以上により影響係数が得られるので，たわみ行列は

$$[A]=\begin{bmatrix} 1/k_1 & 1/k_1 & 1/k_1 \\ 1/k_1 & (1/k_1)+(1/k_2) & (1/k_1)+(1/k_2) \\ 1/k_1 & (1/k_1)+(1/k_2) & (1/k_1)+(1/k_2)+(1/k_3) \end{bmatrix} \tag{1}$$

となる．また，式 (4.13) の関係により，$[A]$ の逆行列を付録 A3 により求めると，剛性行列は次のようになる．

$$[K]=[A]^{-1}=\begin{bmatrix} k_1+k_2 & -k_2 & 0 \\ -k_2 & k_2+k_3 & -k_3 \\ 0 & -k_3 & k_3 \end{bmatrix} \tag{2}$$

この系の質量行列 $[M]$ は視察により3つの集中質量 m_1, m_2, m_3 から求まるので，式 (2) の剛性行列 $[K]$ と合わせると，以下のような静的連成した自由振動の運動方程式を得る．

$$\begin{bmatrix} m_1 & 0 & 0 \\ 0 & m_2 & 0 \\ 0 & 0 & m_3 \end{bmatrix}\begin{Bmatrix} \ddot{x}_1 \\ \ddot{x}_2 \\ \ddot{x}_3 \end{Bmatrix}+\begin{bmatrix} k_1+k_2 & -k_2 & 0 \\ -k_2 & k_2+k_3 & -k_3 \\ 0 & -k_3 & k_3 \end{bmatrix}\begin{Bmatrix} x_1 \\ x_2 \\ x_3 \end{Bmatrix}=\begin{Bmatrix} 0 \\ 0 \\ 0 \end{Bmatrix} \tag{3}$$

4.3　ラグランジュの方程式

　前節まで，ニュートンの運動の第2法則から多自由度系の運動方程式を導出してきた．しかしこの方法では，自由度が大きくなると質量に作用する力やモーメントおよび拘束力の大きさと方向を見出す際に間違いを犯しやすくなる．これは力や加速度などのベクトル量（大きさと方向）を取り扱うためである．一方，3自由度以上になると，エネルギや仕事などのスカラ量（大きさのみ）を取り扱う**ラグランジュの方程式**を使用して運動方程式を導出する方が，便利で間違いも少なくなる．以下，ラグランジュの方程式を導出する．いま，第 i 番目の質点 m_i に作用する外力ベクトルを $\boldsymbol{F}_i$ とすると，**ダランベールの原理**によりつり合い式は，次のように書ける．

$$\boldsymbol{F}_i+(-m_i\ddot{\boldsymbol{r}}_i)=0 \quad (i=1, 2, \cdots, n) \tag{4.17}$$

ここで，$\boldsymbol{r}_i=\boldsymbol{r}_i(q_1, q_2, \cdots, q_n)$ は変位ベクトルである．$q_i\,(i=1, 2, \cdots, n)$ は**一般化座標**であり，後述する**一般化力** Q_i との積 Q_iq_i が仕事の次元（Nm）をもつ量

である. 第 i 番目の質点 m_i の**仮想変位**の変分を $\delta\boldsymbol{r}_i$ とすると, 系全体の**仮想仕事**は次のように表せる.

$$\sum_{i=1}^{n}\{\boldsymbol{F}_i+(-m_i\ddot{\boldsymbol{r}}_i)\}\cdot\delta\boldsymbol{r}_i=0 \tag{4.18}$$

一方, 外力 $\boldsymbol{F}_i$ による系全体の仮想仕事 δW は, 次のように書ける.

$$\delta W=\sum_{i=1}^{n}\boldsymbol{F}_i\cdot\delta\boldsymbol{r}_i=\sum_{j=1}^{n}\left(\sum_{i=1}^{n}\boldsymbol{F}_i\frac{\partial\boldsymbol{r}_i}{\partial q_j}\right)\delta q_j=\sum_{i=1}^{n}\left(\boldsymbol{F}_i\frac{\partial\boldsymbol{r}_i}{\partial q_1}\delta q_1+\boldsymbol{F}_i\frac{\partial\boldsymbol{r}_i}{\partial q_2}\delta q_2+\cdots+\boldsymbol{F}_i\frac{\partial\boldsymbol{r}_i}{\partial q_n}\delta q_n\right) \tag{4.19}$$

いま一般化力 Q_j（並進運動では通常の力, 回転運動ではモーメント）を

$$Q_j=\sum_{i=1}^{n}\boldsymbol{F}_i\cdot\frac{\partial\boldsymbol{r}_i}{\partial q_j}=\sum_{i=1}^{n}\left(\boldsymbol{F}_i\cdot\frac{\partial\boldsymbol{r}_i}{\partial q_1}+\boldsymbol{F}_i\cdot\frac{\partial\boldsymbol{r}_i}{\partial q_2}+\cdots+\boldsymbol{F}_i\cdot\frac{\partial\boldsymbol{r}_i}{\partial q_n}\right) \tag{4.20}$$

と定義すれば, 式 (4.19) の仮想仕事 δW は上式を使用して

$$\delta W=\sum_{j=1}^{n}Q_j\delta q_j=Q_1\delta q_1+Q_2\delta q_2+\cdots+Q_n\delta q_n \tag{4.21}$$

となる. 運動エネルギは一般化座標 q_i と一般化速度 $\dot{q}_i$ の関数として, 次のように書ける.

$$T=\sum_{i=1}^{n}\frac{1}{2}m_i\dot{\boldsymbol{r}}_i{}^2=T(q_1,q_2,\cdots,q_n\,;\dot{q}_1,\dot{q}_2,\cdots,\dot{q}_n) \tag{4.22}$$

式 (4.18) の左辺 { } 内の第 2 項は, 上式を利用して

$$\sum_{i=1}^{n}m\ddot{\boldsymbol{r}}_i\cdot\delta\boldsymbol{r}_i=\sum_{j=1}^{n}\left[\frac{\mathrm{d}}{\mathrm{d}t}\left(\frac{\partial T}{\partial\dot{q}_j}\right)-\frac{\partial T}{\partial q_j}\right]\delta q_j \tag{4.23}$$

と表すことができ, さらに式 (4.19) と式 (4.21) を用いると, 式 (4.18) は次のように表せる.

$$\sum_{j=1}^{n}\left\{Q_j-\left[\frac{\mathrm{d}}{\mathrm{d}t}\left(\frac{\partial T}{\partial\dot{q}_j}\right)-\frac{\partial T}{\partial q_j}\right]\right\}\delta q_j=0 \tag{4.24}$$

δq_j は仮想変位で任意の微小量であるので, 上式より次式が成立する.

$$\frac{\mathrm{d}}{\mathrm{d}t}\left(\frac{\partial T}{\partial\dot{q}_j}\right)-\frac{\partial T}{\partial q_j}=Q_j \quad(j=1,2,\cdots,n) \tag{4.25}$$

この式を n 自由度系の**ラグランジュの方程式*** という. この式は外力が**保存力**, **非保存力**に関係なく, いずれの場合でも適用できる. 特に外力が保存力の場合には, 一般化力 Q_j は保存力のポテンシャル・エネルギ U から

---

* ラグランジュの運動方程式と呼ぶことがある.

$$Q_j = -\frac{\partial U}{\partial q_j} \quad (j = 1, 2, \cdots, n) \tag{4.26}$$

と表現できる. ここで, $U = U(q_1, q_2, \cdots, q_n)$ である. さらに非保存力（たとえば, 動摩擦力や粘性抵抗力など）も同時に作用するとき, 質点に作用する一般化力と分離すれば, 式 (4.26) は次のように表せる.

$$Q_j = Q_j{}^* - \frac{\partial U}{\partial q_j} - \frac{\partial D}{\partial \dot{q}_j} \quad (j = 1, 2, \cdots, n) \tag{4.27}$$

ここで第 1 項の $Q_j{}^*$ は純粋の外力を, 第 3 項の D は次式で定義される非保存力による**散逸関数 D**（単位時間当たり散逸エネルギ）を表す.

$$D = \frac{1}{2} \sum_{i=1}^{n} \sum_{j=1}^{n} c_{ij} \dot{q}_i \dot{q}_j \tag{4.28}$$

したがって, 式 (4.27) を式 (4.25) に代入すると, 次の形のラグランジュの方程式を得る.

$$\frac{\mathrm{d}}{\mathrm{d}t}\left(\frac{\partial T}{\partial \dot{q}_j}\right) - \frac{\partial T}{\partial q_j} + \frac{\partial U}{\partial q_j} + \frac{\partial D}{\partial \dot{q}_j} = Q_j{}^* \quad (j = 1, 2, \cdots, n) \tag{4.29}$$

上式は, **ラグランジュ関数** $L = T - U$ を導入すると, $\partial U / \partial \dot{q}_j = 0$ のため次のようなラグランジュの方程式になる.

$$\frac{\mathrm{d}}{\mathrm{d}t}\left(\frac{\partial L}{\partial \dot{q}_j}\right) - \frac{\partial L}{\partial q_j} + \frac{\partial D}{\partial \dot{q}_j} = Q_j{}^* \quad (j = 1, 2, \cdots, n) \tag{4.30}$$

例題 4.2　図 4.3(a) の 3 自由度ばね-質量系について, ラグランジュの方程式を用いて自由振動の運動方程式を導け.

（解）　いま, 運動エネルギ T とばねに蓄えられるポテンシャル・エネルギ U は, それぞれ

$$T = \frac{1}{2}(m_1 \dot{x}_1{}^2 + m_2 \dot{x}_2{}^2 + m_3 \dot{x}_3{}^2) \tag{1}$$

$$U = \frac{1}{2}[k_1 x_1{}^2 + k_2(x_2 - x_1)^2 + k_3(x_3 - x_2)^2] \tag{2}$$

となり. 散逸関数は $D = 0$ である. 一般化座標として $q_1 = x_1, q_2 = x_2, q_3 = x_3$ とおいて, 式 (1), (2) をラグランジュの方程式 (4.29) に代入すると, 各項は

$$\frac{\partial T}{\partial \dot{x}_1}=m_1\dot{x}_1, \quad \frac{\partial T}{\partial x_1}=0, \quad \frac{\partial U}{\partial x_1}=k_1x_1-k_2(x_2-x_1), \quad Q_1{}^*=0$$

$$\frac{\partial T}{\partial \dot{x}_2}=m_2\dot{x}_2, \quad \frac{\partial T}{\partial x_2}=0, \quad \frac{\partial U}{\partial x_2}=k_2(x_2-x_1)-k_3(x_3-x_2), \quad Q_2{}^*=0$$

$$\frac{\partial T}{\partial \dot{x}_3}=m_3\dot{x}_3, \quad \frac{\partial T}{\partial x_3}=0, \quad \frac{\partial U}{\partial x_3}=k_3(x_3-x_2), \quad Q_3{}^*=0$$

となる．したがって，次のような3つの運動方程式を得る．

$$\left.\begin{array}{l} m_1\ddot{x}_1+k_1x_1-k_2(x_2-x_1)=0 \\ m_2\ddot{x}_2+k_2(x_2-x_1)-k_3(x_3-x_2)=0 \\ m_3\ddot{x}_3+k_3(x_3-x_2)=0 \end{array}\right\} \tag{3}$$

上式を整理して行列形式で書くと，次のようになる．

$$\begin{bmatrix} m_1 & 0 & 0 \\ 0 & m_2 & 0 \\ 0 & 0 & m_3 \end{bmatrix}\begin{Bmatrix} \ddot{x}_1 \\ \ddot{x}_2 \\ \ddot{x}_3 \end{Bmatrix}+\begin{bmatrix} k_1+k_2 & -k_2 & 0 \\ -k_2 & k_2+k_3 & -k_3 \\ 0 & -k_3 & k_3 \end{bmatrix}\begin{Bmatrix} x_1 \\ x_2 \\ x_3 \end{Bmatrix}=\begin{Bmatrix} 0 \\ 0 \\ 0 \end{Bmatrix} \tag{4}$$

上式は例題4.1の運動方程式（3）と一致する．また式（4.2）〜式（4.5）において $n=3, k_4=0, [C]=[0], \{f\}=0$ とおいて得られる運動方程式（4.1）とも一致する．

例題4.3 図4.4に示すような中心をばね（ばね定数 k）で支持された質量 m，半径 r の円板Pがある．円板は滑ることなく転がり振動すると仮定して，この系の自由振動の運動方程式をラグランジュの方程式より求めよ．ただし，円板の中心O周りの慣性モーメントを J_0 とする．

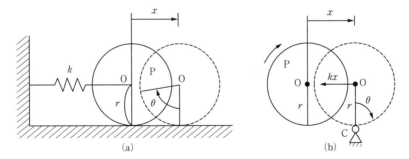

図4.4　(a) 中心をばねで支持された転がり回転する円板と (b) 自由物体線図

（解） 円板のもつ運動エネルギ T は，並進運動エネルギと回転運動エネルギの和として，次のように書ける（表1.4参照）．

$$T=\frac{1}{2}m\dot{x}^2+\frac{1}{2}J_0\dot{\theta}^2 \quad ただし \quad J_0=\frac{1}{2}mr^2 \tag{1}$$

円板が滑らないための条件（$x=r\theta$）を使用して，上式から θ を消去すると

$$T=\frac{1}{2}m\dot{x}^2+\frac{1}{2}\left(\frac{1}{2}mr^2\right)\frac{\dot{x}^2}{r^2}=\frac{3}{4}m\dot{x}^2 \tag{2}$$

となる．ばねのポテンシャル・エネルギ U は

$$U=\frac{1}{2}kx^2 \tag{3}$$

となり，$D=Q_1^*=0$ となる．一般化座標 $q_1=x$ としてラグランジュの方程式（4.29）に代入すると，次の運動方程式を得る．

$$\frac{3}{2}m\ddot{x}+kx=0 \tag{4}$$

この系の固有角振動数は上式より

$$\omega_n=\sqrt{\frac{2k}{3m}} \tag{5}$$

となる．なお，上式は式（2）と式（3）を，2.2節で説明したエネルギ保存の法則の式（2.16）に代入しても導出できる．

（別解）　ニュートンの回転の運動方程式による解法

滑りがない場合，円板と地面との接点 C は瞬間中心とみなせる．自由物体線図から接点 C 周りの回転運動を考える．接点 C 周りの慣性モーメントは，1.6節の平行軸の定理（式（1.44））から次のように求まる．

$$J_c=J_0+mr^2=\frac{3}{2}mr^2 \tag{6}$$

接点 C 周りの回転角は転がり角度 θ に等しいので，接点 C 周りの円板の回転の運動方程式は，式（1.36）から

$$J_c\ddot{\theta}=-kx\cdot r \tag{7}$$

となる．同様に円板が滑らない条件 $x=r\theta$ が成立するので，この関係を利用して上式から θ を消去すると，運動方程式は

$$\frac{3}{2}m\ddot{x}+kx=0 \tag{8}$$

となり，式（4）と同一の運動方程式を得る．

4.4 多自由度系の自由振動

4.4.1 固有振動数と固有振動モード

減衰のない n 自由度系において，励振力が作用しない場合 $\{f\}=\{0\}$ について考える．この運動方程式は，式 (4.1) から次のようになる．

$$[M]\{\ddot{x}\}+[K]\{x\}=\{0\} \tag{4.31}$$

この自由振動の一般解として調和運動を仮定して

$$\{x(t)\}=\{X\}\,e^{j(\omega t+\phi)} \tag{4.32}$$

とおく．ただし，$\{X\}$ は未知の**変位振幅ベクトル**で，ω は角振動数，ϕ は初期位相角である．上式を式 (4.31) に代入すると

$$([K]-\omega^2[M])\{X\}e^{j(\omega t+\phi)}=\{0\} \tag{4.33}$$

上式が常に成立するためには

$$([K]-\omega^2[M])\{X\}=\{0\} \tag{4.34}$$

となることが必要である．上式を**一般化固有値問題**という．式 (4.34) は振幅 $X_i(i=1,2,\cdots,n)$ を未知数とする連立方程式である．この式が自明でない解 $(\{X\}\neq\{0\})$ をもつためには，式 (4.34) の係数行列式＝0 となる必要がある．すなわち

$$\Delta(\omega^2)=|\,[K]-\omega^2[M]\,|=0 \tag{4.35}$$

上式を**振動数方程式（固有方程式）**といい，ω^2 を**固有値**という．式 (4.35) の行列式を展開すると，ω^2 に関する n 次代数方程式が導かれる．この代数方程式は，$[K]$ と $[M]$ が対称でかつ**半正定値行列**と**正定値行列**であるので，必ず n 個の正の実根 $(0\leq\omega_1<\omega_2<\cdots<\omega_n)$ をもつことが知られている．この実根の小さい順に，**1 次（基本）**，**2 次**，$\cdots$，**n 次固有角振動数**と呼ぶ．また式 (4.34) の両辺に左から $[M]^{-1}$ を乗じると，次式が得られる．

$$([A]-\lambda[I])\{X\}=\{0\} \tag{4.36}$$

ここで，$\lambda=\omega^2$，$[A]=[M]^{-1}[K]$，$[I]$ は単位行列（付録 A3）である．上式を**標準形固有値問題**といい，λ は固有値，$\{X\}$ は λ に対する**固有ベクトル**となる．このとき，$[A]$ は一般には対称行列にはならない．いま，i 次固有角振動数

$\omega_i{}^*$を式（4.34）に代入すると，次式が成立する．

$$([K]-\omega_i{}^2[M])\{X^{(i)}\}=\{0\} \quad (i=1, 2, \cdots, n) \tag{4.37}$$

上式は連立方程式であって係数行列式$=0$となるので，未知の振幅ベクトル$\{X^{(i)}\}$の各成分の絶対値は一意的には決まらないが，その振幅比

$$X_1{}^{(i)} : X_2{}^{(i)} : X_3{}^{(i)} : \cdots : X_n{}^{(i)}$$

が定まる．そこで$X_1{}^{(i)}=1$とすると，各成分の絶対値を決定することができる．あるいは

$$\{\overline{X}^{(i)}\}^T\{\overline{X}^{(i)}\}=1 \quad (i=1, 2, \cdots, n) \tag{4.38}$$

となるように一定の係数を乗じて，それぞれの成分を**正規化**（以下，正規化された振幅ベクトルを$\{^-\}$で表示）することもできる．また，次節で述べる解析において，正規化の手法として振幅ベクトル$\{X^{(i)}\}$を質量行列$[M]$について

$$\{\overline{X}^{(i)}\}^T[M]\{\overline{X}^{(i)}\}=1 \quad (i=1, 2, \cdots, n) \tag{4.39}$$

と正規化すると便利なことが多い．この正規化（$[M]$-正規化という）により，以下の関係が得られる．

$$\{\overline{X}^{(i)}\}^T[K]\{\overline{X}^{(i)}\}=\omega_i{}^2 \quad (i=1, 2, \cdots, n) \tag{4.40}$$

このように$[M]$-正規化された固有ベクトル$\{\overline{X}^{(i)}\}$を，**正規固有ベクトル**という．固有ベクトル$\{X^{(i)}\}$は振動系が固有角振動数ω_iで振動するとき，各質量振幅比，すなわち相対的な振動変位を示す．いい換えると，振動の形状（モード形状）を表すため，この固有ベクトルを**固有モードベクトル**または固有（規準）振動モードともいう．

4.4.2　固有ベクトルの直交性とモード座標

固有ベクトル（固有振動モード）の相互関係を調べてみよう．固有値問題（4.34）から決定される2個の異なる固有値$\omega_i{}^2$および$\omega_j{}^2$に対応するi次とj次の固有ベクトル$\{X^{(i)}\}, \{X^{(j)}\}$を考える．これらの固有ベクトルは次式を満足する．すなわち

$$\left.\begin{array}{l} [K]\{X^{(i)}\}=\omega_i{}^2[M][X^{(i)}] \\ [K]\{X^{(j)}\}=\omega_j{}^2[M][X^{(j)}] \end{array}\right\} \tag{4.41}$$

第1式の両辺に$\{X^{(j)}\}^T$を，第2式の両辺に$\{X^{(i)}\}^T$を左から乗じると，次のよ

　＊　第4章以降ではi次の固有角振動数をω_iと表記して，添字nを省略する．

うになる.

$$\left.\begin{array}{l}\{X^{(j)}\}^T[K]\{X^{(i)}\}=\omega_i^2\{X^{(j)}\}^T[M]\,[X^{(i)}]\\\{X^{(i)}\}^T[K]\{X^{(j)}\}=\omega_j^2\{X^{(i)}\}^T[M]\,[X^{(j)}]\end{array}\right\} \qquad (4.42)$$

$[K]$ および $[M]$ は対称行列であるので,上式の第1式において i 次と j 次の固有ベクトルを置換することができて

$$\{X^{(i)}\}^T[K]\{X^{(j)}\}=\omega_i^2\{X^{(i)}\}^T[M]\,[X^{(j)}] \qquad (4.43)$$

となる.上式から,式 (4.42) の第2式を差し引くと

$$(\omega_i^2-\omega_j^2)\{X^{(i)}\}^T[M]\{X^{(j)}\}=0 \qquad (4.44)$$

となる.$\omega_i\neq\omega_j$ であるから

$$\{X^{(i)}\}^T[M]\{X^{(j)}\}=0 \qquad (4.45)$$

となる.また上式の関係から,式 (4.42) の第2式より次の関係が得られる.

$$\{X^{(i)}\}^T[K]\{X^{(j)}\}=0 \qquad (4.46)$$

これらの式 (4.45), (4.46) はそれぞれ $[M]$, $[K]$ に関して固有ベクトル $\{X^{(i)}\}$ と $\{X^{(j)}\}$ とが直交していることを示し,振動理論において重要な性質である.この直交性は保存力が作用する振動系に特有の性質であり,非保存力が作用する減衰振動系では,このような直交性は成立しない.$\omega_i=\omega_j$ のとき,式 (4.45), (4.46) は 0 にならず

$$\left.\begin{array}{l}\{X^{(i)}\}^T[M]\{X^{(i)}\}=M_{ii}\\\{X^{(i)}\}^T[K]\{X^{(i)}\}=K_{ii}\end{array}\right\} \qquad (4.47)$$

となる.この M_{ii}, K_{ii} はある正値となり,それぞれ i 次の**モード質量**,**モード剛性**という.式 (4.43) から

$$K_{ii}=\omega_i^2 M_{ii} \quad (i=1,2,\cdots,n) \qquad (4.48)$$

の関係が成立する.M_{ii}, K_{ii} を質量,ばね定数と見なせば,固有角振動数 ω_i は 1 自由度ばね-質量系と同じ形の式

$$\omega_i=\sqrt{K_{ii}/M_{ii}} \quad (i=1,2,\cdots,n) \qquad (4.49)$$

によって与えられる.また式 (4.39) を満たす正規固有ベクトルを用いると,次のように表せる.

$$\{\overline{X}^{(i)}\}^T[M]\{\overline{X}^{(j)}\}=\delta_{ij}=\begin{cases}1 & (i=j)\\0 & (i\neq j)\end{cases} \quad (i,j=1,2,\cdots,n) \qquad (4.50)$$

ここで, δ_{ij} はクロネッカーのデルタを表す. 1 次から n 次までの正規固有ベクトルを列方向に並べて作られる次の $(n \times n)$ の正方行列

$$[\overline{X}] = [\{\overline{X}^{(1)}\} \{\overline{X}^{(2)}\} \cdots \{\overline{X}^{(n)}\}] \tag{4.51}$$

を正規モード行列という. 上式を用いて一般化固有値問題 式 (4.34) の n 個のすべての解を表すと

$$[K][\overline{X}] = [M][\overline{X}][\,\diagdown\omega_i^2\diagdown\,] \tag{4.52}$$

となる. ここで, $[\,\diagdown\omega_i^2\diagdown\,]$ は以下に示すような主対角成分が各固有角振動数の2乗となる対角行列である.

$$[\,\diagdown\omega_i^2\diagdown\,] = \begin{bmatrix} \omega_1{}^2 & & & 0 \\ & \omega_2{}^2 & & \\ & & \ddots & \\ 0 & & & \omega_n{}^2 \end{bmatrix}$$

この正規モード行列 $[\overline{X}]$ を用いることにより, 系の運動方程式 (4.31) を非連成化することができる. この $[\overline{X}]$ を用いると, 式 (4.50), (4.52) を次のように書くことができ, これを直交条件という.

$$\left.\begin{array}{l} [\overline{X}]^T[M][\overline{X}] = [I] \\ [\overline{X}]^T[K][\overline{X}] = [\,\diagdown\omega_i^2\diagdown\,] \end{array}\right\} \tag{4.53}$$

　モード座標:　運動方程式 (4.31) の解ベクトル $|x(t)|$ は, 展開定理により独立な n 個の正規固有ベクトルの線形結合として, 次のように表すことができる.

$$\{x(t)\} = q_1(t)\{\overline{X}^{(1)}\} + q_2(t)\{\overline{X}^{(2)}\} + \cdots + q_n(t)\{\overline{X}^{(n)}\} \tag{4.54}$$

ここで, $q_1(t), q_2(t), \cdots, q_n(t)$ は時間に依存した一般化座標である. 上式は正規モード行列 $[\overline{X}]$ を用いると, 次のように書ける.

$$\{x(t)\} = [\overline{X}]\{q(t)\} \tag{4.55}$$

ここで, $\{q(t)\} = \{q_1(t)\, q_2(t) \cdots q_n(t)\}^T$. 式 (4.55) を非減衰自由振動の運動方程式 (4.31) に代入すると

$$[M][\overline{X}]\{\ddot{q}\} + [K][\overline{X}]\{q\} = \{0\} \tag{4.56}$$

となる. 上式の左から $[\overline{X}]^T$ を乗ずると

$$[\overline{X}]^T[M][\overline{X}]\{\ddot{q}\} + [\overline{X}]^T[K][\overline{X}]\{q\} = \{0\} \tag{4.57}$$

いま直交条件式（4.53）を利用すると，上式から次のような非連成化された（独立した）n 個の運動方程式（**モード方程式**と呼ぶ）を得る.

$$\ddot{q}_i + \omega_i^2 q_i = 0 \quad (i = 1, 2, \cdots, n) \tag{4.58}$$

ここで，$q_i(t)$ は**規準座標**（または**主座標**）とも呼ばれ，i 次の固有角振動数 ω_i によって決まる振動モードを表す座標でもあるので，**モード座標**とも呼ばれる．式（4.55）は**物理座標系**からモード座標系への変換を表す重要な式である．各次数の振動は 1 自由度系の非減衰自由振動として与えられるから，式（4.58）の一般解は式（2.11）と同様に次のように表せる.

$$q_i(t) = A_i \sin(\omega_i t + \phi_i) \quad (i = 1, 2, \cdots, n) \tag{4.59}$$

ここで　振幅：$A_i = \sqrt{q_i^2(0) + \left\{ \dfrac{\dot{q}_i(0)}{\omega_i} \right\}^2}$, 位相角：$\phi_i = \tan^{-1} \left\{ \dfrac{\omega_i q_i(0)}{\dot{q}_i(0)} \right\}$

上式（4.59）を式（4.55）に代入すると，物理座標系による一般解を得る.

$$\{x(t)\} = [\overline{X}]\{q(t)\} = \sum_{i=1}^{n} \{\overline{X}^{(i)}\} q_i(t) = \sum_{i=1}^{n} A_i \{\overline{X}^{(i)}\} \sin(\omega_i t + \phi_i)$$
$$= \sum_{i=1}^{n} A_i \{\overline{X}^{(i)}\} (\sin \omega_i t \, \underline{\cos \phi_i} + \cos \omega_i t \, \underline{\sin \phi_i}) \tag{4.60}$$

したがって，多自由度系の自由振動の一般解は，n 個の異なる固有角振動数 ω_i をもつ調和振動の重ね合わせで表現できる．任意定数 A_i および $\phi_i (i = 1, 2, \cdots, n)$ は，物理座標系による初期条件である初期変位 $\{x(0)\} = \{x_0\}$ と初期速度 $\{\dot{x}(0)\} = \{v_0\}$ から決定できる．すなわち

$$\left. \begin{array}{l} \{x_0\} = \sum\limits_{i=1}^{n} A_i \{\overline{X}^{(i)}\} \sin \phi_i \\[2mm] \{v_0\} = \sum\limits_{i=1}^{n} A_i \omega_i \{\overline{X}^{(i)}\} \cos \phi_i \end{array} \right\} \tag{4.61}$$

上式の両辺に左から $\{\overline{X}^{(i)}\}^T [M]$ を乗じて，直交条件式（4.53）を利用すると

$$\left. \begin{array}{l} A_i \sin \phi_i = \{\overline{X}^{(i)}\}^T [M] \{x_0\} \\[2mm] A_i \cos \phi_i = \dfrac{1}{\omega_i} \{\overline{X}^{(i)}\}^T [M] \{v_0\} \end{array} \right\} \tag{4.62}$$

となる．上式を式（4.60）に代入すると，元の物理座標系による多自由度系の非減衰自由振動の一般解（完全解）を得る.

$$\{x(t)\} = \sum_{i=1}^{n} \left[\{\overline{X}^{(i)}\}^T [M] \{x_0\} \cos \omega_i t + \{\overline{X}^{(i)}\}^T [M] \{v_0\} \frac{1}{\omega_i} \sin \omega_i t \right] \{\overline{X}^{(i)}\} \tag{4.63}$$

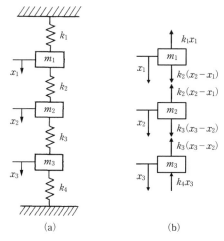

(a)   (b)

図 4.5　3 自由度ばね-質量系の (a) 力学モデルと (b) 自由物体線図

上式で $n=1$ として $\omega_1=\omega_n$ とおくと，1 自由度系の非減衰自由振動の一般解，式 (2.10) と一致する．

> **例題 4.4**　図 4.5 のような 3 自由度ばね-質量系の固有角振動数と固有振動モードを求めよ．ただし $m_1=m_2=m_3=m$, $k_1=k_2=k_3=k_4=k$ とする．

（解）　この 3 自由度系の自由振動の運動方程式は，図 4.5 の自由物体線図から導出できるし，また式 (4.2)〜(4.5) において $n=3, [C]=0, \{f\}=\{0\}$ とおいても，次のように得られる．

$$\begin{bmatrix} m & 0 & 0 \\ 0 & m & 0 \\ 0 & 0 & m \end{bmatrix}\begin{Bmatrix} \ddot{x}_1 \\ \ddot{x}_2 \\ \ddot{x}_3 \end{Bmatrix}+\begin{bmatrix} 2k & -k & 0 \\ -k & 2k & -k \\ 0 & -k & 2k \end{bmatrix}\begin{Bmatrix} x_1 \\ x_2 \\ x_3 \end{Bmatrix}=\begin{Bmatrix} 0 \\ 0 \\ 0 \end{Bmatrix} \tag{1}$$

上式の $[M], [K]$ を，式 (4.35) に代入して得られる振動数方程式は

$$\begin{aligned}|[K]-\omega^2[M]|&=\begin{vmatrix} 2k-m\omega^2 & -k & 0 \\ -k & 2k-m\omega^2 & -k \\ 0 & -k & 2k-m\omega^2 \end{vmatrix}\\&=(2k-m\omega^2)(2k^2-4km\omega^2+m^2\omega^4)=0\end{aligned} \tag{2}$$

となる．この ω^2 に関する 3 次方程式を解くと，次の 3 つの固有角振動数が得られ，

$\omega_1<\omega_2<\omega_3$ とすると次のように書ける.

$$\omega_1=\sqrt{(2-\sqrt{2})\,k/m}, \quad \omega_2=\sqrt{2k/m}, \quad \omega_3=\sqrt{(2+\sqrt{2})\,k/m} \tag{3}$$

それぞれを1次,2次,3次固有角振動数と呼ぶ.これらの固有値 $(\lambda_i=\omega_i^2)$ を順次,固有値問題(4.34)に代入して未知の3つの固有ベクトル(固有振動モード)$\{X\}$ を求めると,次のようになる.

$$\begin{Bmatrix}X_1^{(1)}\\X_2^{(1)}\\X_3^{(1)}\end{Bmatrix}=\begin{Bmatrix}1\\\sqrt{2}\\1\end{Bmatrix}, \quad \begin{Bmatrix}X_1^{(2)}\\X_2^{(2)}\\X_3^{(2)}\end{Bmatrix}=\begin{Bmatrix}1\\0\\-1\end{Bmatrix}, \quad \begin{Bmatrix}X_1^{(3)}\\X_2^{(3)}\\X_3^{(3)}\end{Bmatrix}=\begin{Bmatrix}1\\-\sqrt{2}\\1\end{Bmatrix} \tag{4}$$

ただし,変位振幅成分 $X_1^{(1)}=X_1^{(2)}=X_1^{(3)}=1$ とおいている.さらに,式(4.39)に基づいて $[M]$ について正規化すると,3つの固有ベクトルの成分はそれぞれ

$$\begin{Bmatrix}X_1^{(1)}\\X_2^{(1)}\\X_3^{(1)}\end{Bmatrix}=\frac{1}{2\sqrt{m}}\begin{Bmatrix}1\\\sqrt{2}\\1\end{Bmatrix}, \quad \begin{Bmatrix}X_1^{(2)}\\X_2^{(2)}\\X_3^{(2)}\end{Bmatrix}=\frac{1}{2\sqrt{m}}\begin{Bmatrix}1\\0\\-1\end{Bmatrix}, \quad \begin{Bmatrix}X_1^{(3)}\\X_2^{(3)}\\X_3^{(3)}\end{Bmatrix}=\frac{1}{2\sqrt{m}}\begin{Bmatrix}1\\-\sqrt{2}\\1\end{Bmatrix} \tag{5}$$

となる.したがって,正規化された3つの固有ベクトルを列方向に並べると,正規モード行列が求まる.

$$[\overline{X}]=\frac{1}{2\sqrt{m}}\begin{bmatrix}1 & \sqrt{2} & 1\\\sqrt{2} & 0 & -\sqrt{2}\\1 & -\sqrt{2} & 1\end{bmatrix} \tag{6}$$

1次から3次の固有振動モード(式(4))を図示すると,図4.6のようになる.この図では3つの質量の上下方向の相対変位を便宜的に水平方向に示している(下方向の変位が右方向の+変位として表示).3つの質量のつり合いの位置を●で,振動モードの節を○で表している.2次モードにおける中央の質量 m_2 の位置は,振動モードの節と重複しているので○で表示している.

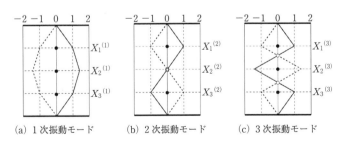

(a) 1次振動モード　　(b) 2次振動モード　　(c) 3次振動モード

図4.6 3自由度ばね-質量系の固有振動モード

················ 4.5 多自由度系の強制振動 ················

4.5.1 非減衰強制振動

前節では，減衰のない n 自由度系の自由振動の一般解を固有値（固有角振動数）と固有ベクトル（固有振動モード）を用いて決定した．ここでは，任意の励振力 $f(t)$ が作用する強制振動の完全解を求めてみよう．n 自由度系の運動方程式は，減衰のない場合には，式（4.1）から次のように書ける．

$$[M]\{\ddot{x}\}+[K]\{x\}=\{f(t)\} \qquad (4.64)$$

ここで，物理座標系からモード座標系への変換式（4.55）を上式に代入し，左から正規モード行列 $[\overline{X}]^T$ を乗ずると，次のようなモード座標系による非連成化した n 個の運動方程式となる．

$$\{\ddot{q}\}+\left[\begin{smallmatrix}\diagdown\\&\omega_i^2\\&&\diagdown\end{smallmatrix}\right]\{q\}=\{f_q(t)\} \qquad (4.65)$$

ここで，モード座標系による外力ベクトルは次のように表される．

$$\{f_q(t)\}=[\overline{X}]^T\{f(t)\} \qquad (4.66)$$

上式は，**モード外力ベクトル**と呼ばれる．式（4.65）の完全解は2.8節で述べたように，1自由度系の自由振動の一般解（式（2.11））とたたみ込み積分による強制振動の特殊解（式（2.103）の第2項で，$\zeta=0$，$f(\tau)/m\to f_q(\tau)$ と置き換えた解）との和として次のように書ける．

$$q_i(t)=A_i\sin(\omega_i t+\phi_i)+\frac{1}{\omega_i}\int_0^t f_{qi}(\tau)\sin\omega_i(t-\tau)\,\mathrm{d}\tau \quad (i=1,2,\cdots,n) \quad (4.67)$$

ここで，上式の右辺第1項の自由振動の一般解の振幅 A_i と位相角 ϕ_i は

$$A_i=\sqrt{q_i{}^2(0)+\left\{\frac{\dot{q}_i(0)}{\omega_i}\right\}^2} \qquad \phi_i=\tan^{-1}\left\{\frac{\omega_i q_i(0)}{\dot{q}_i(0)}\right\} \qquad (4.68)$$

となる．上式のモード座標系による初期条件 $q_i(0)$, $\dot{q}_i(0)$ は，式（4.55）の逆変換式と式（4.53）の第1式を利用すると

$$\left.\begin{array}{l}\{q(0)\}=[\overline{X}]^{-1}\{x(0)\}=[\overline{X}]^T[M]\{x(0)\}\\[4pt]\{\dot{q}(0)\}=[\overline{X}]^{-1}\{\dot{x}(0)\}=[\overline{X}]^T[M]\{\dot{x}(0)\}\end{array}\right\} \qquad (4.69)$$

となるため，物理座標系による初期条件 $\{x(0)\}$, $\{\dot{x}(0)\}$ から求まる．式（4.67）

のモード座標系による完全解 $\{q(t)\}$ を式（4.55）に代入すると，元の物理座標系による完全解 $\{x(t)\}$ が求まる．

4.5.2 減衰強制振動

次に減衰のある強制振動の完全解を求めてみよう．n 自由度系の運動方程式は，式（4.1）から次のように書ける．

$$[M]\{\ddot{x}\}+[C]\{\dot{x}\}+[K]\{x\}=\{f(t)\} \tag{4.70}$$

上式の減衰行列 $[C]$ のために，前述の正規モード行列 $[\overline{X}]$ によってこの運動方程式を非連成化することは，一般的にはできない．ここでは，減衰行列 $[C]$ が $[M]$ および $[K]$ の線形結合として表せる**比例減衰（レイリー減衰）**の場合，すなわち

$$[C]=\alpha[M]+\beta[K] \quad (\alpha, \beta：係数) \tag{4.71}$$

について考える．前述の減衰のない運動方程式（4.64）の場合と同様に，式（4.55）を運動方程式（4.70）に代入して，左から $[\overline{X}]^T$ を乗じると減衰行列項は，次のように対角化される．

$$[\overline{X}]^T[C][\overline{X}]=\alpha[\overline{X}]^T[M][\overline{X}]+\beta[\overline{X}]^T[K][\overline{X}]=\alpha[I]+\beta[\,\diagdown\omega_i^2\diagup\,] \tag{4.72}$$

したがって，運動方程式（4.70）はモード座標系により対角化できて，次のような形となる．

$$\{\ddot{q}\}+(\alpha[I]+\beta[\,\diagdown\omega_i^2\diagup\,])\{\dot{q}\}+[\,\diagdown\omega_i^2\diagup\,]\{q\}=\{f_q(t)\} \tag{4.73}$$

いま

$$2\zeta_i\omega_i=\alpha+\beta\omega_i^2 \quad (\zeta_i：i 次の**モード減衰比**) \tag{4.74}$$

とおいて，式（4.73）の左辺の第 2 項を対角化すると，次のような非連成化された n 個の運動方程式を得る．

$$\{\ddot{q}\}+[\,\diagdown 2\zeta_i\omega_i\diagup\,]\{\dot{q}\}+[\,\diagdown\omega_i^2\diagup\,]\{q\}=\{f_q(t)\} \tag{4.75}$$

上式の完全解 $q_i(t)$ は，1 自由度系の減衰自由振動の一般解（式（2.35））とたたみ込み積分による強制振動の特殊解（式（2.103）の第 2 項で，$f(\tau)/m\to f_q(\tau)$ と置き換えた解）との和として求まる．

$$q_i(t)=A_i e^{-\zeta_i\omega_i t}\sin(\sqrt{1-\zeta_i^2}\,\omega_i t+\phi_i)$$

$$+\frac{1}{\omega_i\sqrt{1-\zeta_i^2}}\int_0^t f_{qi}(\tau)e^{-\zeta_i\omega_i(t-\tau)}\sin\sqrt{1-\zeta_i^2}\,\omega_i(t-\tau)\mathrm{d}\tau \quad (i=1, 2, \cdots, n)$$

$$(4.76)$$

ここで，上式の右辺第1項の減衰自由振動の一般解における振幅 A_i と位相角 ϕ_i は

$$A_i=\sqrt{q_i{}^2(0)+\left\{\frac{\dot{q}_i(0)+\zeta_i\,\omega_i\,q_i(0)}{\omega_i\sqrt{1-\zeta_i{}^2}}\right\}^2}, \quad \phi_i=\tan^{-1}\left\{\frac{\omega_i\,q_i(0)\sqrt{1-\zeta^2}}{\dot{q}_i(0)+\zeta_i\omega_iq_i(0)}\right\} \quad (4.77)$$

となる．上式のモード座標系による初期条件 $q_i(0),\dot{q}_i(0)$ は，式（4.69）から決定できる．このモード座標系による完全解 $\{q(t)\}$ を，式（4.55）に代入すれば元の物理座標系による完全解 $\{x(t)\}$ が得られる．

　以上のような強制振動の解析法を**モード解析**という．非減衰強制振動の解析手順を整理すると，次のようになる．

---

1) 系の運動方程式を導出して，行列形式で表す．
2) 固有値問題式（4.34）を解いて，固有値，固有ベクトルを求め，モード行列 $[X]$ を作成する．このモード行列を，直交条件式（4.53）の第1式を利用して質量行列 $[M]$ について正規化する（$[M]$-正規化）．
3) 物理座標系による外力ベクトルを，式（4.66）を用いてモード座標系で表す．
4) 物理座標系による初期条件を，式（4.69）を用いてモード座標系で表す．
5) モード座標系で表示された独立な n 個の1自由度系の運動方程式の完全解＝自由振動の一般解＋強制振動の特殊解を求める．
6) モード座標系による完全解を，座標変換式（4.55）により元の物理座標系に変換する．

例題 4.5　図4.7に示す2自由度ばね-質量系の下部の質量 m に，ステップ力 $F_2(t)=1\,\mathrm{N}(t>0)$ が作用したときの強制振動の完全解 $x_1(t),x_2(t)$ を求めよ．ただし，$m=1\,\mathrm{kg}$，$k=100\,\mathrm{N/m}$，初期条件は $\{x(0)\}=\{\dot{x}(0)\}=\{0\}$ とする．

　（解）　この系の運動方程式は，自由物体線図から

$$\begin{aligned} m\ddot{x}_1&=k(x_2-x_1)-kx_1 \\ m\ddot{x}_2&=-kx_2-k(x_2-x_1)+1 \end{aligned} \quad (1)$$

となる．式（1）を行列形式にすると次のように書ける．

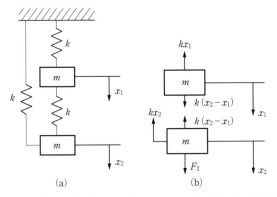

図 4.7 2 自由度ばね-質量系の (a) 力学モデルと (b) 自由物体線図

$$\begin{bmatrix} m & 0 \\ 0 & m \end{bmatrix}\begin{Bmatrix} \ddot{x}_1 \\ \ddot{x}_2 \end{Bmatrix}+\begin{bmatrix} 2k & -k \\ -k & 2k \end{bmatrix}\begin{Bmatrix} x_1 \\ x_2 \end{Bmatrix}=\begin{Bmatrix} 0 \\ 1 \end{Bmatrix} \tag{2}$$

上の $[M], [K]$ を式 (4.35) に代入すると，次の振動数方程式を得る.

$$|[K]-\omega^2[M]|=\begin{vmatrix} 2k-m\omega^2 & -k \\ -k & 2k-m\omega^2 \end{vmatrix}=(3k-m\omega^2)(k-m\omega^2)=0$$

上式から 1 次および 2 次固有角振動数（$\omega_1<\omega_2$）

$$\omega_1=\sqrt{\frac{k}{m}}, \quad \omega_2=\sqrt{\frac{3k}{m}}$$

を得る．それぞれの固有値（$\lambda_i=\omega_i{}^2$）を固有値問題（式 (4.34)）に代入して，固有ベクトル（固有振動モード）$\{X\}$ を求めると

$$\{X^{(1)}\}=\begin{Bmatrix} 1 \\ 1 \end{Bmatrix}, \quad \{X^{(2)}\}=\begin{Bmatrix} 1 \\ -1 \end{Bmatrix} \tag{3}$$

となる．上記の固有ベクトルを式 (4.39) により M-正規化すると，それぞれ次のようになる.

$$\{\overline{X}^{(1)}\}=\frac{1}{\sqrt{2m}}\begin{Bmatrix} 1 \\ 1 \end{Bmatrix}, \quad \{\overline{X}^{(2)}\}=\frac{1}{\sqrt{2m}}\begin{Bmatrix} 1 \\ -1 \end{Bmatrix} \tag{4}$$

正規モード行列は式 (4) の正規固有ベクトルを列方向に並べて

$$[\overline{X}]=\frac{1}{\sqrt{2m}}\begin{bmatrix} 1 & 1 \\ 1 & -1 \end{bmatrix} \tag{5}$$

となる．一方，モード外力ベクトルは式 (4.66) から上式を利用して

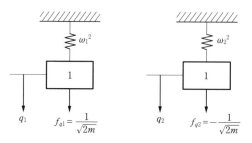

図 4.8 モード座標系で表示した独立した 2 つの 1 自由度系の力学モデル

$$\{f_q(t)\}=\begin{Bmatrix}f_{q1}(t)\\f_{q2}(t)\end{Bmatrix}=[\overline{X}]^T\{f\}=\frac{1}{\sqrt{2m}}\begin{bmatrix}1&1\\1&-1\end{bmatrix}\begin{Bmatrix}0\\1\end{Bmatrix}=\frac{1}{\sqrt{2m}}\begin{Bmatrix}1\\-1\end{Bmatrix} \quad (6)$$

となる．以上から，式（1）の運動方程式をモード座標系で表現すると，次のような独立した（非連成）の運動方程式として書ける．

$$\left.\begin{aligned}\ddot{q}_1(t)+\omega_1{}^2\,q_1(t)&=\frac{1}{\sqrt{2m}}\\[2mm]\ddot{q}_2(t)+\omega_2{}^2\,q_1(t)&=-\frac{1}{\sqrt{2m}}\end{aligned}\right\} \quad (7)$$

すなわち，図 4.7 の力学モデルは，モード座標系により以下に示す独立した 2 つの 1 自由度系の力学モデル（図 4.8）で表現できる．

初期条件 $\{x(0)\}=\{\dot{x}(0)\}=\{0\}$ から，モード座標系による自由振動の一般解の振幅 A_i は式（4.68）と式（4.69）から $A_1=A_2=0$．すなわち

$$\{q_h(t)\}=\begin{Bmatrix}q_{h1}(t)\\q_{h2}(t)\end{Bmatrix}=\begin{Bmatrix}0\\0\end{Bmatrix} \quad (8)$$

となる．強制振動の特殊解 $\{q_p(t)\}$ は式（5）のモード外力ベクトルの成分を，式（4.67）の第 2 項のたたみ込み積分に代入して計算すると，次のように求まる．

$$\left.\begin{aligned}q_{p1}(t)&=\frac{1}{\sqrt{2m}\,\omega_1}\int_0^t 1\,\sin\omega_1(t-\tau)\mathrm{d}\tau=\frac{1}{\sqrt{2m}\,\omega_1{}^2}(1-\cos\omega_1 t)\\[2mm]q_{p2}(t)&=\frac{1}{\sqrt{2m}\,\omega_2}\int_0^t(-1)\sin\omega_2(t-\tau)\mathrm{d}\tau=-\frac{1}{\sqrt{2m}\,\omega_2{}^2}(1-\cos\omega_2 t)\end{aligned}\right\} \quad (9)$$

このモード座標系による強制振動の完全解（自由振動解＋強制振動解）は

$$\begin{Bmatrix}q_1(t)\\q_2(t)\end{Bmatrix}=\begin{Bmatrix}q_{h1}(t)\\q_{h2}(t)\end{Bmatrix}+\begin{Bmatrix}q_{p1}(t)\\q_{p2}(t)\end{Bmatrix} \quad (10)$$

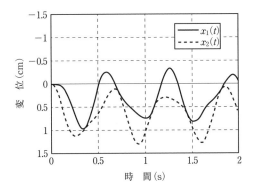

図 4.9 2自由度系の非減衰強制振動の応答波形（$\omega_1=10\,\mathrm{rad/s}$, $\omega_2=10\sqrt{3}\,\mathrm{rad/s}$）

となる．式(10)を式(4.55)により，元の物理座標系に変換する．

$$\begin{Bmatrix} x_1(t) \\ x_2(t) \end{Bmatrix} = [\overline{X}] \begin{Bmatrix} q_1(t) \\ q_2(t) \end{Bmatrix} = \frac{1}{\sqrt{2m}} \begin{bmatrix} 1 & 1 \\ 1 & -1 \end{bmatrix} \begin{Bmatrix} q_1(t) \\ q_2(t) \end{Bmatrix} \tag{11}$$

すなわち，上式に式（10）を代入して演算すると，強制振動の完全解を得る．

$$\left. \begin{aligned} x_1(t) &= \frac{1}{2m\omega_1{}^2}(1-\cos\omega_1 t) - \frac{1}{2m\omega_2{}^2}(1-\cos\omega_2 t) \\ x_2(t) &= \frac{1}{2m\omega_1{}^2}(1-\cos\omega_1 t) + \frac{1}{2m\omega_2{}^2}(1-\cos\omega_2 t) \end{aligned} \right\} \tag{12}$$

上式を図示すると，図4.9のようになる．この図では2つの質量 m の変位を，図4.7の座標に合わせて下向きの変位を正として表示している．

[演習問題 4]

4.1 図4.10に台車（質量 M）と長さ l の振り子（集中質量 m）からなる力学モデルを示す．ラグランジュの方程式を用いて，この系の運動方程式を導け．

4.2 図4.11に示す2重振り子の2自由度回転系の運動方程式を，ラグランジュの方程式を用いて求めよ．

4.3 図4.12に示す2自由度系の運動方程式をラグランジュの方程式を用いて求めよ．凹型の台車（質量 M）は摩擦なしに滑り，円柱（質量 m，半径 r）は滑ることなく転がると仮定し，その軸心 O 周りの慣性モーメントを $J(=mr^2/2)$ とする．

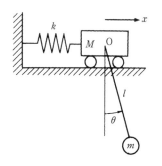

図4.10 台車と振り子からなる力学モデル

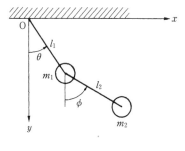

図4.11 2重振り子からなる2自由度回転系

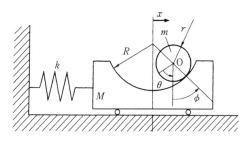

図4.12 凹型の台車と円柱から成る振動系

4.4 図4.13に示すように,3個の集中質量 $(m, 2m, m)$ を等間隔 l で取り付けた両端固定の弦(線密度 $\rho'=0$)がある.弦に作用する一定張力を T として,この系のたわみ行列 $[A]$(3行3列)を求めよ.

4.5 図4.14に示す片持ちはりを3自由度の集中定数系とモデル化して,たわみ行列 $[A]$(3行3列)を求めよ.ただし,はりの質量は m_1, m_2, m_3 の位置に集中していて,曲げ剛性 EI によって等価ばね定数が表現できると仮定する.

4.6 図4.15に示す3自由度ばね-質量系のたわみ行列 $[A]$(3行3列)を求め,固有角振動数と固有振動モードを求めよ.ただし,$k_1=k_2=k_3=k_4=k_5=k_6=k$,$m_1=m_2=m_3=m$ とする.

4.7 図4.16に示すような相互にばね(ばね定数 k)で連結された3個の長さ l の連成振り子(集中質量 m)がある.3つの支点 O_1, O_2, O_3 の周りで微小回転振動($\theta_1, \theta_2, \theta_3 \ll 1$)をすると仮定して,この3自由度回転系の運動方程式をラグランジュの方程式を用いて導き,3つの固有角振動数と固有振動モードを求めよ.

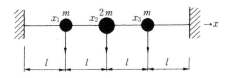

図4.13　3つの集中質量をもつ両端固定の弦

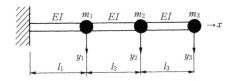

図4.14　片持ちはりに対する集中質量系の力学モデル

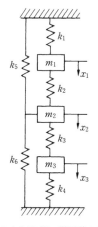

図4.15　3自由度ばね-質量系の力学モデル

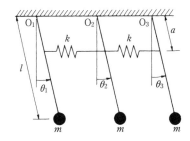

図4.16　ばねで連結された連成振り子

4.8　図4.13に示す3自由度系の固有角振動数と固有振動モードを求めよ.

4.9　図4.15に示す3自由度ばね-質量系において, 質量 m_1 に時刻 $t=0$ で, F_0 の
ステップ力が作用したときの強制振動の完全解を求めよ. ただし, 3つの質量
の初期条件は, $\{x(0)\}=[0 \ \ 0 \ \ 0]^T$, $\{\dot{x}(0)\}=[0 \ \ 0 \ \ 0]^T$ とする.

4.10　例題4.5の2自由度ばね-質量系において, 下部の質量 m に同一のステップ力
が作用したときの強制振動の完全解を求めよ. ただし, 2つの質量の初期条件
を, $\{x(0)\}=[1 \ \ 0]^T$, $\{\dot{x}(0)\}=[2 \ \ 3]^T$ とする.

第4章の公式のまとめ	式番号

ラグランジュの方程式（一般化座標 q で表示）

$$\frac{\mathrm{d}}{\mathrm{d}t}\left(\frac{\partial T}{\partial \dot{q}_j}\right) - \frac{\partial T}{\partial q_j} = Q_j \qquad (j = 1, 2, \cdots, n)$$
(4.25)

$$\frac{\mathrm{d}}{\mathrm{d}t}\left(\frac{\partial T}{\partial \dot{q}_j}\right) - \frac{\partial T}{\partial q_j} + \frac{\partial U}{\partial q_j} + \frac{\partial D}{\partial \dot{q}_j} = Q_j^* \qquad (j = 1, 2, \cdots, n)$$
(4.29)

$$\frac{\mathrm{d}}{\mathrm{d}t}\left(\frac{\partial L}{\partial \dot{q}_j}\right) - \frac{\partial L}{\partial q_j} + \frac{\partial D}{\partial \dot{q}_j} = Q_j^* \qquad (j = 1, 2, \cdots, n)$$
(4.30)

一般化固有値問題

$$([K] - \omega^2 [M])\{X\} = \{0\}$$
(4.34)

ここで，$[K]$ は剛性行列，$[M]$ は質量行列，$\{X\}$ は固有ベクトル．

モード座標系による多自由度系の非減衰強制振動の一般解

$$\ddot{q}_i + \omega_i^2 q_i = f_{qi}(t) \qquad (i = 1, 2, \cdots, n)$$
(4.65)

$$q_i(t) = A_i \sin(\omega_i t + \phi_i) + \frac{1}{\omega_i} \int_0^t f_{qi}(\tau) \sin \omega_i(t - \tau) \mathrm{d}\tau \qquad (i = 1, 2, \cdots, n)$$
(4.67)

ここで，$A_i = \sqrt{q_i^2(0) + \left\{\dfrac{\dot{q}_i(0)}{\omega_i}\right\}^2} \quad \phi_i = \tan^{-1}\left\{\dfrac{\omega_i q_i(0)}{\dot{q}_i(0)}\right\}$

モード座標系による多自由度系の減衰強制振動の一般解

$$\ddot{q}_i + 2\zeta_i \omega_i \dot{q}_i + \omega_i^2 q_i = f_{qi}(t) \qquad (i = 1, 2, \cdots, n)$$
(4.75)

$$q_i(t) = A_i e^{-\zeta_i \omega_i t} \sin(\sqrt{1 - \zeta_i^2}\, \omega_i t + \phi_i)$$
$$+ \frac{1}{\omega_i \sqrt{1 - \zeta_i^2}} \int_0^t f_{qi}(\tau) e^{-\zeta_i \omega_i(t - \tau)} \sin\sqrt{1 - \zeta_i^2}\, \omega_i(t - \tau) \mathrm{d}\tau \qquad (i = 1, 2, \cdots, n)$$
(4.76)

ここで，$A_i = \sqrt{q_i^2(0) + \left\{\dfrac{\dot{q}_i(0) + \zeta_i \omega_i q_i(0)}{\omega_i \sqrt{1 - \zeta_i^2}}\right\}^2} \quad \phi_i = \tan^{-1}\left\{\dfrac{\omega_i q_i(0)\sqrt{1 - \zeta^2}}{\dot{q}_i(0) + \zeta_i \omega_i q_i(0)}\right\}$
(4.77)

5 | 連続体の振動

　一般的な構造物は無限個の質点，すなわち質量が系に分布している連続体と考えられる．ここでは，弦，棒（軸），はりなどの比較的簡単な1次元部材の振動を取り扱う．前章までのばね-質量系の振動では運動方程式が常微分方程式で与えられたが，連続体の振動では運動方程式が偏微分方程式になる特徴がある．連続体の運動方程式は，微小要素に作用する力のつり合いから導出される．

5.1 無限自由度の振動

　前章までに，質量，ばね，ダッシュポット（減衰器）が結合された1自由度から多自由度までの**集中定数系**の振動理論について述べた．現実の構造物は連続した無限個の質点からなる**連続体（分布定数系）**であるので，無限の自由度をもつ振動系となる．この連続体の振動解析を行うことは一般的には困難になるが，連続体を簡単化すれば，多自由度の集中定数系（離散系）として取り扱うこともできる．本章では，特に形状の簡単な弦，棒（軸），はりなどの1次元連続体の振動を表す運動方程式の導出法とそれらの固有角振動数，固有振動モード，振動応答を求める方法について説明する．

5.2 弦の横振動，棒の縦振動，軸のねじり振動

5.2.1 運動方程式―波動方程式

(1) 弦の横振動

図 5.1 に示すような断面が一様な長さ l，線密度 ρ'（単位長さ当たりの質

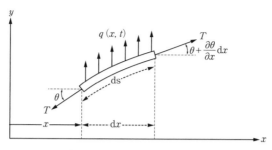

図5.1 弦の横振動と微小要素

量）をもつ弦が一定の張力 T で張られて**分布外力** $q(x, t)$（単位長さ当たりの力）を受けている．弦の軸方向に沿って x 軸をとり，任意の位置 x における弦のたわみ（横変位）を $y(x, t)$ とする．いま

1) 弦の**曲げ剛性**（抵抗）および重力の影響は無視できる
2) 弦のたわみは弦の長さに比べて小さく，たわみ角も小さい
3) 弦は一平面内で振動し，運動中も張力 T は変化しない

と仮定する．弦の微小要素 $ds = \sqrt{1 + (\partial y / \partial x)^2}\, dx \approx dx$ に作用する張力 T の y 方向成分に基づいて運動方程式を立てると，次のようになる．

$$\rho' dx \frac{\partial^2 y}{\partial t^2} = T \sin\!\left(\theta + \frac{\partial \theta}{\partial x} dx\right) - T \sin \theta + q(x, t) dx \tag{5.1}$$

θ は任意の位置 x における弦のたわみ角（勾配）であり，$\theta \ll 1$ であれば

$$\theta \cong \sin \theta \cong \tan \theta = \frac{\partial y}{\partial x}$$

と近似できるので，上式を式（5.1）に代入して整理すると，弦の横振動の運動方程式は次のようになる．

$$\frac{\partial^2 y}{\partial t^2} = c^2 \frac{\partial^2 y}{\partial x^2} + \frac{q(x, t)}{\rho'}, \quad c = \sqrt{\frac{T}{\rho'}} \quad [\text{m/s}] \tag{5.2}$$

ここで，c は弦のたわみの**伝ぱ速度**（位相速度）を表す．自由振動では $q(x, t) = 0$ となるので，以下のような形になる．

$$\frac{\partial^2 y}{\partial t^2} = c^2 \frac{\partial^2 y}{\partial x^2} \tag{5.3}$$

(2) 棒の縦振動

図5.2に示すような断面が一様な長さ l の細い棒において，**縦弾性率**を E,

断面積を A, 質量密度を ρ とする. 棒の軸方向に沿って x 軸をとり, 任意断面の軸方向の変位を $u(x, t)$ とする. いま

1) 棒の横断面は, 変形中も常に軸心に垂直で平面を保つ
2) 棒の半径方向の**慣性力**は無視できる
3) 棒の軸方向の変位は小さく, 断面に作用する軸応力の分布は一様である

と仮定する. 作用する軸力 $P(x, t)$ は軸応力 $\sigma = E\varepsilon = E\partial u/\partial x$ を用いて

$$P = A\sigma = AE\varepsilon = AE\frac{\partial u}{\partial x} \tag{5.4}$$

と表される. 微小要素 $\mathrm{d}x$ について x 方向の運動方程式を導出すると, 次のようになる.

$$\rho A\mathrm{d}x\frac{\partial^2 u}{\partial t^2} = \left(P + \frac{\partial P}{\partial x}\mathrm{d}x\right) - P \tag{5.5}$$

式 (5.4) を上式に代入して整理すると, 棒の縦振動の運動方程式は

$$\frac{\partial^2 u}{\partial t^2} = c^2\frac{\partial^2 u}{\partial x^2}, \quad c = \sqrt{\frac{E}{\rho}} \quad [\mathrm{m/s}] \tag{5.6}$$

となる. ここで, c は棒内の縦波の伝ぱ速度 (位相速度) を表す.

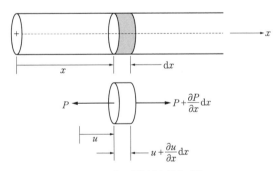

図 5.2 棒の縦振動と微小要素

(3) 軸のねじり振動

図 5.3 に示すような断面が一様な長さ l の細い**軸*** (丸棒) において, 横弾性率を G, 軸心周りの断面 2 次極モーメントを I_p, 質量密度を ρ とする. 軸心に沿って x 軸をとり, 断面の任意の位置での**ねじり角**を $\theta(x, t)$ とする. い

---

*　ねじりモーメントを受ける一次元部材をいう.

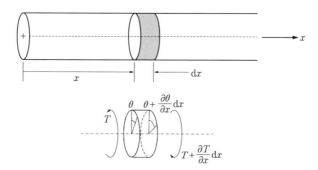

図5.3　軸のねじり振動と微小要素

ま，次のような仮定をおく．

1)　軸線に垂直な円断面は，ねじりを受けても常に平面を保つ（そりを生じない）
2)　軸の円断面の形状は，ねじりを受けても変化しない
3)　軸の円断面のねじり角は小さい

円断面に作用するねじりモーメント $T(x, t)$ は，**初等ねじり理論**から微小軸要素 dx について，次のように表せる．

$$T = GI_p \frac{\partial \theta}{\partial x} \tag{5.7}$$

ここで，$\partial \theta / \partial x$ は単位長さ当たりのねじり角（**比ねじり角**）である．微小要素 dx の軸心周りの（極）慣性モーメント*は $J = \rho I_p dx$ となるので，軸のねじり振動の運動方程式は式（1.36）から

$$\rho I_p dx \frac{\partial^2 \theta}{\partial t^2} = \left(T + \frac{\partial T}{\partial x} dx \right) - T \tag{5.8}$$

となる．式（5.7）を上式に代入して整理すると，軸のねじり振動の運動方程式は次のようになる．

$$\frac{\partial^2 \theta}{\partial t^2} = c^2 \frac{\partial^2 \theta}{\partial x^2}, \quad c = \sqrt{\frac{G}{\rho}} \quad [\mathrm{m/s}] \tag{5.9}$$

ここで，c は軸内のねじり波の伝ぱ速度（位相速度）を表す．

---

*　慣性モーメントの計算式（1.37）より，$J = \int r^2 dm = \int r^2 \rho dA\, dx = \rho I_p\, dx$．

(4) 波動方程式

弦の横振動の運動方程式 (5.3), 棒の縦振動の運動方程式 (5.6), 軸のねじり振動の運動方程式 (5.9) を比較すると, 同形の**偏微分方程式**

$$\frac{\partial^2 \phi}{\partial t^2} = c^2 \frac{\partial^2 \phi}{\partial x^2} \tag{5.10}$$

となっている. 変位関数 ϕ は弦の横振動ではたわみ y, 棒の縦振動では軸変位 u, 軸のねじり振動ではねじり角 θ に対応する. その一般解は, F_1, F_2 を任意関数として

$$\phi(x, t) = F_1(x - ct) + F_2(x + ct) \tag{5.11}$$

の形で表される（この形の解を**ダランベールの解**という）. これは上式を式 (5.10) に代入すれば, 解であることが確認できる. 式 (5.11) の第 1 項 $F_1(x - ct)$ の性質を考える. 時刻 t における点 x の変位 $\phi_1(x, t)$ は

$$\phi_1(x, t) = F_1(x - ct) \tag{5.12}$$

となる. 時刻 $(t + \Delta t)$ における点 $(x + \Delta x)$ での変位を, $\Delta x = c \Delta t$ とすると

$$\phi_1(x + \Delta x, t + \Delta t) = F_1\{(x + \Delta x) - c(t + \Delta t)\} = F_1(x - ct) \tag{5.13}$$

となる. この関係を図示すると, 図 5.4 のようになる. これは時刻 t での変位 $\phi_1(x, t)$ が, 速度 c で右方向（x 軸の正方向）に進行することを示している. この図からわかるように, 第 1 項 $F_1(x - ct)$ は変位の形を一定に保ったまま, 速度 c で右方向へ進行する波（**前進波**）を表す. 同様にして, $F_2(x + ct)$ は速度 c で左方向（x 軸の負方向）へ進行する波（**後退波**）を表す. このように運動方程式の解が波動としての性質をもつので, 式 (5.10) は**波動方程式**と呼ばれる. したがって, c は変位波の伝ぱ速度（位相速度）である.

いま互いに反対方向に速度 c で進行する同一の振幅 A および角振動数

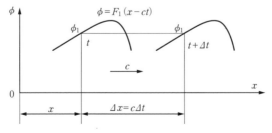

図 5.4 1 次元の波の伝ぱの様子

$\omega(=2\pi f)$ をもつ2つの正弦波（前進波と後退波）を合成（付録 A2）すると，次のように表せる．

$$
\begin{aligned}
\phi(x, t) &= A \sin \frac{\omega}{c}(x-ct) + A \sin \frac{\omega}{c}(x+ct) \\
&= 2A \sin \frac{\omega x}{c} \cos \omega t = 2A \sin \frac{2\pi x}{\lambda} \cos 2\pi f t
\end{aligned}
\tag{5.14}
$$

ここで，$\lambda = c/f$ は波長を表す．上式は x だけの関数と t だけの関数の積として表され，いずれの方向へも進行しない**定常波**（**定在波**）となる．両端での**境界条件**を満足する式（5.14）の定常波を作る波だけが安定に存在し続けて，以下に述べる棒の縦振動，弦の横振動，軸のねじり振動における自由振動の一般解となる．

5.2.2　自由振動―境界値問題とモード関数

前節で述べた1次元部材の振動はすべて同じ形の波動方程式で表されることがわかった．ここでは棒の自由縦振動の一般解を，与えられた境界条件と初期条件の下で**変数分離法**により求めてみよう．まず，式（5.6）の一般解 $u(x, t)$ を座標 x だけの関数 $X(x)$ と時間 t だけの関数 $T(t)$ の積として

$$
u(x, t) = X(x)T(t)
\tag{5.15}
$$

と仮定する．上式を式（5.6）に代入すると

$$
\frac{1}{T(t)} \frac{\mathrm{d}^2 T(t)}{\mathrm{d}t^2} = c^2 \frac{1}{X(x)} \frac{\mathrm{d}^2 X(x)}{\mathrm{d}x^2} \quad (= -\omega^2)
\tag{5.16}
$$

が得られ，左辺は t のみの関数，右辺は x のみの関数となる．等号が常に成立するためには，それぞれが定数となる場合に限られる．その定数が正値のとき，時間関数 $T(t)$ は時間が十分経過すると発散してしまう．振動解を得るためには，定数は負となる必要がある．その定数を $-\omega^2$ とおくと，次の2つの2階常微分方程式に分離される．

$$
\frac{\mathrm{d}^2 T(t)}{dt^2} + \omega^2 T(t) = 0 \quad （初期値問題）
\tag{5.17}
$$

$$
\frac{\mathrm{d}^2 X(x)}{dx^2} + \left(\frac{\omega}{c}\right)^2 X(x) = 0 \quad （境界値問題）
\tag{5.18}
$$

上の2つの式の一般解は，それぞれ次式で与えられる．

$$T(t) = A \cos \omega t + B \sin \omega t \tag{5.19}$$

$$X(x) = C \cos \frac{\omega}{c} x + D \sin \frac{\omega}{c} x \tag{5.20}$$

ここで，任意定数 A, B は初期条件から，任意定数 C, D は境界条件から決定される．定数 ω は後者の境界条件から決定され，式（5.19）から固有角振動数に相当する．$X(x)$ は振動の形を表す**モード関数**（**規準関数**または**固有関数**）である．いま，図5.2に示す棒の縦振動に対する3つの境界条件を考えてみよう．

1) 両端固定の場合

棒の境界条件は両端で軸変位 $=0$，すなわち式（5.20）から $X(0)=0$，$X(l)=0$ となるので

$$C=0, \quad D \sin \frac{\omega l}{c} = 0 \tag{5.21}$$

となる．$D=0$ であれば振動が生じないので，$D \neq 0$ となる．したがって，上式より次の振動数方程式（特性方程式）を得る．

$$\sin \frac{\omega l}{c} = 0 \tag{5.22}$$

上式を解くと，次の i 次の固有角振動数 ω_i を得る．

$$\omega_i = \frac{i\pi c}{l} = \frac{i\pi}{l} \sqrt{\frac{E}{\rho}} \quad (i=1, 2, \cdots) \tag{5.23}$$

この固有角振動数に対する i 次のモード関数は，式（5.20）から次のようになる．

$$X_i(x) = D_i \sin \frac{i\pi x}{l} \quad (i=1, 2, \cdots) \tag{5.24}$$

式（5.23）で $i=1$ のときの固有角振動数を**基本角振動数**，それに対応する式（5.24）の調和振動を**基本波**という．$i \geqq 2$ の固有角振動数を**高次角振動数**，それに対応する調和振動を**高調波**という．また一般に $X_i(x)=0$ となる点を**節**，$X_i(x)$ が極大となる点を**腹**という．両端固定の棒の振動数方程式，固有角振動数，モード関数，固有振動モードを表5.1（第1列目）に示す．

2) 両端自由の場合

棒の境界条件は両端で軸力 $P=0$（軸ひずみ $=0$），すなわち式（5.20）から $X'(0)=0, X'(l)=0$ となるので

表5.1　3つの境界条件における棒の縦振動，弦の横振動[*1]，軸のねじり振動[*2]

運動方程式	$\dfrac{\partial^2 u}{\partial t^2} = c^2 \dfrac{\partial^2 u}{\partial x^2}$（1次元波動方程式）		
一般解	$u(x,t) = \displaystyle\sum_{i=1}^{\infty} X_i(x)(A_i \cos \omega_i t + B_i \sin \omega_i t)$，ここで　　$X_i(x) = C_i \cos \dfrac{\omega_i}{c} x + D_i \sin \dfrac{\omega_i}{c} x$		
境界条件	1. 両端固定 $X(0)=0,\ X(l)=0$	2. 両端自由 $X'(0)=0,\ X'(l)=0$	3. 一端固定・他端自由 $X(0)=0,\ X'(l)=0$
振動数方程式	$\sin \dfrac{\omega l}{c} = 0$	$\sin \dfrac{\omega l}{c} = 0$	$\cos \dfrac{\omega l}{c} = 0$
固有角振動数	$\omega_i = \dfrac{i\pi c}{l}\ (i=1,2,\cdots)$	$\omega_i = \dfrac{i\pi c}{l}\ (i=0,1,\cdots)$	$\omega_i = \dfrac{(2i-1)\pi}{2} \dfrac{c}{l}\ (i=1,2,\cdots)$
モード関数[*3]	$X_i(x) = D_i \sin \dfrac{i\pi x}{l}$	$X_i(x) = C_i \cos \dfrac{i\pi x}{l}$	$X_i(x) = D_i \sin \dfrac{(2i-1)\pi}{2} \dfrac{x}{l}$
固有振動モード			

*1　弦の横振動では変数 u を y と読み替え，c は式（5.2）で与えられる．

*2　軸のねじり振動では変数 u をねじり角 θ と読み替え，c は式（5.9）で与えられる．

*3　モード関数 $X_i(x)$ の係数 C_i，D_i は，三角関数系の次の直交条件（$i=j$ の場合）から1となる．

$$\int_0^l X_i(x)X_j(x)\mathrm{d}x = \begin{cases} 0 & (i \neq j) \\ l/2 & (i = j) \end{cases}$$

$$D=0, \quad C\frac{\omega}{c}\sin\frac{\omega l}{c}=0 \tag{5.25}$$

となる．$C \neq 0$ なので，上式から次の振動数方程式を得る．

$$\sin\frac{\omega l}{c}=0 \tag{5.26}$$

上式を解くと，次の i 次の固有角振動数 ω_i を得る．

$$\omega_i = \frac{i\pi c}{l} = \frac{i\pi}{l}\sqrt{\frac{E}{\rho}} \quad (i=0,1,2,\cdots) \tag{5.27}$$

この固有角振動数に対する i 次のモード関数は，式（5.20）から次のようになる．

$$X_i(x) = C_i \cos\frac{i\pi x}{l} \quad (i=0,1,2,\cdots) \tag{5.28}$$

　両端自由の棒の振動数方程式，固有角振動数，モード関数，固有振動モードを，表5.1(第2列目)に示す．上式において $i=0$ のときは，$X_0(x)=C_0$（一定）となり並進剛体モードを表す．

3)　一端固定・他端自由の場合

　棒の境界条件は左端で軸変位＝0，右端で軸力 $P=0$（軸ひずみ＝0）なので，式 (5.20) から $X(0)=0$，$X'(l)=0$ となるので

$$C=0, \quad D\frac{\omega}{c}\cos\frac{\omega l}{c}=0 \tag{5.29}$$

となる．$D\neq0$ なので，上式から次の振動数方程式を得る．

$$\cos\frac{\omega l}{c}=0 \tag{5.30}$$

上式を解くと，次の i 次の固有角振動数 ω_i を得る．

$$\omega_i=\frac{(2i-1)\pi c}{2l}=\frac{(2i-1)\pi}{2l}\sqrt{\frac{E}{\rho}} \quad (i=1,2,\cdots) \tag{5.31}$$

この固有角振動数に対する i 次のモード関数は，式 (5.20) から次のようになる．

$$X_i(x)=D_i\sin\frac{(2i-1)\pi x}{2l} \quad (i=1,2,\cdots) \tag{5.32}$$

　一端固定・他端自由の棒の振動数方程式，固有角振動数，モード関数，固有振動モードを表5.1（第3列目）に示す．

5.2.3　自由振動―初期値問題

　表5.1を参考に両端固定の弦の自由横振動の解を求めよう．一般解 $y(x,t)$ は無限個の固有振動モードの**線形結合（重ね合わせ）**として表現できるから，式 (5.19) と式 (5.24) を用いて次のように書ける．

$$y(x,t)=\sum_{i=1}^{\infty}D_i\sin\frac{i\pi x}{l}(A_i\cos\omega_i t+B_i\sin\omega_i t) \tag{5.33}$$

上式 (5.24) の係数 D_i は，表5.1の脚注3より1となる．A_i，B_i は，$y(x,t)$ の初期条件より決定できる．初期条件を $t=0$ で，弦のたわみ変位分布とたわみ速度分布を，一般的に座標 x の関数として次のように

$$y(x,0)=f(x), \quad \frac{\partial y(x,0)}{\partial t}=g(x) \tag{5.34}$$

とおけば，式（5.33）より次式を得る．

$$\sum_{i=1}^{\infty} A_i \sin \frac{i\pi x}{l} = f(x), \quad \sum_{i=1}^{\infty} B_i \omega_i \sin \frac{i\pi x}{l} = g(x) \quad\quad (5.35)$$

上式は初期たわみ変位分布 $f(x)$ と初期たわみ速度分布 $g(x)$ を，座標 x に関してフーリエ正弦展開した式となっている．この両辺に $\sin(j\pi x/l)$ を乗じて $x=0 \sim l$ まで積分すれば，三角関数系の**直交関係**（表5.1の脚注3）から総和記号内の $i=j$ の項だけが残り，A_i, B_i は

$$A_i = \frac{2}{l} \int_0^l f(x) \sin \frac{i\pi x}{l} \mathrm{d}x \quad (i=1, 2, \cdots)$$
$$B_i = \frac{2}{l\omega_i} \int_0^l g(x) \sin \frac{i\pi x}{l} \mathrm{d}x \quad (i=1, 2, \cdots)$$
$$(5.36)$$

と求まる．したがって，両端固定の弦の自由横振動の一般解は，上式を式（5.33）に代入して求まる．

例題5.1　図5.5のように長さ l の棒（断面積 A_0，質量密度 ρ，縦弾性率 E）の上端が固定，下端（自由端）に集中質量 m がある場合の縦振動の固有角振動数を求めよ．ただし $\rho A_0 l/m = 1$ とする．

（解）　棒の上端の変位＝0であり，棒の下端に作用する復元力は質量 m に作用するので，$x=0, l$ では次式が成立する．

$$u(0, t)=0, \quad m\frac{\partial^2 u(l, t)}{\partial t^2} = -A_0 E \frac{\partial u(l, t)}{\partial x} \quad (1)$$

いま棒の自由縦振動の一般解 $u(x, t)$ を，式（5.15）に基づいて式（5.19）と式（5.20）から

$u(x, t) = X(x)T(t)$

$$= \left\{ C\cos\frac{\omega x}{c} + D\sin\frac{\omega x}{c} \right\}(A\cos\omega t + B\sin\omega t) \quad (2)$$

と仮定して，式（1）の2つの境界条件式に代入すると

$$C=0, \quad D\left\{ m\omega^2 \sin\frac{\omega l}{c} - A_0 E \frac{\omega}{c}\cos\frac{\omega l}{c} \right\}=0 \quad (3)$$

となり，$D \neq 0$ より整理すると次の振動数方程式を得る．

$$\alpha \tan\alpha = \frac{\rho A_0 l}{m} = 1 \quad \left(\alpha = \frac{\omega l}{c}, \quad c=\sqrt{\frac{E}{\rho}} \right) \quad (4)$$

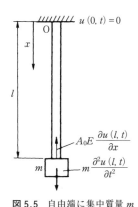

図5.5　自由端に集中質量 m をもつ一様断面棒

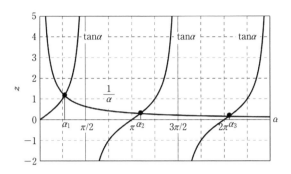

図5.6 図式解法による式 (5) の根の求め方

上式は解析的に根 $\alpha(=\omega l/c)$ を求めることはできない**超越方程式**である．したがって，適切な数値計算により根 α を求める必要がある．いま式 (4) を

$$\tan\alpha=\frac{1}{\alpha}\quad(\alpha>0)\tag{5}$$

と変形して，$z=\tan\alpha$ と $z=1/\alpha$ とおいて2つの曲線を図5.6のように描く．この2つの曲線の交点（●）を挟み込む2つの近似値から，その値を増減させて（たとえば，2分法）根 α を求めることができる．

このような数値計算により根 α を求めると，最初の3根は

$$\alpha_1=0.860,\quad\alpha_2=3.426,\quad\alpha_3=6.437\tag{6}$$

となるから，1次～3次の固有角振動数は式 (4) から次のようになる．

$$\omega_1=0.860\,\frac{c}{l},\quad\omega_2=3.426\,\frac{c}{l},\quad\omega_3=6.437\,\frac{c}{l}\tag{7}$$

また対応するモード関数は，$C=0$ なので式 (2) から $X(x)$ を $X_i(x)$ と書くと

$$X_i(x)=D_i\sin\left(\frac{\omega_i x}{c}\right)\quad(i=1,2,\cdots)\tag{8}$$

となり，それらを描くと図5.7のような振動モードとなる（係数 $D_i=1$ として表示）．この図では，棒の各点の縦方向の変位振幅の大きさを便宜的に水平方向に示している．図中の○は，振動モードの節を示す．2次モードには1個，3次モードでは2個の節が出現する．表5.1の一端固定・他端自由の棒の振動モードと比較すると，集中質量 m が下端に存在するために，2次，3次の振動モードの節の位置がともに少し下側に移動している．

いま，下端の集中質量 m に対する棒の質量の比を，$\mu=\rho A_0 l/m$（質量比）とおいて一般化すると，式 (4) は次のようになる．

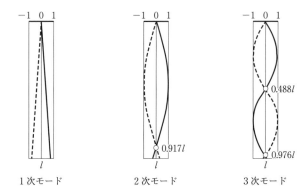

図5.7 例題5.1の棒の縦振動における1次〜3次の固有振動モード（$\mu=1$）

表5.2 式（9）の1次〜3次までの厳密な根 $\alpha_i(i=1,2,3)$

根 α （モード次数）	質量比				
	$\mu=0.01$	$\mu=0.1$	$\mu=1$	$\mu=10$	$\mu=100$
α_1（1次モード）	0.0998	0.3111	0.8603	1.4289	1.5552 $(\cong\pi/2)$
α_2（2次モード）	3.1448 $(\cong\pi)$	3.1731	3.4256	4.3058	4.6658 $(\cong3\pi/2)$
α_3（3次モード）	6.2848 $(\cong2\pi)$	6.2991	6.4373	7.2281	7.776 $(\cong5\pi/2)$

$$\alpha \tan \alpha = \mu \tag{9}$$

質量比 $\mu=0.01\sim100$ の範囲で，上式の最初の3根を数値計算により求めた結果を，表5.2に示す．$\mu=1$ のとき，最初の3根は式（6）と一致する．

　表5.2の結果から質量比 μ が大きく（$=100$）なると，集中質量 m が相対的に小さくなることに対応するため，根 α は表5.1の一端固定・他端自由の棒の根に近づく．一方，質量比 μ が小さく（$=0.01$）なると，集中質量 m が逆に相対的に大きくなることに対応するため，根 α は表5.1の両端固定の棒の根に近づく（ただし1次モードについては，**剛体モード**である $\alpha_1=0$ に近づく）．いま，式（9）の近似解を解析的に求めてみよう．左辺の $\tan\alpha$ をテイラー展開（付録A5）すると

$$\tan \alpha = \alpha + \frac{1}{3}\alpha^3 + \cdots\cdots \tag{10}$$

となるので，式（10）を式（9）に代入して次のように書き直す．

$$\alpha^2\left(1+\frac{1}{3}\alpha^2+\cdots\cdots\right)=\mu \tag{11}$$

質量比 $\mu(=\rho A_0 l/m)$ が小さい（$\mu\ll1$）とき，式（9）の最初の根 α も小さくなる（図5.6の $z=\tan\alpha$ と $z=\mu/a$ の曲線の交点）ので，上式の左辺第1項だけをとると

$$\alpha^2=\mu \tag{12}$$

となり，上式から次の第 1 次近似解を得る.

$$\omega = \frac{c}{l}\alpha = \frac{c}{l}\sqrt{\mu} = \frac{c}{l}\sqrt{\frac{\rho A_0 l}{m}} = \sqrt{\frac{EA_0}{lm}} = \sqrt{\frac{k}{m}} \quad \text{ただし} \quad k = \frac{EA_0}{l} \tag{13}$$

ここで，k は棒の**軸剛性**を表す等価ばね定数（付録 A0）である．上式は棒の自重（$= \rho A_0 l$）を無視した 1 自由度ばね-質量系の固有角振動数 ω_n に等しくなる．さらに式 (11) の左辺第 2 項までとって変形すると

$$\alpha^4 + 3\alpha^2 - 3\mu = 0$$

となる．この α^2 に関する 2 次方程式を解の公式により解く．そのとき正根の根号内をテイラー展開して第 2 項までとると

$$\alpha^2 = \frac{1}{2}\left(-3 + 3\sqrt{1 + \frac{4}{3}\mu}\right) \cong \frac{1}{2}\left\{-3 + 3\left(1 + \frac{2}{3}\mu - \frac{2}{9}\mu^2\right)\right\} = \mu\left(1 - \frac{\mu}{3}\right) \cong \frac{\mu}{1 + \mu/3} \tag{14}$$

となり，上式から次の第 2 次近似解を得る.

$$\omega = \frac{c}{l}\alpha = \frac{c}{l}\sqrt{\frac{\mu}{1 + \mu/3}} = \sqrt{\frac{EA_0}{l}\frac{1}{m + \rho A_0 l/3}} = \sqrt{\frac{k}{m + \rho A_0 l/3}} \tag{15}$$

上式は棒の自重を考慮するときには，その 1/3 を集中質量 m に付加すればよいことを示している（例題 2.4 と相似関係）．第 1 近似解と第 2 近似解の根 α の精度を質量比 μ に対して比較した結果を，表 5.3 に示す．この表から，第 1 近似解（式 (12) の α）は $0 < \mu < 0.1$ の範囲で，第 2 近似解（式 (14) の α）は $0 < \mu < 1$ のより広い範囲で，1 次モードの厳密な根 α_1 とほぼ一致することがわかる．

表5.3　1 次モードの厳密な根 α_1 と第 1 および第 2 近似解の根 α の比較

根 α_1（1次モード）	質量比				
	$\mu = 0.01$	$\mu = 0.1$	$\mu = 1$	$\mu = 10$	$\mu = 100$
表 5.2 の α_1（1 次モード）	0.0998	0.3111	0.8603	1.4289	1.5552
第 1 近似解（式 (12)）の α	0.1000	0.3162	1.000	3.1623	10.000
第 2 近似解（式 (14)）の α	0.0998	0.3111	0.8660	1.5191	1.7066

5.2.4 強制振動

式 (5.2) の弦の強制横振動の解を求めよう．いま強制振動の一般解 $y(x, t)$ および分布外力 $q(x, t)$ が，与えられた境界条件を満たす無限個のモード関数 $X_i(x)(i = 1, 2, \cdots)$ の線形結合（重ね合わせ）として展開できると仮定する．

$$\left.\begin{array}{l} y(x, t) = \sum\limits_{i=1}^{\infty} X_i(x) T_i(t) \\ q(x, t) = \sum\limits_{i=1}^{\infty} X_i(x) Q_i(t) \end{array}\right\} \tag{5.37}$$

ここで，$Q_i(t)$ は一般化力を表す．両式を運動方程式（5.2）に代入して，自由
振動の式（5.18）を利用した後，両辺に $X_i(x)$ を乗じて $x=0 \sim l$ まで積分すれ
ば，弦のモード関数の直交性より総和記号内の $i=j$ の項だけが残って

$$\left(\int_0^l X_i{}^2(x)\mathrm{d}x\right)\cdot\ddot{T}_i(t)+\omega_i{}^2\left(\int_0^l X_i{}^2(x)\mathrm{d}x\right)\cdot T_i(t)=\left(\int_0^l X_i{}^2(x)\mathrm{d}x\right)\cdot\frac{Q_i(t)}{\rho'} \quad (5.38)$$

となる．整理すると，次のような非減衰強制振動の**時間方程式**を得る．

$$\ddot{T}_i(t)+\omega_i{}^2 T_i(t)=\frac{Q_i(t)}{\rho'} \quad (i=1, 2, \cdots) \tag{5.39}$$

上式の右辺の $Q_i(t)$ は，式（5.37）の第2式に $X_i(x)$ を乗じて $x=0 \sim l$ まで積
分すれば，弦のモード関数の直交性から $i=j$ の項だけが残り

$$Q_i(t)=\frac{\int_0^l q(x, t)\,X_i(x)\mathrm{d}x}{\int_0^l X_i{}^2(x)\mathrm{d}x}=\frac{2}{l}\int_0^l q(x, t)\,X_i(x)\mathrm{d}x \quad (i=1, 2, \cdots) \tag{5.40}$$

となる（上式の分母の積分は，表5.1の脚注3からどのモード関数 $X_i(t)$ に
対しても $l/2$ となる）．式（5.39）の時間方程式の一般解は，同次解とたたみ
込み積分による特殊解（式（2.103）の第2項で，$\zeta=0$，$f(\tau)/m\to Q(\tau)/\rho'$ と置
き換えた解）との和として次のように書ける．

$$T_i(t)=A_i\cos\omega_i t+B_i\sin\omega_i t+\frac{1}{\rho'\omega_i}\int_0^t Q_i(\tau)\sin\omega_i(t-\tau)\mathrm{d}\tau \quad (i=1, 2, \cdots)$$

$$\tag{5.41}$$

上式を式（5.37）の第1式に代入すれば，弦の強制横振動の完全解 $y(x, t)$ が
次のように固有振動モードの重ね合わせとして求まる．

$$y(x, t)=\sum_{i=1}^{\infty} X_i(x)\left[A_i\cos\omega_i t+B_i\sin\omega_i t+\frac{1}{\rho'\omega_i}\int_0^t Q_i(\tau)\sin\omega_i(t-\tau)\mathrm{d}\tau\right]$$

$$\tag{5.42}$$

5.3　はりの曲げ振動

5.3.1　運動方程式

　図5.8に示すはりの曲げ振動（横振動）を考える．はりの横断面の重心が x
軸上にある直線ばりの単純曲げについて考える．いま，はりの中心線に沿う任

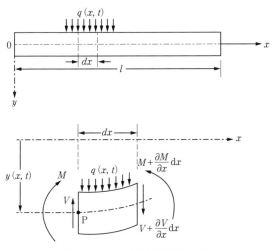

図5.8 はりの曲げ振動と微小要素

意の位置 x のたわみを y，断面積を A，**断面2次モーメントを I^***，材料の縦弾性率を E，質量密度を ρ 横断面に作用する**曲げモーメント**および**せん断力**を $M(x, t)$, $V(x, t)$，単位長さ当たりの分布外力を $q(x, t)$ とする．はりのたわみ $y(x, t)$ は下向きを正とし，曲げモーメント M ははりを下向きに凸に曲げるように作用する場合を正，せん断力 V は横断面の右側で下向きに作用する場合を正とする．いま**初等はり理論**（ベルヌーイ・オイラーはり理論）に基づいて，次のような仮定をおく．

1) はりの中心線に垂直な横断面は，運動中も中心線に垂直で平面を保つ

2) はりの横断面に作用するせん断変形と回転慣性の影響は無視できる

3) はりの横断面に軸力は作用しない

4) はりの運動中のたわみは，はりの横断面の高さに比べて十分に小さい

はりの微少要素 dx の y 方向の運動方程式は

$$(\rho A dx)\frac{\partial^2 y}{\partial t^2} = V + \frac{\partial V}{\partial x}dx - V + q(x, t)dx \tag{5.43}$$

となる．点 P に関するモーメントのつり合いを考えると

---

* $I = \int_A y^2 dA$ により定義され，y は微小要素 dA までの距離を表す．

$$M+\frac{\partial M}{\partial x}\mathrm{d}x-M-\left(V+\frac{\partial V}{\partial x}\,\mathrm{d}x\right)\mathrm{d}x+q(x,t)\mathrm{d}x\cdot\frac{\mathrm{d}x}{2}=0$$

ここで，上式で 2 次以上の微小項を無視すれば，次のようになる．

$$\frac{\partial M}{\partial x}=V \tag{5.44}$$

たわみ角 $\partial y/\partial x$ が十分小さいとすれば，材料力学より曲げモーメントとそれによって生じるたわみとの関係は，次式で与えられる．

$$M=-EI\frac{\partial^2 y}{\partial x^2} \tag{5.45}$$

式 (5.44)，(5.45) を式 (5.43) に代入すると

$$\rho A\frac{\partial^2 y}{\partial t^2}+\frac{\partial^2}{\partial x^2}\left(EI\frac{\partial^2 y}{\partial x^2}\right)=q(x,t) \tag{5.46}$$

となる．上式が**はりの曲げ振動の運動方程式**である．特にはりが均質で一様な断面積をもつ場合には，曲げ剛性 EI が軸方向に沿って変化しないので，次のように書ける．

$$\rho A\frac{\partial^2 y}{\partial t^2}+EI\frac{\partial^4 y}{\partial x^4}=q(x,t) \tag{5.47}$$

5.3.2　自由振動―境界値問題とモード関数

分布外力 $q(x,t)=0$ の場合，式 (5.47) は次のように変形できる．

$$\frac{\partial^2 y}{\partial t^2}+c^4\frac{\partial^4 y}{\partial x^4}=0,\quad c^4=\frac{EI}{\rho A}\,[\mathrm{m^4/s^2}] \tag{5.48}$$

上式の解を 5.2.2 項で述べたように，変数分離法により一般解を

$$y(x,t)=Y(x)T(t)$$

と仮定して上式に代入すると，時間関数 $T(t)$ については式 (5.17) と同一の式が得られる．はりのモード関数 $Y(x)$ については，次式を得る．

$$\frac{d^4 Y(x)}{dx^4}-\beta^4 Y(x)=0,\quad \beta^4=\frac{\omega^2}{c^4}\ [\mathrm{1/m^4}] \tag{5.49}$$

ここで，$\omega=\beta^2\sqrt{EI/\rho A}$ である．式 (5.49) の基本解を $Y(x)=e^{\lambda x}$ とおき，上式に代入すると

$$(\lambda^4-\beta^4)Y=(\lambda-j\beta)(\lambda+j\beta)(\lambda-\beta)(\lambda+\beta)Y=0$$

となるから，$\lambda=\pm j\beta,\pm\beta$ の 4 個の特性根が得られる．したがって，基本解

$$Y(x)=e^{j\beta x},\ Y(x)=e^{-j\beta x},\ Y(x)=e^{\beta x},\ Y(x)=e^{-\beta x}$$

は式（5.49）を満足する．$Y(x)$ の一般解は基本解の線形結合により，次のように与えられる．

$$Y(x)=C_1{}'e^{j\beta x}+C_2{}'e^{-j\beta x}+C_3{}'e^{\beta x}+C_4{}'e^{-\beta x} \qquad (5.50)$$
$$=C_1\cos\beta x+C_2\sin\beta x+C_3\cosh\beta x+C_4\sinh\beta x$$

ここで，$C_1=C_1{}'+C_2{}',\ C_2=j(C_1{}'-C_2{}'),\ C_3=C_3{}'+C_4{}',\ C_4=C_3{}'-C_4{}'$ となる．式（5.50）の第1式の第1項，第2項は複素関数となるので，オイラーの公式（1.12）を使用して変形している．式（5.50）における双曲線関数（付録 A2）は，次式で定義される．

$$\cosh\beta x=\frac{1}{2}(e^{\beta x}+e^{-\beta x}),\quad \sinh\beta x=\frac{1}{2}(e^{\beta x}-e^{-\beta x})$$

任意定数 $C_1\sim C_4$ および β は，境界条件によって決定される．なお後の境界条件を適用するために，$Y(x)$ の3回微分までを求めておく（双曲線関数に関する微分公式は付録 A2）．

$$\frac{\mathrm{d}Y(x)}{\mathrm{d}x}=\beta(-C_1\sin\beta x+C_2\cos\beta x+C_3\sinh\beta x+C_4\cosh\beta x) \quad (5.51)$$

$$\frac{\mathrm{d}^2Y(x)}{\mathrm{d}x^2}=\beta^2(-C_1\cos\beta x-C_2\sin\beta x+C_3\cosh\beta x+C_4\sinh\beta x) \quad (5.52)$$

$$\frac{\mathrm{d}^3Y(x)}{\mathrm{d}x^3}=\beta^3(C_1\sin\beta x-C_2\cos\beta x+C_3\sinh\beta x+C_4\cosh\beta x) \quad (5.53)$$

代表的な境界条件としては，図5.9に示す**固定端，支持端，自由端**の3種類がある．これらの境界条件は，時間に無関係で次式で表される．これ以外の境界条件としては，ばね支持やローラ支持などがあるが，ここでは省略する．

---

(1) 固定端では，たわみとたわみ角が0：$Y=\mathrm{d}Y/\mathrm{d}x=0$

(2) 支持端では，たわみと曲げモーメントが0：$Y=\mathrm{d}^2Y/\mathrm{d}x^2=0$

(3) 自由端では，曲げモーメントとせん断力が0：$\mathrm{d}^2Y/\mathrm{d}x^2=\mathrm{d}^3Y/\mathrm{d}x^3=0$

(1) 固定端　　　　　(2) 支持端　　　　　(3) 自由端

図5.9 はりの3種類の境界条件（はりの左側だけで示す）

1)　両端支持の場合

最初に最も一般的な両端支持はりについて考えてみよう. 境界条件は (2) より

$$Y(0)=0, \quad Y''(0)=0 \atop Y(l)=0, \quad Y''(l)=0 \Bigg\} \tag{5.54}$$

となる. 式 (5.50) と式 (5.52) に, 境界条件式 (5.54) を適用すると

$$\left.\begin{aligned} &C_1+C_3=0 \\ &-C_1+C_3=0 \\ &C_1\cos\beta l+C_2\sin\beta l+C_3\cosh\beta l+C_4\sinh\beta l=0 \\ &-C_1\cos\beta l-C_2\sin\beta l+C_3\cosh\beta l+C_4\sinh\beta l=0 \end{aligned}\right\} \tag{5.55}$$

第1式と第2式より $C_1=C_3=0$ となるので, 第3式と第4式より次式を得る.

$$\begin{bmatrix} \sin\beta l & \sinh\beta l \\ -\sin\beta l & \sinh\beta l \end{bmatrix} \begin{Bmatrix} C_2 \\ C_4 \end{Bmatrix} = \begin{Bmatrix} 0 \\ 0 \end{Bmatrix} \tag{5.56}$$

$C_2=C_4=0$ (はりが振動せず静止することを意味する) 以外の解 (非自明解) をもつためには, 上記の係数行列式＝0 になる必要がある. この行列式を展開して整理すると

$$2\sin\beta l\sinh\beta l=0$$

となる. $\beta\neq0$ ならば $\sinh\beta l\neq0$ となるので, 上式から次式を得る.

$$\sin\beta l=0 \tag{5.57}$$

上式を式 (5.56) に代入すると, $C_4=0$ となる. 上式は振動数方程式を表し, その根 βl は次のように求まる.

$$\beta_i=\frac{i\pi}{l} \quad (i=1,2,\cdots) \tag{5.58}$$

したがって, 固有角振動数は式 (5.49) における $\beta_i{}^4=\omega_i{}^2/c^4$ の関係より

$$\omega_i=\beta_i{}^2c^2=\left(\frac{i\pi}{l}\right)^2\sqrt{\frac{EI}{\rho A}} \quad (i=1,2,\cdots) \tag{5.59}$$

となる. これに対するモード関数は, 式 (5.50) より $Y(x)$ を $Y_i(x)$ と書くと

$$Y_i(x)=C_2^{(i)}\sin\beta_i x=C_2^{(i)}\sin\frac{i\pi x}{l} \quad (i=1,2,\cdots) \tag{5.60}$$

振動数方程式の解 $\beta_i l(i=1\sim3)$ と固有振動モードを, 表5.4に示す. 上式の係数 $C_2^{(i)}$ は, はりのモード関数 $Y_i(x)$ の直交条件式 (5.78) の $i=j$ の場合から, 1と決定される.

2)　両端固定の場合

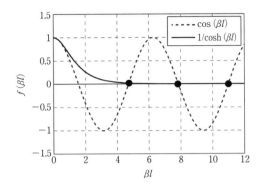

図 5.10　式（5.64）の図式解法による根の求め方

図 5.9 に示す固定端の境界条件（1）より

$$\left.\begin{array}{ll} Y(0)=0, & Y'(0)=0 \\ Y(l)=0, & Y'(l)=0 \end{array}\right\} \tag{5.61}$$

となる．式（5.50），式（5.51）に，上の境界条件式（5.61）を適用すると

$$\left.\begin{array}{l} C_1+C_3=0 \\ C_2+C_4=0 \\ C_1\cos\beta l + C_2\sin\beta l + C_3\cosh\beta l + C_4\sinh\beta l=0 \\ -C_1\sin\beta l - C_2\cos\beta l + C_3\sinh\beta l + C_4\cosh\beta l=0 \end{array}\right\} \tag{5.62}$$

第 1 式と第 2 式より $C_3=-C_1$，$C_4=-C_2$ となるので，第 3 式と第 4 式より

$$\begin{bmatrix} \cos\beta l-\cosh\beta l & \sin\beta l-\sinh\beta l \\ -\sin\beta l-\sinh\beta l & \cos\beta l-\cosh\beta l \end{bmatrix}\begin{Bmatrix} C_1 \\ C_2 \end{Bmatrix}=\begin{Bmatrix} 0 \\ 0 \end{Bmatrix} \tag{5.63}$$

となる．$C_1=C_2=0$ 以外の解（非自明解）をもつためには，係数行例式 $=0$ になる必要がある．したがって，その行列式を展開して整理すると，次の振動数方程式を得る．

$$1-\cos\beta l\cosh\beta l=0 \tag{5.64}$$

上式は解析的には解けない超越方程式であり，その根 βl は図 5.10 に示すように 2 本の曲線の交点（●）であり，数値計算により求めると最初の 3 根は

$$\beta_1 l=4.730, \quad \beta_2 l=7.853, \quad \beta_3 l=10.996 \tag{5.65}$$

式（5.59）における $\omega_i=\beta_i^2 c^2$ より 1 次から 3 次までの固有角振動数は

$$\omega_1=\left(\frac{4.730}{l}\right)^2\sqrt{\frac{EI}{\rho A}}, \quad \omega_2=\left(\frac{7.853}{l}\right)^2\sqrt{\frac{EI}{\rho A}}, \quad \omega_3=\left(\frac{10.996}{l}\right)^2\sqrt{\frac{EI}{\rho A}} \tag{5.66}$$

表5.4　代表的な境界条件におけるはりの曲げ振動

境界条件	1. 支持-支持 $Y(0)=Y''(0)=0$ $Y(l)=Y''(l)=0$	2. 固定-固定 $Y(0)=Y'(0)=0$ $Y(l)=Y'(l)=0$	3. 固定-自由 $Y(0)=Y'(0)=0$ $Y''(l)=Y'''(l)=0$
振動数方程式 解　$\beta_i l$	$\sin\beta l=0$ $\pi, 2\pi, 3\pi, \cdots$	$1-\cosh\beta l\cos\beta l=0$ $4.730, 7.853, 10.996$	$1+\cosh\beta l\cos\beta l=0$ $1.875, 4.694, 7.855$
固有振動モード（1次）			
（2次）	$0.5l$	$0.5l$	$0.774l$
（3次）	$\frac{1}{3}l$　$\frac{2}{3}l$	$0.359l$　$0.641l$	$0.501l$　$0.868l$

境界条件	4. 自由-自由 $Y''(0)=Y'''(0)=0$ $Y''(l)=Y'''(l)=0$	5. 固定-支持 $Y(0)=Y'(0)=0$ $Y(l)=Y''(l)=0$	6. 支持-自由 $Y(0)=Y''(0)=0$ $Y''(l)=Y'''(l)=0$
振動数方程式 解　$\beta_i l$	$1-\cosh\beta l\cos\beta l=0$ $4.730, 7.853, 10.996$	$\tan\beta l-\tanh\beta l=0$ $3.927, 7.069, 10.210$	$\tan\beta l-\tanh\beta l=0$ $3.927, 7.069, 10.210$
固有振動モード（1次）	$0.224l$　$0.776l$		$0.736l$
（2次）	$0.132l$　$0.868l$　$0.5l$	$0.560l$	$0.446l$　$0.853l$
（3次）	$0.094l$　$0.644l$　$0.356l$　$0.906l$	$0.384l$　$0.692l$	$0.308l$　$0.616l$　$0.898l$

となる．これに対するはりのモード関数は，式（5.50）から C_3 と C_4 を消去して $Y(x)$ を $Y_i(x)$ と書くと

$$Y_i(x)=C_1^{(i)}\{(\cos\beta_i x-\cosh\beta_i x)-\alpha_i(\sin\beta_i x-\sinh\beta_i x)\} \tag{5.67}$$

となる．ここで，式（5.63）より

$$\alpha_i=\frac{C_2^{(i)}}{C_1^{(i)}}=\frac{\cos\beta_i l-\cosh\beta_i l}{\sin\beta_i l-\sinh\beta_i l}=-\frac{\sin\beta_i l+\sinh\beta_i l}{\cos\beta_i l-\cosh\beta_i l}$$

$$\alpha_1=0.9825,\quad \alpha_2=1.0008,\quad \alpha_3=1.0000,\quad \alpha_i\cong(i\geqq4)$$

となる．振動数方程式の根 $\beta_i l(i=1\sim3)$ と固有振動モードを，表5.4に示す．式（5.67）の係数 $C_1^{(i)}$ は，モード関数 $Y_i(x)$ の直交条件式（5.78）の $i=j$ の場

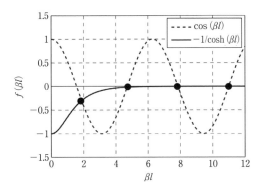

図5.11 式 (5.71) の図式解法による根の求め方

合から，$\cong 1/\sqrt{2}$ と決定される．

3) 一端固定・他端自由の場合

図5.9に示す固定端および自由端の境界条件 (1)，(3) より

$$\left.\begin{array}{ll} Y(0)=0, & Y'(0)=0 \\ Y''(l)=0, & Y'''(l)=0 \end{array}\right\} \tag{5.68}$$

となる．式 (5.50)～式 (5.53) に，上の境界条件式 (5.68) を適用すると

$$\left.\begin{array}{l} C_1+C_3=0 \\ C_2+C_4=0 \\ -C_1 \cos \beta l - C_2 \sin \beta l + C_3 \cosh \beta l + C_4 \sinh \beta l=0 \\ C_1 \sin \beta l - C_2 \cos \beta l + C_3 \sinh \beta l + C_4 \cosh \beta l=0 \end{array}\right\} \tag{5.69}$$

第1式と第2式より $C_3=-C_1, C_4=-C_2$ となるので，第3式と第4式より

$$\begin{bmatrix} \cos \beta l + \cosh \beta l & \sin \beta l + \sinh \beta l \\ \sin \beta l - \sinh \beta l & -\cos \beta l - \cosh \beta l \end{bmatrix} \begin{Bmatrix} C_1 \\ C_2 \end{Bmatrix} = \begin{Bmatrix} 0 \\ 0 \end{Bmatrix} \tag{5.70}$$

となる．$C_1=C_2=0$ 以外の解をもつためには係数行例式$=0$ になる必要がある．したがって，その行列式を展開して整理すると，次の振動数方程式を得る．

$$1+\cos \beta l \cosh \beta l=0 \tag{5.71}$$

上式は式 (5.64) と同様な超越方程式であり，その根 βl は図5.11に示すように2本の曲線の交点（●）であり，数値計算により最初の4根は

$$\beta_1 l=1.875, \quad \beta_2 l=4.694, \quad \beta_3 l=7.855, \quad \beta_4 l=10.996 \tag{5.72}$$

となる．式 (5.59) における $\omega_i=\beta_i{}^2 c^2$ より1次から4次固有角振動数は

表5.5　はりの曲げ振動における1次から $n(\geqq 4)$ 次までの固有角振動数

固有角振動数　$\omega_i = (\beta_i l)^2 \sqrt{\dfrac{EI}{\rho A l^4}} = \dfrac{(\beta_i l)^2}{l^2} \sqrt{\dfrac{EI}{\rho A}}$　$(i = 0 \sim n)$

境界条件*	0次モード	1次モード	2次モード	3次モード	n次モード
	$\beta_0 l$	$\beta_1 l$	$\beta_2 l$	$\beta_3 l$	$\beta_n l$
1　支持-支持	—	π	2π	3π	$n\pi$
2　固定-固定†	—	4.730	7.853	10.996	$\cong (2n+1)\pi/2$
3　固定-自由	—	1.875	4.694	7.855	$\cong (2n-1)\pi/2$
4　自由-自由†	0	4.730	7.853	10.996	$\cong (2n+1)\pi/2$
5　固定-支持‡	—	3.927	7.069	10.210	$\cong (4n+1)\pi/4$
6　支持-自由‡	0	3.927	7.069	10.210	$\cong (4n+1)\pi/4$

*境界条件（2と4）†と境界条件（5と6）‡でのはりの固有角振動数は1次から高次モードまで同一であるが，対応する固有振動モードは異なる（表5.4参照）。$n(\geqq 4)$ 次モードの解 $\beta_n l$ は，境界条件1を除いては近似解である。

$$\omega_1 = \left(\frac{1.875}{l}\right)^2 \sqrt{\frac{EI}{\rho A}}, \ \omega_2 = \left(\frac{4.694}{l}\right)^2 \sqrt{\frac{EI}{\rho A}}, \ \omega_3 = \left(\frac{7.855}{l}\right)^2 \sqrt{\frac{EI}{\rho A}}, \ \omega_4 = \left(\frac{10.996}{l}\right)^2 \sqrt{\frac{EI}{\rho A}}$$

$$(5.73)$$

となる。これに対するはりのモード関数は式（5.50）から C_3 と C_4 を消去して，$Y(x)$ を $Y_i(x)$ と書くと

$$Y_i(x) = C_1^{(i)}\{(\cos \beta_i x - \cosh \beta_i x) - \alpha_i(\sin \beta_i x - \sinh \beta_i x)\} \qquad (5.74)$$

となる。ここで，式（5.70）より

$$\alpha_i = \frac{C_2^{(i)}}{C_1^{(i)}} = \frac{\cos \beta_i l + \cosh \beta_i l}{\sin \beta_i l + \sinh \beta_i l} = -\frac{\sin \beta_i l - \sinh \beta_i l}{\cos \beta_i l + \cosh \beta_i l}$$

$\alpha_1 = 0.7341, \ \alpha_2 = 1.0185, \ \alpha_3 = 0.9992, \ \alpha_4 = 1.0000, \ \alpha_i \cong 1 (i \geqq 5)$

となる。振動数方程式の根 $\beta_i l (i = 1 \sim 3)$ と固有振動モードを，表5.4に示す。式（5.74）の係数 $C_1^{(i)}$ は，モード関数 $Y_i(x)$ の直交条件式（5.78）の $i = j$ の場合から，$\cong 1/\sqrt{2}$ と決定される。表5.4における振動数方程式の根から，6種類の境界条件における固有角振動数を表5.5にまとめて示す。4. 自由-自由と6. 支持-自由の2つの境界条件において，前者では並進および重心周りの回転の剛体モードが，後者では支持端周りの回転の剛体モードが存在することに注意されたい。

5.3.3 自由振動―初期値問題

はりの自由曲げ振動の一般解 $y(x, t)$ は,固有角振動数 ω_i とモード関数 $Y_i(x)$ が求まれば 式 (5.33) に基づいて無限個の固有振動モードの線形結合（重ね合わせ）として,次のように求まる.

$$y(x, t) = \sum_{i=1}^{\infty} Y_i(x)(A_i \cos \omega_i t + B_i \sin \omega_i t) \tag{5.75}$$

ここで,任意定数 A_i, B_i は初期条件より決定できる.いま初期条件として,初期たわみ分布と初期たわみ速度分布を次のような座標 x の関数として

$$y(x, 0) = f(x), \quad \frac{\partial y(x, 0)}{\partial t} = g(x) \tag{5.76}$$

とおくと,式 (5.74) より次のようになる.

$$\sum_{i=1}^{\infty} A_i Y_i(x) = f(x), \quad \sum_{i=1}^{\infty} B_i \omega_i Y_i(x) = g(x)$$

任意定数 A_i, B_i は,上式の両辺に $Y_j(x)$ を乗じ,$x = 0 \sim l$ まで積分すれば,はりのモード関数の直交性より,左辺は $i = j$ の項だけが残る.したがって

$$\left.\begin{aligned} A_i &= \frac{\int_0^l f(x) Y_i(x) \mathrm{d}x}{\int_0^l Y_i{}^2(x) \mathrm{d}x} \quad (i = 1, 2, \cdots) \\[2mm] B_i &= \frac{\int_0^l g(x) Y_i(x) \mathrm{d}x}{\omega_i \int_0^l Y_i{}^2(x) \mathrm{d}x} \quad (i = 1, 2, \cdots) \end{aligned}\right\} \tag{5.77}$$

と求まる.上式を式 (5.75) へ代入すれば,自由振動の一般解 $y(x, t)$ を得る.ただし,式 (5.77) の導出ではモード関数の間に,次のような直交性があることを利用している.

$$\int_0^l Y_i(x) Y_j(x) \mathrm{d}x = \begin{cases} 0 & (i \neq j) \\ l/2 & (i = j) \end{cases} \tag{5.78}$$

この直交性を証明してみよう.相異なる固有角振動数 ω_i, ω_j に対応するモード関数を Y_i, Y_j とすれば式 (5.49) より,それぞれ

$$\frac{\mathrm{d}^4 Y_i}{\mathrm{d}x^4} - \beta_i{}^4 Y_i = 0, \quad \frac{\mathrm{d}^4 Y_j}{\mathrm{d}x^4} - \beta_j{}^4 Y_j = 0$$

が成立するので,上式の第 1 式に Y_j,第 2 式に Y_i を乗じて $x = 0 \sim l$ まで積分

し，第1式より第2式を引けば

$$\int_0^l (Y_i''' Y_j - Y_j''' Y_i)\mathrm{d}x - (\beta_i^4 - \beta_j^4)\int_0^l Y_i Y_j \,\mathrm{d}x = 0 \tag{5.79}$$

となる．ここで $Y^{(n)} = \mathrm{d}^n Y/\mathrm{d}x^n$ と表している．上式の左辺の第1項に対して2回の部分積分（付録A2）を行うと

$$\left[Y_i''' Y_j - Y_i'' Y_j' - Y_j''' Y_i + Y_j'' Y_i' \right]_0^l + \int_0^l \left(Y_i'' \, Y_j'' - Y_j'' \, Y_i'' \right)\mathrm{d}x = 0 \tag{5.80}$$

となるので，これは図5.9に示す境界条件（固定端，支持端，自由端）の任意の組合せに対して，上式の第1項＝0また第2項＝0となるからである．したがって，式（5.79）の第2項において，$\beta_i \neq \beta_j$ なので

$$\int_0^l Y_i(x) Y_j(x) \,\mathrm{d}x = 0 \quad (i \neq j)$$

となり，モード関数の直交性（5.78）が証明された．

例題 5.2　図5.12のように初期たわみ＝0で，両端単純支持はりの全長 l にわたって，一定の初期たわみ速度 v_0 が作用する自由曲げ振動の一般解を求めよ．ただし，はりの断面積を A，曲げ剛性を EI，質量密度を ρ とする．

（解）　両端支持はりに対する固有角振動数 ω_i とモード関数 $Y_i(x)$ は，式（5.59）と式（5.60）から，それぞれ次のように与えられる．

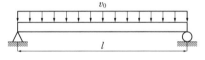

図5.12　一定の初期たわみ速度 v_0 が作用する両端単純支持はり

$$\omega_i = \beta_i^2 c^2 = \left(\frac{i\pi}{l}\right)^2 \sqrt{\frac{EI}{\rho A}} \quad (i=1, 2, \cdots) \tag{1}$$

$$Y_i(x) = C_2^{(i)} \sin \frac{i\pi x}{l}^* \quad (i=1, 2, \cdots) \tag{2}$$

初期条件は初期たわみ＝0，初期たわみ速度＝v_0 であるから，式（5.76）より

$$f(x) = 0, \quad g(x) = v_0 \tag{3}$$

となる．式（5.77）から任意定数 A_i, B_i を求めると

$$A_i = 0$$

$$B_i = \frac{2v_0}{l\omega_i}\int_0^l \sin \frac{i\pi x}{l}\mathrm{d}x = -\frac{2v_0}{l\omega_i}\frac{l}{i\pi}(\cos i\pi - 1) = \frac{4v_0 l^2}{(i\pi)^3}\sqrt{\frac{\rho A}{EI}} \quad (i=1, 3, 5\cdots) \tag{4}$$

---

* 　$Y_i(x)$ の係数 $C_2^{(i)}$ は直交条件式（5.78）の $i=j$ の場合から，1と決定される．

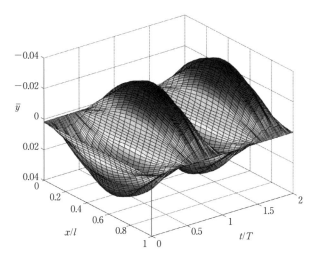

図 5.13 一定の初期速度 v_0 が作用する両端単純支持はりの自由曲げ振動波形
$(\bar{y}=y/(4v_0l^2\sqrt{\rho A/EI}),\quad T=2\pi/\omega_1,\quad \omega_1=$ 基本固有角振動数$)$

となる．したがって，はりの自由曲げ振動の一般解は，式（4）を式（5.75）に代入すると

$$y(x,t)=\sum_{i=1}^{\infty}Y_i(x)\cdot B_i\sin\omega_i t=4v_0l^2\sqrt{\frac{\rho A}{EI}}\sum_{i=1,3,5\cdots}^{\infty}\frac{1}{(i\pi)^3}\sin\frac{i\pi x}{l}\sin\omega_i t\quad(0\leqq x\leqq l)\quad(5)$$

となる．上式を無次元化して 2 周期（無次元）までのはりの自由曲げ振動波形（$i=5$ 次モードまでの和）を 3 次元表示すると，図 5.13 のようになる．

5.3.4 強制曲げ振動

はりの曲げ振動運動方程式（5.47）の強制振動の解を求めよう．いま強制振動の一般解 $y(x,t)$ と分布外力 $q(x,t)$ が，与えられた境界条件を満たす無限個のモード関数 $Y_i(x)\,(i=1,2,\cdots)$ の線形結合として展開できると仮定する．

$$\left.\begin{array}{l}y(x,t)=\sum\limits_{i=1}^{\infty}Y_i(x)T_i(t)\\[2mm]q(x,t)=\sum\limits_{i=1}^{\infty}Y_i(x)Q_i(t)\end{array}\right\}\qquad(5.81)$$

両式を運動方程式（5.47）に代入し，自由振動の式（5.49）を利用した後，両辺に $Y_j(x)$ を乗じて $x=0\sim l$ まで積分すれば，はりのモード関数の直交性（式

（5.78））より総和記号内の $i=j$ の項だけが残り

$$\rho A\left(\int_0^l Y_i{}^2(x)\mathrm{d}x\right)\cdot\ddot{T}_i(t)+EI\beta_i{}^4\left(\int_0^l Y_i{}^2(x)\mathrm{d}x\right)\cdot T_i(t)=\left(\int_0^l Y_i{}^2(x)\mathrm{d}x\right)\cdot Q_i(t)$$

となる．上式の両辺を ρA で除して $\omega_i{}^2=\beta_i{}^4 EI/\rho A$ とおいて整理すると，次のような非減衰強制振動の時間方程式を得る．

$$\ddot{T}_i(t)+\omega_i{}^2 T_i(t)=\frac{Q_i(t)}{\rho A}\quad(i=1,2,\cdots)\tag{5.82}$$

上式の右辺の一般化力 $Q_i(t)$ は，式（5.81）の第2式の両辺にに $Y_j(x)$ を乗じて $x=0\sim l$ まで積分すれば，はりのモード関数の直交性より $i=j$ の項だけが残り

$$Q_i(t)=\frac{\displaystyle\int_0^l q(x,t)Y_i(x)\mathrm{d}x}{\displaystyle\int_0^l Y_i{}^2(x)\mathrm{d}x}=\frac{2}{l}\int_0^l q(x,t)Y_i(x)\mathrm{d}x\quad(i=1,2,\cdots)\tag{5.83}$$

となる（上式の分母の積分は，モード関数 $Y_i(x)$ の直交条件式（5.78）から $l/2$ となる）．式（5.82）の時間方程式の一般解は，同次解とたたみ込み積分による特殊解（式（2.103）の第2項で，$\zeta=0, f(\tau)/m\to Q(\tau)/\rho A$ と置き換えた解）との和として次のように書ける．

$$T_i(t)=A_i\cos\omega_i t+B_i\sin\omega_i t+\frac{1}{\rho A\omega_i}\int_0^l Q_i(\tau)\sin\omega_i(t-\tau)\mathrm{d}\tau\quad(i=1,2,\cdots)$$

$$\tag{5.84}$$

上式を式（5.81）の第1式に代入すれば，はりの強制曲げ振動の完全解 $y(x,t)$ が次のような固有振動モードの重ね合わせとして求まる．

$$y(x,t)=\sum_{i=1}^\infty Y_i(x)\left[A_i\cos\omega_i t+B_i\sin\omega_i t+\frac{1}{\rho A\omega_i}\int_0^t Q_i(\tau)\sin\omega_i(t-\tau)\mathrm{d}\tau\right]$$

$$(0\leqq x\leqq l)\tag{5.85}$$

例題 5.3　図5.14のように両端支持はり（長さ l）上の任意の位置 $x=a$ に，$F_0\sin\omega t$ の集中外力が作用する場合の強制曲げ振動の一般解 $y(x,t)$ を求めよ．集中外力はデルタ関数を用いると，分布外力 $q(x,t)=F_0\delta(x-a)\sin\omega t$ と表せる．初期条件は，初期たわみ＝初期たわみ速度＝0とする．ただし，はりの断面積を A，曲げ剛性を EI，質量密度を ρ とする．

（解） 両端支持はりに対する固有角振動数 ω_i とモード関数 $Y_i(x)$ は，それぞれ式（5.59）と式（5.60）で与えられる．一般化力 $Q_i(t)$ は式（5.83）において，$q(x,t) = F_0\delta(x-a)\sin\omega t$ を代入すれば

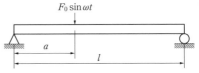

図 5.14 $x=a$ の点に $F_0\sin\omega t$ の集中外力が作用する両端単純支持はり

$$Q_i(t) = \frac{2}{l}\int_0^l q(x,t)Y_i(x)\mathrm{d}x = \frac{2}{l}\int_0^l F_0\delta(x-a)\cdot\sin\omega t\cdot Y_i(x)\mathrm{d}x$$
$$= \frac{2F_0}{l}Y_i(a)\sin\omega t = \frac{2F_0}{l}\sin\frac{i\pi a}{l}\sin\omega t \quad (i=1,2,\cdots) \tag{1}$$

と求まる．初期条件より $f(x)=g(x)=0$ となるので，式（5.77）から $A_i=B_i=0$ となる（自由振動の一般解=0）．式（1）を式（5.84）に代入して計算すると，$\omega_i \neq \omega$ のとき

$$T_i(t) = \frac{2F_0}{\rho Al}\sin\frac{i\pi a}{l}\frac{(\omega\sin\omega_i t - \omega_i\sin\omega t)}{\omega_i(\omega^2 - \omega_i{}^2)} \quad (i=1,2,\cdots) \tag{2}$$

を得る．したがって，曲げの振動の一般解は式（5.85）から

$$y(x,t) = \frac{2F_0}{\rho Al}\sum_{i=1}^{\infty}\sin\frac{i\pi x}{l}\sin\frac{i\pi a}{l}\frac{(\omega\sin\omega_i t - \omega_i\sin\omega t)}{\omega_i(\omega^2 - \omega_i{}^2)} \tag{3}$$

となる．上式を無次元化して2周期（無次元）までのはりの強制曲げ振動波形（$i=5$ 次モードまでの和）を3次元表示すると，図5.15のようになる．

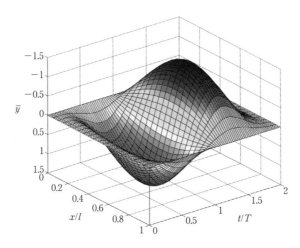

図 5.15 $x/l=a/l=0.3$ に集中外力が作用する両端単純支持はりの強制曲げ振動波形（$\bar{y}=y/(2F_0/\rho Al)$，$T=2\pi/\omega_1$，$\omega_1=$ 基本固有振動数）

################################ 5.4 固有角振動数の近似解法 ################################

　前節では，簡単な形状をした1次元連続体についての運動方程式を導き，固有角振動数や固有振動モードを求めたが，実際の振動問題においてこのような厳密解が得られることはきわめて少ない．なぜならば，連続体の断面形状（A, I）や材料定数（E, ρ）が位置により変化する場合が多いからである．そのような場合は，従来のような**厳密解**は得られないが，コンピュータによれば精密に求めることができる．実際の振動問題においては，最低次の固有角振動数（基本固有角振動数）のみがわかればよい場合が多いので，それを簡単に求めるための古典的な**レイリーの方法***について説明しよう．

　いま，減衰のない振動系の運動エネルギ T とポテンシャル・エネルギ U の和は，エネルギ保存の法則（2.2節）から一定となるから，T および U の最大値は等しくなる．すなわち

$$T_{\max} = U_{\max} \tag{5.86}$$

この関係に基づいて，固有角振動数を求めることができる．以下では，図5.8に示すはりの曲げ振動を例として取り上げる．はりの振動中の並進運動エネルギ T とポテンシャル・エネルギ U は，次のように表せる．

$$\left. \begin{aligned} T &= \frac{1}{2}\int_0^l \rho A\left(\frac{\partial y}{\partial t}\right)^2 \mathrm{d}x \\ U &= \frac{1}{2}\int_0^l \frac{M^2}{EI}\,\mathrm{d}x = \frac{1}{2}\int_0^l EI\left(\frac{\partial^2 y}{\partial x^2}\right)^2 \mathrm{d}x \end{aligned} \right\} \tag{5.87}$$

いま，はりのたわみを $y(x, t)$ として，次式を仮定する．

$$y(x, t) = Y_i(x)\sin\omega_i t \tag{5.88}$$

ここで，$Y_i(x)$ と ω_i は i 次のモード関数と固有角振動数である．上式を式（5.87）に代入してそれぞれの最大値を求めると，次のようになる．

$$\left. \begin{aligned} T_{\max} &= \frac{\omega_i{}^2}{2}\int_0^l \rho A\, Y_i{}^2(x)\mathrm{d}x \\ U_{\max} &= \frac{1}{2}\int_0^l EI\{Y_i''(x)\}^2 \mathrm{d}x \end{aligned} \right\} \tag{5.89}$$

---

*　多自由度集中定数系や無限自由度を有する連続体に対するエネルギ保存の法則の一つ．

表5.6 ポテンシャル・エネルギと運動エネルギの表現

振動系	ポテンシャル・エネルギ U	運動エネルギ T
1. ばね-質量系の単振動 (2.1 節)	$\dfrac{1}{2}kx^2$	$\dfrac{1}{2}m\Big(\dfrac{\mathrm{d}x}{\mathrm{d}t}\Big)^2$
2. 弦の横振動 (5.2 節)	$\dfrac{1}{2}\displaystyle\int_0^l T\Big(\dfrac{\partial y}{\partial x}\Big)^2\mathrm{d}x$	$\dfrac{1}{2}\displaystyle\int_0^l \rho'\Big(\dfrac{\partial y}{\partial t}\Big)^2\mathrm{d}x$
3. 棒の縦振動 (5.2 節)	$\dfrac{1}{2}\displaystyle\int_0^l EA\Big(\dfrac{\partial u}{\partial x}\Big)^2\mathrm{d}x$	$\dfrac{1}{2}\displaystyle\int_0^l \rho A\Big(\dfrac{\partial u}{\partial t}\Big)^2\mathrm{d}x$
4. 軸のねじり振動 (5.2 節)	$\dfrac{1}{2}\displaystyle\int_0^l GI_p\Big(\dfrac{\partial \theta}{\partial x}\Big)^2\mathrm{d}x$	$\dfrac{1}{2}\displaystyle\int_0^l \rho I_p\Big(\dfrac{\partial \theta}{\partial t}\Big)^2\mathrm{d}x$
5. はりの曲げ振動 (5.3 節)	$\dfrac{1}{2}\displaystyle\int_0^l EI\Big(\dfrac{\partial^2 y}{\partial x^2}\Big)^2\mathrm{d}x$	$\dfrac{1}{2}\displaystyle\int_0^l \rho A\Big(\dfrac{\partial y}{\partial t}\Big)^2\mathrm{d}x$

式 (5.86) に基づいて上の2つの式を等値すれば, i 次の固有角振動数

$$\omega_i{}^2 = \frac{\displaystyle\int_0^l EI\{Y_i''(x)\}^2\mathrm{d}x}{\displaystyle\int_0^l \rho A\,Y_i{}^2(x)\mathrm{d}x} : \text{レイリー商} \qquad (5.90)$$

が得られ, 右辺を**レイリー商**と呼ぶ. 真のモード関数 $Y_i(x)$ がわかれば, 上式から固有角振動数が厳密に決定できる. しかし, いまの場合, 真のモード関数 $Y_i(x)$ は未知であるので, **近似関数**を仮定する必要がある. この近似関数としては, 境界条件を満足する関数であれば任意の関数でよいが, その選び方により得られる固有角振動数の精度が決まる. 通常は, 静的たわみ曲線が**幾何学的(変位)境界条件**(たわみ, たわみ角)と**力学的(外力)境界条件**[*](せん断力, モーメント)のうちの多くの境界条件を満足するので, 1次のモード関数としてよく採用される. 少なくとも幾何学的(変位)境界条件を満足するモード関数を用いると, 式 (5.90) は基本固有角振動数の**上界**を与えることが知られている. 上に述べたレイリーの方法は, 他の振動系においても同様に適用できる. 集中定数系(ばね-質量系)を含めて1次元の連続体の振動に対する T および U を表す式を, 表5.6にまとめて示しておく.

例題 5.4 図 5.16 の両端固定のはり(長さ l)の曲げ振動の基本固有角振動数 ω_1 を, モード関数として静的たわみ曲線を $Y_1(x)=C\{1-\cos(2\pi x/l)\}$ (C:定数)と仮定してレイリーの方法により求めよ. ただし, はりの EI, ρA は一定とする.

---

[*] 自然境界条件ともいう.

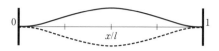

図5.16　両端固定はりの曲げ振動に対して仮定したモード関数 $Y_1(x)$ の形状

(**解**)　与えられたモード関数 $Y_1(x)$ から

$$Y_1'(x)=C\frac{2\pi}{l}\sin\left(\frac{2\pi x}{l}\right), \quad Y_1''(x)=C\left(\frac{2\pi}{l}\right)^2\cos\left(\frac{2\pi x}{l}\right)$$

となるので，式 (5.89) より

$$T_{\max} \text{ の積分項} \quad \int_0^l Y_1^2(x)\mathrm{d}x=C^2\int_0^l\left\{1-\cos\left(\frac{2\pi x}{l}\right)\right\}^2\mathrm{d}x=C^2\frac{3l}{2} \tag{1}$$

$$U_{\max} \text{ の積分項} \quad \int_0^l\{Y_1''(x)\}^2\mathrm{d}x=C^2\left(\frac{2\pi}{l}\right)^4\int_0^l\cos^2\left(\frac{2\pi x}{l}\right)\mathrm{d}x=C^2\left(\frac{2\pi}{l}\right)^4\left(\frac{l}{2}\right) \tag{2}$$

となる．式 (1)，(2) のいずれの積分計算においても，$\cos^2$ 関数を倍角の公式（付録A2）によって，次数を下げる必要がある．基本固有角振動数 ω_1 は，レイリー商の公式 (5.90) に上式を代入すると

$$\omega_1{}^2=\frac{EI\times\text{式}(2)}{\rho A\times\text{式}(1)}=\frac{EIC^2(2\pi/l)^4(l/2)}{\rho AC^2(3l/2)}=\frac{16\pi^4}{3}\frac{EI}{\rho Al^4} \tag{3}$$

すなわち

$$\omega_1=\frac{4\pi^2}{\sqrt{3}\,l^2}\sqrt{\frac{EI}{\rho A}}=\frac{22.79}{l^2}\sqrt{\frac{EI}{\rho A}} \tag{4}$$

となる．表5.5から両端固定はりの曲げ振動の基本固有角振動数 ω_1 の厳密解は $(22.37/l^2)\sqrt{EI/\rho A}$ となるので，レイリーの方法による式 (4) の近似解は，約2%大きい．レイリーの方法による近似解は常に厳密解（真の解）よりも大きい解を与えることが，理論的に証明されている．

注)　使用したモード関数 $Y_1(x)$ は，両端固定はりの境界条件，すなわち式 (5.61)

$$Y_1(0)=0, \quad Y_1'(0)=0, \quad Y_1(l)=0, \quad Y_1'(l)=0$$

を完全に満たしている．

[演習問題5]

5.1　次のような境界条件をもつ棒の縦振動における基本固有角振動数 $\omega_1(\mathrm{rad/s})$ を求めよ．ただし，長さ $l=500$ cm，質量密度 $\rho=8000$ kg/m³，縦弾性率 $E=2.1\times10^5$ N/mm²(210 GPa) とする．

(1) 両端固定，　(2) 両端自由，　(3) 一端固定・他端自由

5.2　図 5.17 に示すように長さ l の弦の中央に集中質量 m を付ける．この弦の横振動における固有角振動数を求める振動数方程式を導け．ただし，弦に作用する一定の張力を T，その線密度を ρ' とする．

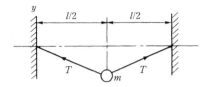

図5.17　中央に集中質量 m をもつ両端固定の弦の横振動

5.3　図 5.18 に示すように棒の軸心に沿って断面積 $A(x)$ が変化するとき，この棒の縦振動の固有角振動数を求める振動数方程式を導け．ただし，棒の縦弾性率を E，質量密度を ρ とする．断面積の変化は $A(x)=Ae^{-2ax}\,(\alpha>0)$ とする．

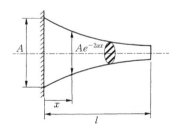

図5.18　断面積が軸に沿って変化する一端固定・他端自由の棒の縦振動

5.4　図 5.19 に示すように，軸の一端が固定で自由端に慣性モーメント J の円板がつけられている．軸の横弾性率 G，断面 2 次極モーメント I_p とするとき，ねじり振動の固有角振動数を求める振動数方程式を導け．

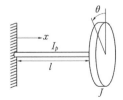

図5.19　一端が固定され，他端に円板をもつ軸のねじり振動

5.5 図5.20のような一端固定・他端自由の軸において，初期ねじり角変位分布 $\theta(x)=(\theta_0/l)x$ のように線形に与えて，静かに放した．このときの自由ねじり振動の一般解 $\theta(x, t)$ を求めよ．

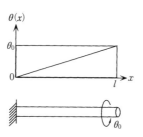

図5.20 初期ねじり角変位分布をもつ一端固定・他端自由の軸のねじり振動

5.6 次のような境界条件をもつはりの曲げ振動の基本固有角振動数 ω_1 (rad/s) を求めよ．ただし，長さ $l=500$ cm，質量密度 $\rho=8000$ kg/m^3，縦弾性率 $E=2.1\times10^5$ N/mm^2 (210 GPa)，断面形状は長方形（幅 $b=20$ cm，高さ $h=10$ cm）である．その断面2次モーメントは $I=bh^3/12$ で与えられる．

(1) 両端固定，(2) 両端自由，(3) 一端固定・他端自由はり（片持ち）

5.7 一端固定・他端支持のはりの曲げ振動における固有角振動数とモード関数を求めよ（5.3.2項参照）．

5.8 両端固定はりの曲げ振動における基本固有角振動数 ω_1 の近似解を，レイリーの方法で求める場合，次の3つのモード関数 $Y_1(x)$ の中で最も適しているのはどれか．そのときの基本固有角振動数 ω_1 の近似値を求めよ．

(1) $Y_1(x)=Cx(l-x)$,　(2) $Y_1(x)=C\sin\dfrac{\pi x}{l}$,　(3) $Y_1(x)=C\left(1-\cos\dfrac{2\pi x}{l}\right)$

5.9 一端固定・他端自由（片持ち）はりの曲げ振動におけるモード関数を $Y_1(x)=C\{1-\cos(\pi x/2l)\}$ と仮定するとき，基本固有角振動数 ω_1 の近似解をレイリーの方法によって求めよ．

5.10 問題5.9において，一端固定・他端自由（片持ち）はりの曲げ振動におけるモード関数を $Y_1(x)=C\{(x/l)^4-4(x/l)^3+6(x/l)^2\}$ と仮定するとき，基本固有角振動数 ω_1 の近似解をレイリーの方法によって求めよ．

第 5 章の公式のまとめ	式番号
先端に集中質量 m をもつ片持ち棒の縦振動の 1 次固有角振動数の近似解	
第 1 次近似解　$\omega=\dfrac{c}{l}\sqrt{\dfrac{\rho A_0 l}{m}}=\sqrt{\dfrac{EA_0}{lm}}=\sqrt{\dfrac{k}{m}}$,　$k=\dfrac{EA_0}{l}$（軸剛性）	(13)
第 2 次近似解　$\omega=\sqrt{\dfrac{EA_0}{l}\dfrac{1}{m+\rho A_0 l/3}}=\sqrt{\dfrac{k}{m+\rho A_0 l/3}}$	(15)
弦の強制横振動の一般解 $$\frac{\partial^2 y}{\partial t^2}=c^2\frac{\partial^2 y}{\partial x^2}+\frac{q(x,t)}{\rho'} \quad \text{ここで} \quad c=\sqrt{\frac{T}{\rho'}}$$	(5.2)
$$y(x,t)=\sum_{i=1}^{\infty}X_i(x)\Big[A_i\cos\omega_i t+B_i\sin\omega_i t+\frac{1}{\rho'\omega_i}\int_0^t Q_i(\tau)\sin\omega_i(t-\tau)\mathrm{d}\tau\Big]$$ ここで，A_i, B_i は初期条件から決定される任意定数，$X_i(x)$ は境界条件を満足するモード関数，$Q_i(\tau)$ は $q(x,t)$ による一般化力.	(5.42)
はりの強制曲げ振動の一般解 $$\frac{\partial^2 y}{\partial t^2}+c^4\frac{\partial^4 y}{\partial x^4}=\frac{q(x,t)}{\rho A} \quad \text{ここで} \quad c^4=\frac{EI}{\rho A}$$	(5.47)′
$$y(x,t)=\sum_{i=1}^{\infty}Y_i(x)\Big[A_i\cos\omega_i t+B_i\sin\omega_i t+\frac{1}{\rho A\omega_i}\int_0^t Q_i(\tau)\sin\omega_i(t-\tau)\mathrm{d}\tau\Big]$$ $$(0\leq x\leq l)$$ ここで，A_i, B_i は初期条件から決定される任意定数，$Y_i(x)$ は境界条件を満足するモード関数，$Q_i(\tau)$ は $q(x,t)$ による一般化力.	(5.85)
レイリー商（はりの曲げ振動の i 次の固有角振動数 ω_i の近似解） $$\omega_i{}^2=\int_0^l EI\{Y_i''(x)\}^2\mathrm{d}x\Big/\int_0^l \rho A\,Y_i{}^2(x)\mathrm{d}x$$ ここで，$Y_i(x)$ は境界条件を満足するように仮定したモード関数.	(5.90)

6 | 振動の計測と制御

　振動データを計測するためのサイズモ系の原理と振動ピックアップ（振動信号変換器），および測定したデータから相関関数と，スペクトル密度を求める方法について述べる．また，センサによる測定値に基づいて振動を抑制するために，第2章で取り扱った1自由度ばね-質量-ダッシュポット系の強制変位振動理論に基づいて，受動制御方法と能動制御方法の基本的な原理を説明する．

6.1 振動の計測

　回転機械や工作機械などが，設計どおり仕上がっているかどうかを調査するため振動の大きさを評価することは重要である．したがって，発生する振動を計測し，振動の大きさ，発生原因および振動が伝わる経路を明確にすることが**振動の計測**の主要な目的になる．実験データは，**振動ピックアップ**と呼ばれる**センサ**により加速度や変位および圧力などを電気信号に変換してから，いろいろな測定装置に取り込まれ記録される．その後，記録されたデータを必要に応じて処理することが必要になる．そのためには，使用する測定機器の仕様や測定データの処理方法を十分知っておくことが重要であるので，ここでは計測の立場から基本的な事項について述べる．

　計測した振動の振幅が大きく対策が必要なときは，おのおのの機械装置に応じた防振（制振）対策をとることが重要になる．その対策には大きく分けて，系の設計を変更して剛性や質量を変える場合と，系の構造はそのままにして振動を抑えるために外部から制御を与える方法がある．ここでは振動の制御について，系内部の減衰要素を調整して振動を小さくする**受動制御**，および外部からエネルギを与えて振動を抑える**能動制御**について述べる．

$$\cdots\cdots\cdots\cdots\cdots\cdots\cdots\cdots \boxed{6.2} \quad \textbf{サイズモ系の原理} \cdots\cdots\cdots\cdots\cdots\cdots\cdots$$

　振動測定はその測定物の近くに固定されて動かない点（不動点）があれば，それを基準にして非常に簡単に行える（**絶対固定面系**）．しかし，一般にはそのようなことは期待できないので，大部分は**サイズモ系**と呼ばれる装置を用いて行っている．サイズモ系の構造は図6.1に示すように，剛体枠に取り付けられたばね（k），質量（m），減衰要素（c）からなり，測定物に固定し測定を行う．この質量 m の上下運動を考えよう．静止座標系から見た質量の**絶対変位**を x，測定面に対する質量の**相対変位**を z とすれば，$z=x-y$（y：測定物の上下変位）の関係がある．したがって，運動方程式は次のように書ける．

$$m\ddot{x}=-k(x-y)-c(\dot{x}-\dot{y}) \tag{6.1}$$

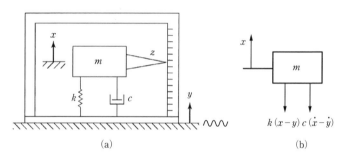

図6.1　サイズモ系の（a）力学モデルと（b）自由物体線図

上式の相対変位を $z=x-y$ を代入して変形すると

$$m(\ddot{z}+\ddot{y})+c\dot{z}+kz=0$$

となる．いま測定物が $y(t)=Y\sin\omega t$ のような調和変位振動をしていると仮定すれば，$\ddot{y}(t)=-\omega^2 Y\sin\omega t$ となるから上式に代入すると，質量の相対変位 z で表示した運動方程式

$$m\ddot{z}+c\dot{z}+kz=m\omega^2 Y\sin\omega t \tag{6.2}$$

となる．上式の両辺を m で除して式（2.24）のように変形すると

$$\ddot{z}+2\zeta\omega_n\dot{z}+\omega_n^2 z=\omega^2 Y\sin\omega t \tag{6.3}$$

上式の減衰強制振動の特殊解を，式（2.60）により

$$z(t) = C \cos \omega t + D \sin \omega t \tag{6.4}$$

とおき，2.5 節の係数比較法により解を求める．式 (6.3) と式 (2.72) を比較すると，$F_0/m = \omega^2 Y$ となるため，2.6.1 項の手順に従って任意定数 C, D が簡単に次のように求まる．

$$C = \omega^2 Y \frac{(-2\zeta\omega_n\omega)}{(\omega^2{}_n - \omega^2)^2 + (2\zeta\omega_n\omega)^2} = \frac{-2\zeta(\omega/\omega_n)(\omega/\omega_n)^2 Y}{\{1 - (\omega/\omega_n)^2\}^2 + \{2\zeta(\omega/\omega_n)\}^2}$$

$$D = \omega^2 Y \frac{(\omega^2{}_n - \omega^2)}{(\omega^2{}_n - \omega^2)^2 + (2\zeta\omega_n\omega)^2} = \frac{\{1 - (\omega/\omega_n)^2\}(\omega/\omega_n)^2 Y}{\{1 - (\omega/\omega_n)^2\}^2 + \{2\zeta(\omega/\omega_n)\}^2}$$

したがって，式 (6.4) の三角関数を合成すると，強制振動の特殊解（定常振動の解）が次のように導出できる．

$$z(t) = Z \sin(\omega t - \phi) = \frac{(\omega/\omega_n)^2 Y}{\sqrt{\{1 - (\omega/\omega_n)^2\}^2 + \{2\zeta(\omega/\omega_n)\}^2}} \sin(\omega t - \phi) \quad (6.5)$$

ここで，位相遅れ角 ϕ は調和外力励振の場合の式 (2.72) と同じく次式で与えられる．

$$\phi = \tan^{-1} \frac{2\zeta(\omega/\omega_n)}{1 - (\omega/\omega_n)^2} \quad (0 \leq \phi \leq \pi) \tag{6.6}$$

いま式 (6.5) の変位振幅を等値して Z/Y について解くと，相対変位振幅倍率（相対変位伝達率）は次のようになる．

$$M_D = \frac{Z}{Y} = \frac{(\omega/\omega_n)^2}{\sqrt{\{1 - (\omega/\omega_n)^2\}^2 + \{2\zeta(\omega/\omega_n)\}^2}} \tag{6.7}$$

相対変位に対する式 (6.7) の振幅倍率 M_D と式 (6.6) の位相遅れ角 ϕ を，

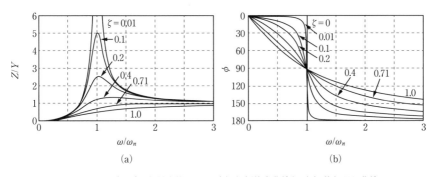

図 6.2　サイズモ系の相対変位による (a) 振幅倍率曲線と (b) 位相遅れ曲線

減衰比 ζ をパラメータとして振動数比（ω/ω_n）に対して描くと，図6.2のようになる．2.6節の調和変位励振の場合の絶対変位座標 x で表示した振幅倍率曲線と位相遅れ曲線（図2.29（a），（b））の特性との違いに注意されたい．

上の振幅倍率曲線と位相遅れ曲線の特徴をまとめると，次のようになる．

1) $\omega/\omega_n=0$ のとき，$M_D=0$，$\phi=0°$ となる

2) $\omega/\omega_n\rightarrow 0$ のとき，$M_D\rightarrow(\omega/\omega_n)^2$，$\phi=0°$（同位相）となる（加速度計の原理）

3) $\omega/\omega_n=1$ のとき，$M_D=1/2\zeta$，$\phi=90°$（ζ に無関係）となる

4) $\omega/\omega_n\rightarrow\infty$ のとき，$M_D\rightarrow 1$，$\phi\rightarrow 180°$（逆位相）となる（変位振動計の原理）

5) $\zeta>1/\sqrt{2}=0.707$ のときには，M_D の極大値は存在しない（共振しない）

6) M の極大値は $\omega/\omega_n=1/\sqrt{1-2\zeta^2}$（共振振動数比）のとき生じ，$M_p$ と ϕ の値は次式で与えられる．

$$M_p=\frac{1}{2\zeta\sqrt{1-\zeta^2}},\quad \phi=\tan^{-1}\left(-\frac{\sqrt{1-2\zeta^2}}{\zeta}\right)\quad(0<\zeta<1/\sqrt{2})$$

7) 減衰のない（$\zeta=0$）とき

$$M_D=\frac{(\omega/\omega_n)^2}{|1-(\omega/\omega_n)^2|},\quad \phi=0°\quad(0<\omega/\omega_n<1),\quad \phi=180°\quad(1<\omega/\omega_n)$$

となり，$\omega/\omega_n=1$ では M_D は無限大になり，ϕ は瞬時に180°だけ遅れる（図2.23（b）の位相遅れ曲線を参照）．

6.2.1　変位振動計の原理

変位振動計あるいは**地震計**は，振動する測定物の変位を測定する測定器である．図6.2（a）から $M=Z/Y\rightarrow 1$ のとき（$\omega/\omega_n\gg 1$ で $\phi=180°$），式（6.5）は

$$z(t)=Y\sin(\omega t-180°)=-Y\sin\omega t=-y(t) \tag{6.8}$$

となり，相対変位 $z(t)$ は測定物の振動変位 $y(t)$ と同一で，ただ位相が反転（位相遅れが180°）しているにすぎない．変位記録の時間の遅れは，$t=\pi/\omega$ だけである．$Z/Y\rightarrow 1$ となるには，変位振動計の固有角振動数 ω_n を測定物の励振振動数 ω よりも十分に小さくする必要がある（$\omega/\omega_n\gg 1$）．変位振動計の固有角振動数は $\omega_n=\sqrt{k/m}$ であるから，質量 m を大きくばね定数 k を小さくすればよい．変位振動計の減衰を考慮すると，適用範囲が改善される．図6.2

（a）の振幅倍率曲線から，例として $Z/Y \fallingdotseq 1 \pm 0.01$（誤差 1 %）が成立するためには，$\zeta = 0.71$ にとれば振動数比の有効範囲は $\omega/\omega_n > 2.7$ となる．変位振動計の減衰比は，通常 $\zeta = 0.7$ 近くに設定されている．

6.2.2 加速度計の原理

加速度計は，振動する測定物の加速度を記録する測定器であり，一般に広く使用されている．記録された加速度を時間積分すれば，速度，変位を知ることができる．式（6.5）から次の関係

$$z(t) = Z \sin(\omega t - \phi) \tag{6.9}$$

を用いて，上式を時間 t について 2 回微分すると

$$\ddot{z}(t) = -\omega^2 Z \sin(\omega t - \phi) = -\omega^2 z(t) \tag{6.10}$$

となる．上式の両辺に $(\omega_n/\omega)^2$ を乗じた後，式（6.5）を代入すれば

$$-\omega_n^2 z(t) = \frac{1}{\sqrt{\{1-(\omega/\omega_n)^2\}^2 + \{2\zeta(\omega/\omega_n)\}^2}}\{-\omega^2 Y \sin(\omega t - \phi)\} \tag{6.11}$$

となる．上式の右辺の $-\omega^2 Y \sin(\omega t - \phi)$ を測定物の加速度 $\ddot{y}(t) = -\omega^2 Y \sin \omega t$ と比較すると，位相角が ϕ（式（6.6））だけ遅れた（時間遅れは $t = \phi/\omega$）加速度を与えている．この加速度振幅を $\ddot{Y}$ と表すと，式（6.11）から次式を得る．

$$\frac{-\omega_n^2 Z}{\ddot{Y}} = \frac{1}{\sqrt{\{1-(\omega/\omega_n)^2\}^2 + \{2\zeta(\omega/\omega_n)\}^2}} = M_A \tag{6.12}$$

もし加速度が単一の調和振動成分からなるとき，この時間遅れは重要ではない．式（6.12）の左辺を M_A（相対加速度振幅倍率）とおいて振動数比 ω/ω_n に対して図示すると，図 6.3 のようになる．$M_A \to 1$ となるためには，加速度計の固有角振動数 $\omega_n = \sqrt{k/m}$ を，測定物の励振振動数 ω よりも十分に大きくする必要がある（$\omega/\omega_n \ll 1$）．すなわち，変位振動計とは反対に質量 m を小さく，ばね定数 k を大きくすればよい．これにより計測器が小型になるため，加速度計が振動計測によく使用される．たとえば，$M_A \fallingdotseq 1 \pm 0.01$（誤差 1 %）が成立するためには，$\zeta = 0.71$ にとれば振動数比の有効範囲は $0 < \omega/\omega_n < 0.38$ となる．

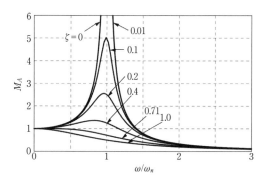

図 6.3 加速度計の相対加速度振幅倍率曲線

例題 6.1 変位振動計（固有振動数 $f_n=5\,\mathrm{Hz}$，減衰比 $\zeta=0.7$）により変位測定を行うとき，3%の誤差まで許すと測定できる最低の振動数 f はいくらか.

（解） 式 (6.7) の相対変位振幅倍率 M_D について考えると，-3% の誤差から

$$M_D=\frac{Z}{Y}=\frac{(\omega/\omega_n)^2}{\sqrt{\{1-(\omega/\omega_n)^2\}^2+\{2\zeta(\omega/\omega_n)\}^2}}=0.97 \tag{1}$$

とおける（図 6.2 (a) から減衰比 $\zeta=0.7$ のときは，$+3\%$（$M_D=1.03$）の誤差はとれないことがわかる）.式 (1) の両辺を 2 乗して変形すると，次式を得る.

$$(\omega/\omega_n)^4=0.97^2[\{1-(\omega/\omega_n)^2\}^2+\{2\zeta(\omega/\omega_n)\}^2] \tag{2}$$

上式に $\zeta=0.7$ を代入後，展開して (ω/ω_n) について整理すると

$$0.059(\omega/\omega_n)^4+0.0376(\omega/\omega_n)^2-0.941=0 \tag{3}$$

となる.$(\omega/\omega_n)^2$ に関する 2 次方程式の解の公式により上式を解くと，$(\omega/\omega_n)^2=3.685$ を得る.したがって $\omega/\omega_n=f/f_n=1.92$ となるので，測定できる最低の振動数は

$$f=1.92\times f_n=1.92\times 5=9.6\,\mathrm{Hz}$$

となる（有効範囲 $\omega/\omega_n>1.92$）.

例題 6.2 加速度計（固有振動数 $f_n=55\,\mathrm{Hz}$，減衰比 $\zeta=0$）により振動数 $f=3\,\mathrm{Hz}$ の単振動を測定すると，相対変位振幅 $Z=50\,\mu\mathrm{m}$ が記録された.この振動の加速度の最大値を求めよ.

（解） 振動数比 $=\omega/\omega_n=f/f_n=3/55$，固有角振動数 $\omega_n=2\pi f_n=110\pi$，$\zeta=0$，$Z=$

50×10^{-6}m を，式 (6.12) に代入すると

$$M_A = \frac{-\omega_n{}^2 Z}{\ddot{Y}} = \frac{1}{\sqrt{\{1-(\omega/\omega_n)^2\}^2 + \{2\zeta(\omega/\omega_n)\}^2}} = \frac{1}{1-(3/55)^2} = 1.003$$

となり，上式から加速度は次のように求まる．

$$\ddot{Y} = -(110\pi)^2\, 50 \cdot 10^{-6}/1.003 = -5.95 \quad [\text{m/s}^2]$$

6.3 振動ピックアップ

サイズモ系の原理を利用した振動ピックアップで，現在広く利用されているものは，圧電形，動電形，ひずみ計形，サーボ形加速度計などである．以下にその特徴と原理を述べよう．

(1) 圧電形加速度計（数 Hz〜数 10 kHz）

チタン酸バリウムセラミックや水晶などは圧力を加えると，圧力に比例した起電力を生じる．このような圧電現象を生じる素子のことを**圧電素子**という．この構造は図6.4に示すように，圧電素子をサイズモ振動系のばねに対応させる．その場合，素子のばね定数は非常に高いので，質量による慣性力を電気信号に変換させて加速度を測定する．圧電素子は強誘電体でありその電極間でコンデンサを形成する．したがって，圧力が変換される信号は電荷であるので，電圧に変換するには電荷増幅器（チャージアンプ）を利用すればよい．

圧電形加速度計は現在最も広く普及しており，振動計測のほとんどの場合これが用いられている．そのために種々の特性をもった加速度計が市販されている．特徴としては比較的小形軽量であり，**ダイナミックレンジ***が広く高周波

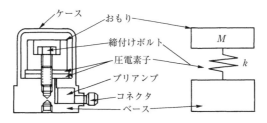

図6.4 圧電形加速度計の構造とそのモデル化

---

*　飽和や歪みなく線形性が保たれて計測できる最大信号と最小信号の比（dB で表示）．

領域の振動測定が可能である．ただし，5 Hz 以下のような低周波領域の測定
は雑音の影響などにより正確な測定が困難であることや，サイズモ振動系に利
用したピックアップ自身の質量が測定データに影響を与えてしまう欠点があ
る．

(2) 動電形加速度計（DC～数 100 Hz）

図6.5に示すように永久磁石を質量として，それが振動することによりコイル
との間に速度に比例する起電力が発生することを原理としている．発生する電力
が大きく自己発電形なので，付属の増幅器などに安価なものを用いることができ
る．磁石，コイル，弾性要素（ばね）を組み込むために小形軽量化が困難であ
り，高周波領域の測定が制限されるという欠点があるため最近は使用される割合
が減っているが，圧電形に比較して低周波領域の振動は精度よく測定できる．

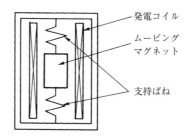

図 6.5 動電形加速度計の構造

(3) ひずみ計形加速度計（DC～数 kHz）

質量を支える弾性要素に**ひずみゲージ**を取り付けて，加速度により生じる質
量の慣性力をひずみゲージの出力として測定する．その構造は図6.6に示すよ
うに，ブリッジ回路によりひずみゲージの抵抗変化を検出する．以前は抵抗線

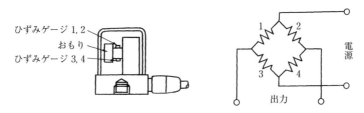

図 6.6 ひずみ計形加速度計の構造

ひずみゲージが用いられていたが，最近では半導体ひずみゲージが用いられるようになっており，小形軽量化が図られている．また，かなり低い周波数*の振動も測定できるが，ダイナミックレンジは狭く衝撃に弱い欠点がある．

(4) サーボ形加速度計（DC〜数 100 Hz）

質量の振動応答により変位を検出し，サーボ機構により質量を常に一定の平衡位置に保つように電流をフィードバックして復原力を発生させるものであり，フィードバック電流が測定する加速度に比例している．その構造を図 6.7 に示す．小さい加速度に関しても測定でき，高精度で安定性もよい．ただし，装置自体が大きなものとなるので，上限の周波数は数十〜数百 Hz の範囲であまり高い周波数は測定できない．

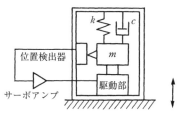

図 6.7 サーボ形加速度計の構造

6.4 データ処理

振動測定を行い得られた変位，速度，加速度などの振動波形をみて振動特性がわかることは非常にまれであるので，得られたデータに何らかの統計処理をして現象をとらえやすい形にする必要がある．近年の電子計測機器の発達に伴って，**フーリエ変換**などの面倒な解析が簡単にかつ高精度で行えるようになっている．振動波形の解析は，コンピュータの普及とともに連続的なアナログ波形を直接処理するよりも，サンプリング（一定時間間隔の分割）して離散化したデジタル波形を用いて処理することが一般的となってきた．

---

* 電気振動で使用される用語で，機械振動における振動数と同意語．

6.4.1　サンプリングと周波数分解能

　加速度計などにより計測された振動波形は，信号解析装置内により，まず，**A/D 変換器**により**アナログ信号**から**デジタル信号**へと変換される．そのとき，振動波形に含まれる最高周波数 f_{max}（ナイキスト周波数）と**サンプリング周期** Δt との間には，次の関係が成立する必要がある．

$$\Delta t \leq \frac{1}{2f_{max}} \quad \text{（サンプリング定理）} \tag{6.13}$$

　サンプリング周期がこの条件を満たさない場合には，図6.8のような**エイリアシング（折り返し雑音）**という現象を生じて正しい周波数分析ができなくなる．たとえば，実際の 80 Hz の調和振動を $\Delta t=0.01$ s でサンプリングすると，その周波数分析結果は，80 Hz の成分が 50 Hz（式（6.13）による計算）で折り返され，$100-80=20$ Hz の位置に架空の成分が生じる．その対策として，測定した信号を AD 変換する前に**ローパスフィルタ**＊を通すことにより，サンプリング周期で決まる最高周波数 f_{max} より高周波の信号成分を除去してやればよい．

　データの記録時間 T が与えられると，それよりも長い周期をもつ周波数成分を検出することはできないから，最低周波数は $1/T=\Delta f$ によって決まる．この周波数が分解できる 2 つの周波数の最小の間隔となるので，必要な周波数分解能によってデータの記録時間 T が決定される．実際の信号処理装置では，その記憶容量の制約から取り込めるデータ個数 N が固定されてしまうので，f_{max} からサンプリング周期 Δt を決めれば，**周波数分解能** $\Delta f=1/(N\Delta t)$ が決ま

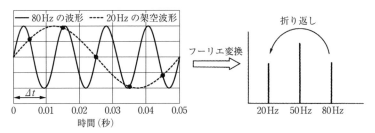

図6.8　エイリアシング（折り返し雑音）

＊　ある遮断周波数よりも高い周波数成分を逓減させるフィルタ．

ってしまう. たとえば, $N=2^5=1024$, $\Delta t=0.5\,\text{ms}(f_{\max}=1/2\,\Delta t=1\,\text{kHz})$ であれば $\Delta f=1/(N\Delta t)\fallingdotseq 2\,\text{Hz}$ となるので, これ以上分解能は上げられない.

6.4.2 自己相関関数とパワースペクトル密度

時間領域のデータ $x(t)$ を**周波数領域**のデータ $X(f)$ に変換するためには, 第1章で述べたフーリエ変換を用いる. 図 6.9(a) に示すように時間区間 $[-T/2, T/2]$ において

$$x_T(t)=\begin{cases}x(t) & |t|\leq T/2 \\ 0 & |t|>T/2\end{cases} \tag{6.14}$$

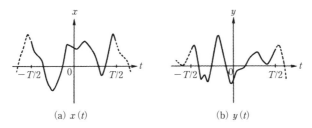

(a) $x(t)$ (b) $y(t)$

図 6.9 区間 $(-T/2,\ T/2)$ で与えられる2つの不規則振動過程 $x(t),\ y(t)$

と与える関数 $x_T(t)$ を導入する. このとき $T\to\infty$ で $x_T(t)\to x(t)$ であると考えられる. この $x_T(t)$ のフーリエ変換は次式で与えられる.

$$X_T(f)=\int_{-\infty}^{\infty}x_T(t)e^{(-j2\pi ft)}\mathrm{d}t \tag{6.15}$$

また, 周波数(f)領域のデータから時間(t)領域のデータへの変換には, 次のような**逆フーリエ変換**を用いる.

$$x_T(t)=\int_{-\infty}^{\infty}X_T(f)e^{(j2\pi ft)}\mathrm{d}f \tag{6.16}$$

式 (6.15), 式 (6.16) を離散形で表すと, それぞれ次のようになる.

$$X_N(f_k)=\Delta t\sum_{n=-N/2}^{N/2-1}x_N(t_n)\exp\left(-j\frac{2\pi}{N}kn\right) \tag{6.17}$$

$$x_N(t_k)=\frac{1}{N\Delta t}\sum_{n=-N/2}^{N/2-1}X_N(f_n)\exp\left(j\frac{2\pi}{N}kn\right) \tag{6.18}$$

ここで, $f_k=k/(N\Delta t)$, $t_k=k\Delta t$, $T=N\Delta t(k=0,1,\cdots,N-1)$. さて, 時刻 t と

それより時間 τ だけ隔たった $x_T(t)$ と $x_T(t+\tau)$ の積の時間平均を**自己相関関数**といい，次式

$$R_x(\tau)=\lim_{T\to\infty}\frac{1}{T}\int_{-T/2}^{T/2}x_T(t)x_T(t+\tau)\,\mathrm{d}t=\lim_{T\to\infty}\frac{1}{T}\int_{-\infty}^{\infty}x_T(t)x_T(t+\tau)\,\mathrm{d}t \quad (6.19)$$

で定義する．この関数は2点間の相関の度合いを表し，$\tau=0$ で最大となり τ が大きくなるにつれて小さくなる．また $R_x(\tau)=R_x(-\tau)$ より偶関数である．この自己相関関数 $R_x(\tau)$ を式（6.15）によりフーリエ変換すると

$$\int_{-\infty}^{\infty}R_x(\tau)e^{(-j2\pi f\tau)}\,\mathrm{d}\tau$$

$$=\lim_{T\to\infty}\frac{1}{T}\int_{-\infty}^{\infty}x_T(t)e^{(j2\pi ft)}\,\mathrm{d}t\,\int_{-\infty}^{\infty}x_T(t+\tau)e^{\{-j2\pi f(t+\tau)\}}\,\mathrm{d}(t+\tau)$$

$$=\lim_{T\to\infty}\frac{1}{T}X_T(-f)X_T(f)=\lim_{T\to\infty}\frac{1}{T}|X_T(f)|^2 \quad (6.20)$$

となる*．ここで上式から

$$S_x(f)=\lim_{T\to\infty}\frac{1}{T}|X_T(f)|^2 \quad (6.21)$$

とおいて，$S_x(f)$ を**パワースペクトル密度（2乗平均スペクトル密度）**という．これによって式（6.20）より，パワースペクトル密度は次のように書ける．

$$S_x(f)=\int_{-\infty}^{\infty}R_x(\tau)e^{(-j2\pi f\tau)}\,\mathrm{d}\tau=2\int_0^{\infty}R_x(\tau)\cos(2\pi f\tau)\,\mathrm{d}\tau \quad (6.22)$$

逆フーリエ変換の定義より，上式の自己相関関数は

$$R_x(\tau)=\int_{-\infty}^{\infty}S_x(f)\,e^{(j2\pi f\tau)}\,\mathrm{d}f=2\int_0^{\infty}S_x(f)\cos(2\pi f\tau)\,\mathrm{d}f \quad (6.23)$$

となる．パワースペクトル密度 $S_x(f)$ と自己相関関数 $R_x(\tau)$ とは互いにフーリエ変換の対となっている．この関係を**ウィナー・ヒンチンの関係**と呼ぶ．自己相関関数とパワースペクトル密度との関係を表すと，図6.10のようになる．式（6.21），式（6.23）を離散化すると，それぞれ次のように表せる．

$$S_x(f_k)=\frac{1}{N\Delta t}|X_N(f_k)|^2 \quad (6.24)$$

$$R_x(\tau_m)=\frac{2}{N\Delta t}\sum_{k=0}^{N/2-1}S_x(f_k)\cos\left(\frac{2\pi}{N}km\right) \quad (6.25)$$

---

* $X_T(f)$ と $X_T(-f)$ は共役複素数の関係にある．

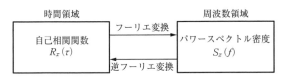

図 6.10 自己相関関数 $R_x(\tau)$ とパワースペクトル密度 $S_x(f)$ の関係

$$m = 0, 1, 2, \cdots, N-1$$

式（6.23）において $\tau = 0$，式（6.25）において $m = 0$ とおけば，$x(t)$ の 2 乗平均値となり，次の関係を得る．

$$R_x(0) = \overline{x^2(t)} = \lim_{T \to \infty} \frac{1}{T} \int_{-\infty}^{\infty} x^2(t)\, \mathrm{d}t = \int_{-\infty}^{\infty} S_x(f)\, \mathrm{d}f \tag{6.26}$$

パワースペクトル密度 $S_x(f)$ の物理的意味は，各周波数における振幅の 2 乗平均に相当し，そのような周波数成分がどのような強度で分布するかを示す．したがって，調和振動のように，振動エネルギが離散的に集中して存在し，それ以外の周波数成分のところでは存在しない．一方，連続的な周波数成分をもつ不規則振動が観察される場合には，パワースペクトル密度 $S_x(f)$ を求めると，その振動の性質やその原因を追究するのに役立つ．

6.4.3 相互相関関数とクロススペクトル密度

図 6.9 のように，時間区間 $[-T/2, T/2]$ で与えた 2 つの不規則振動過程 $x_T(t)$，$y_T(t)$ のフーリエ変換を $X_T(f)$，$Y_T(f)$ とする．すなわち式（6.15）の定義式から

$$X_T(f) = \int_{-\infty}^{\infty} x_T(t) e^{(-j2\pi ft)} \mathrm{d}t, \quad Y_T(f) = \int_{-\infty}^{\infty} y_T(t) e^{(-j2\pi ft)} \mathrm{d}t$$

いま時間差 τ だけ隔たった $x_T(t)$ と $y_T(t+\tau)$ の積の時間平均で定義される**相互相関関数**は，次式で表される．

$$R_{xy}(\tau) = \lim_{T \to \infty} \frac{1}{T} \int_{-T/2}^{T/2} x_T(t) y_T(t+\tau)\, \mathrm{d}t = \lim_{T \to \infty} \frac{1}{T} \int_{-\infty}^{\infty} x_T(t) y_T(t+\tau)\, \mathrm{d}t \tag{6.27}$$

上式の相互相関関数をフーリエ変換すると，式（6.20）から

$$S_{xy}(f) = \int_{-\infty}^{\infty} R_{xy}(\tau) e^{(-j2\pi f\tau)} \mathrm{d}\tau = \lim_{T \to \infty} \frac{1}{T} X_T(f) Y_T(f) \tag{6.28}$$

となる．これを**クロススペクトル密度**という．上式の逆フーリエ変換より

図 6.11　相互相関関数 $R_{xy}(\tau)$ とクロススペクトル密度 $S_{xy}(f)$ の関係

$$R_{xy}(\tau) = \int_{-\infty}^{\infty} S_{xy}(f) e^{(j2\pi f\tau)} \mathrm{d}f \qquad (6.29)$$

となる．相互相関関数とクロススペクトル密度との関係を表すと，図 6.11 のようになる．式 (6.28)，式 (6.29) をそれぞれ離散化して表すと次のようになる．

$$S_{xy}(f_k) = \frac{1}{N\Delta t} X_N(-f_k)\, Y_N(f_k) \qquad (6.30)$$

$$R_{xy}(\tau_m) = \frac{1}{N\Delta t} \sum_{k=-N/2}^{N/2-1} S_{xy}(f_k)\exp\left(j\frac{2\pi}{N}km \right) \qquad (6.31)$$

$$m = -N, \cdots, -1,\ 0,\ 1, \cdots, N-1$$

例題 6.3　振動波形のデジタル解析を行う際に，解析の最高周波数を 1000 Hz とするとき A/D 変換のサンプリング周期 Δt はいくらにすればよいか．また，データ数 $N=1024$ 個のとき周波数分解能 Δf は何 Hz になるか．

（解）　式 (6.13) よりサンプリング周期は，$\Delta t = 1/(2f_{\max}) = 5\times10^{-4}$ s である．また，データ数 $N=1024$ なので，周波数分解能は $\Delta f = 1/(N\Delta t) = 1.95$ Hz となる．

例題 6.4　正弦波 $x(t) = A \sin(2\pi ft - \theta)$ の自己相関関数 $R_x(\tau)$ を求めよ．

（解）　式 (6.19) から

$$
\begin{aligned}
R_x(\tau) &= \lim_{T\to\infty} \frac{1}{T} \int_{-T/2}^{T/2} A\sin(2\pi ft - \theta)A\sin\{2\pi f(t+\tau) - \theta\}\, \mathrm{d}t \\
&= \lim_{T\to\infty} \frac{A^2}{2T} \int_{-T/2}^{T/2} \{\cos 2\pi f\tau - \cos(4\pi ft + 2\pi f\tau - 2\theta)\}\, \mathrm{d}t \\
&= \frac{1}{2}A^2\cos 2\pi f\tau - \lim_{T\to\infty} \frac{A^2}{2T} \int_{-T/2}^{T/2} \cos(4\pi ft + 2\pi f\tau - 2\theta)\, \mathrm{d}t = \frac{1}{2}A^2\cos 2\pi f\tau
\end{aligned}
$$

上式の計算では，三角関数の積から和への変換公式（付録 A2）を使用している．上記の正弦波形と自己相関関係の比較を，図 6.12 に示す．この自己相関関数は位相

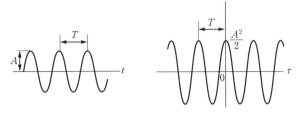

図6.12 正弦波形とその自己相関関数の比較

角 θ とは無関係で元の正弦波形と等しい振動数をもち，$\tau=0$（縦軸）に関して対称（偶関数）である．

$$x(t)=A \sin (2\pi ft-\theta), \qquad R_x(\tau)=\frac{A^2}{2} \cos 2\pi f\tau$$

例題6.5　白色雑音（ホワイトノイズ）* の自己相関関数 $R_x(\tau)$ は，$D\delta(\tau)$ で与えられる．このパワースペクトル密度 $S_x(f)$ を求めよ．ただし，$D>0$，$\delta(\tau)$ はデルタ関数である．

（解） 式（6.22）と式（2.97）のデルタ関数の性質から

$$S_x(f)=\int_{-\infty}^{\infty} D\,\delta(\tau) \exp (-j2\pi f\tau)\mathrm{d}\tau=D \exp (0)=D \quad （一定）$$

6.5 振動の受動制御

図6.13のように自動車（質量 m，懸架装置の等価ばね定数 k，等価減衰係数 c）が振幅 Y，波長 L の正弦波状に変化する凹凸路面上を走行する場合に，その振動を制御する問題について考えてみよう．自動車が一定速度 v で走行するとき，路面から受ける強制変位 $y(t)$ の励振振動数は $\omega=2\pi/T=2\pi/(L/v)$ となるので

$$y(t)=Y \sin\omega t=Y \sin\left(\frac{2\pi v}{L}\right)t \tag{6.32}$$

で表される．自動車の上下方向の運動方程式は，自由物体線図より

---

*　あらゆる周波数成分を一様に含む不規則信号．

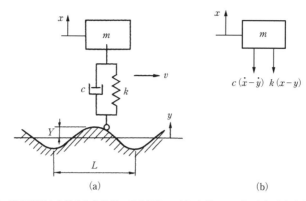

図6.13 凹凸路面を走行する自動車の受動制御の（a）力学モデルと（b）自由物体線図

$$m\ddot{x}=-c\,(\dot{x}-\dot{y})-k(x-y)$$

となり，変形すると

$$m\ddot{x}+c\dot{x}+kx=c\dot{y}+ky \tag{6.33}$$

となる．上式の右辺に式（6.32）を代入して，両辺を m で除して式（2.24）のように変形すると，次式を得る．

$$\ddot{x}+2\zeta\omega_n\dot{x}+\omega_n^2x=2\zeta\omega_n\omega Y\cos\omega t+\omega_n^2Y\sin\omega t \tag{6.34}$$

上式の減衰強制振動の特殊解（定常振動の解）$x_p(t)$ は，2.6節の式（2.88）より

$$x_p(t)=\frac{\sqrt{1+\{2\zeta(\omega/\omega_n)\}^2}\,Y}{\sqrt{\{1-(\omega/\omega_n)^2\}^2+\{2\zeta(\omega/\omega_n)\}^2}}\sin(\omega t-\phi) \tag{6.35}$$

となる．ここで位相遅れ角 ϕ は，式（2.92）と同じである．変位振幅比 X/Y すなわち**変位振幅倍率** M_D は

$$M_D=\frac{X}{Y}=\frac{\sqrt{1+\{2\zeta(\omega/\omega_n)\}^2}}{\sqrt{\{1-(\omega/\omega_n)^2\}^2+\{2\zeta(\omega/\omega_n)\}^2}} \tag{6.36}$$

となる．上式 M_D は式（2.91）の M と同一であり，減衰比 ζ をパラメータとして振動数比 ω/ω_n に対して図示すると，図6.14となる．M_D を減少させるためには $\omega/\omega_n<\sqrt{2}$ のときは ζ を大きく，$\omega/\omega_n>\sqrt{2}$ のときは，ζ を小さくとればよい．$\omega/\omega_n=1$ のときの自動車の走行速度

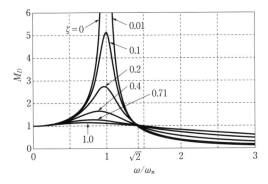

図 6.14 受動制御における自動車の変位振幅倍率曲線

$$v_c = \frac{L\omega_n}{2\pi} \tag{6.37}$$

を，**危険速度**という．この速度に達すると，自動車は凹凸路面と変位共振を起こす．一方，自動車の**乗り心地**は加速度の大きさによって考える場合が多いので，式 (6.35) を時間 t について 2 回微分して $x_p(t)$ の加速度を求めると

$$\ddot{x}_p(t) = -\frac{\omega^2\sqrt{1+\{2\zeta(\omega/\omega_n)\}^2}\ Y}{\sqrt{\{1-(\omega/\omega_n)^2\}^2+\{2\zeta(\omega/\omega_n)\}^2}}\ \sin(\omega t - \phi) \tag{6.38}$$

となる．上式から**加速度振幅倍率** M_A は

$$M_A = -\frac{\ddot{X}}{\omega_n^2 Y} = \frac{(\omega/\omega_n)^2\sqrt{1+\{2\zeta(\omega/\omega_n)\}^2}}{\sqrt{\{1-(\omega/\omega_n)^2\}^2+\{2\zeta(\omega/\omega_n)\}^2}} \tag{6.39}$$

となり，これを図示すると図 6.15 となる．この図より M_A を減少させるためには，M_D と同じことがいえる．すなわち，$\omega/\omega_n < \sqrt{2}$ では ζ の値を大きく，$\omega/\omega_n > \sqrt{2}$ では ζ を十分小さくすればよい．しかし，$\omega/\omega_n = 1$（共振点）付近では M_A はきわめて高いピーク値をとることになる（加速度共振を起こす）．実際の凹凸路面から受ける強制変位の励振振動数は，この例のようにただ 1 つの振動数成分を含むのではなく，低振動数から高振動数までの広範な振動数成分を含むので，ζ をあまり小さくとることはできない．特に，高速運転（$\omega/\omega_n \to$ 大）の場合は凹凸路面から受ける強制変位の励振振動数成分の領域が広がるため，ばね定数 k や減衰比 ζ を変えるだけでは振動制御が容易でない．通常は質量 m が与えられて，ばね定数 k と減衰比 ζ の値を設計するが，

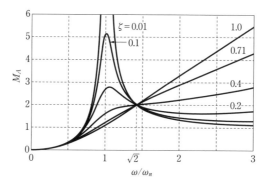

図 6.15　受動制御における自動車の加速度振幅率曲線

このように単に内部要素の変数を変える振動の制御方法を**受動制御**という.

例題 6.6　図 6.13 において凹凸路面が波長 $L=6$ m, 振幅 $Y=0.01$ m とするとき, 自動車が時速 $v=80$ km/h で走行中の変位振幅 X はいくらか. ただし, 自動車の質量 $m=1007$ kg, 懸架装置の等価ばね定数 $k=4\times10^5$ N/m, 等価減衰係数 $c=2\times10^4$ Ns/m とする.

(解)　凹凸路面からの強制変位の励振振動数 ω は, 路面の波長 L と自動車の走行速度 v から

$$\omega=\frac{2\pi v}{L}=\frac{2\pi}{6}\left(\frac{80\cdot1000}{3600}\right)=23.27 \quad \text{rad/s} \tag{1}$$

となる. 一方, 自動車の固有角振動数 ω_n は式 (2.5) から

$$\omega_n=\sqrt{\frac{k}{m}}=\sqrt{\frac{4\times10^5}{1007}}=19.93 \quad \text{rad/s} \tag{2}$$

となる. 振動数比と減衰比は定義式 (2.25) から

$$\frac{\omega}{\omega_n}=\frac{23.27}{19.93}=1.17, \qquad \zeta=\frac{c}{2\sqrt{mk}}=\frac{2\times10^4}{2\sqrt{1007\cdot4\times10^5}}=0.498 \tag{3}$$

と求まる. したがって, 変位振幅倍率 M_D の式 (6.36) より変位振幅 X は

$$X=Y\frac{\sqrt{1+\{2\zeta(\omega/\omega_n)\}^2}}{\sqrt{\{1-(\omega/\omega_n)^2\}^2+\{2\zeta(\omega/\omega_n)\}^2}}=0.01\frac{\sqrt{1+(2\cdot0.498\cdot1.17)^2}}{\sqrt{(1-1.17^2)^2+(2\cdot0.498\cdot1.17)^2}}$$
$$=0.0126 \quad \text{m} \tag{4}$$

となる. 以上から, 自動車が時速 $v=80$ km/h で走行中の変位振幅は $X=0.0126$ m

となり，凹凸路面の変位振幅 Y の 1.26 倍に増幅される．

図 6.15 の調和変位励振に対する受動制御における加速度振幅倍率曲線から，低速から高速運転の広い範囲において，乗り心地に関係する自動車の加速度を下げることが困難であることがわかった．それに対して**能動制御**では，外部より制御エネルギを供給して振動制御を行う．図 6.16 は凹凸路面を走行する自動車の振動の能動制御系を示しており，この系は**加速度センサ，コントローラ，圧力制御バルブ，アクチュエータ***からなる．加速度センサは自動車の加速度 $\ddot{x}$ を測定し，それを積分して速度 $\dot{x}$，変位 x を得る．これらの変数より制御信号を作る装置がコントローラである．この信号により圧力制御バルブを開閉させてアクチュエータを動かし**制御力** f_a を

$$f_a = -a\dot{x} - bx \tag{6.40}$$

のように発生させる（PD 制御）．ここで a は**微分ゲイン**（人工減衰係数），b は**比例ゲイン**（人工剛性）を表す．このような制御方式を図のようにダッシュ

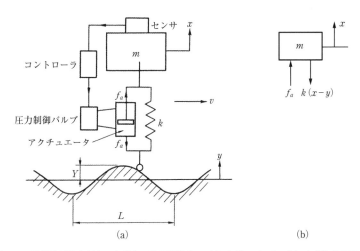

図 6.16　凹凸路面を走行する自動車の能動制御系の（a）力学モデルと（b）自由物体線図

---

*油圧や電動モータによりエネルギを並進や回転運動に変換する駆動装置．

ポットの代わりに用いたときの自動車の運動方程式は，路面の強制変位を y とすると，自由物体線図から次のようになる．

$$m \ddot{x} = -k(x-y) - a\dot{x} - bx \tag{6.41}$$

上式の両辺を m で除して式 (2.24) のように変形すると

$$\ddot{x} + 2\zeta_a \omega_a \dot{x} + \omega_a^2 x = \omega_n^2 y \tag{6.42}$$

となる．ここで

$\zeta_a = a/2\sqrt{m(k+b)}$：**有効減衰比**，　$\omega_a = \sqrt{(k+b)/m}$：**有効固有角振動数**

$\omega_n = \sqrt{k/m}$：自動車の固有角振動数，　$y(t) = Y\sin \omega t$：地面からの調和変位励振

上式の減衰強制振動の特殊解（定常振動の解）$x_p(t)$ は式 (6.3) において $z \to x$，$\zeta \to \zeta_a$，$\omega_n \to \omega_a$ と置き換えて解けば，式 (6.5) と同様の解が得られる．

$$x_p(t) = \frac{(\omega_n/\omega_a)^2 Y}{\sqrt{\{1-(\omega/\omega_a)^2\}^2 + \{2\zeta_a(\omega/\omega_a)\}^2}} \sin(\omega t - \phi) \tag{6.43}$$

ここで，位相遅れ角 ϕ は式 (6.6) と同じである．また加速度は，上式を時間 t について 2 回微分して次のように得られる．

$$\ddot{x}_p(t) = -\frac{\omega_n^2(\omega/\omega_a)^2 Y}{\sqrt{\{1-(\omega/\omega_a)^2\}^2 + \{2\zeta_a(\omega/\omega_a)\}^2}} \sin(\omega t - \phi) \tag{6.44}$$

いま能動制御と受動制御の性能を比較しやすくするために，比例ゲイン $b=0$ とおく．このとき能動制御系は，図 6.17 に示すように自動車を架空の線で上からダンパで吊り上げたような状態になるので，この能動制御を**スカイフック・ダンパ制御**という．調和変位励振による減衰強制振動の特殊解 $x_p(t)$ の変位振幅倍率 M_D は，$\omega_a = \omega_n$ となるため，式 (6.43) から

$$M_D = \frac{X}{Y} = \frac{1}{\sqrt{\{1-(\omega/\omega_n)^2\}^2 + \{2\zeta_a(\omega/\omega_n)\}^2}} \tag{6.45}$$

となる．これを図示すると図 6.18 のようになり，図 6.3 と一致する．この図から有効減衰比 $\zeta_a (= a/2\sqrt{mk})$ を大きくとれば，どのような振動数比 ω/ω_n の範囲においても，M_D を減少させることができることがわかる．

一方，減衰強制振動の特殊解 $x_p(t)$ の加速度振幅倍率 M_A は，式 (6.44) で $\omega_a = \omega_n$ とおくと

$$M_A = -\frac{\ddot{X}}{\omega_n^2 Y} = \frac{(\omega/\omega_n)^2}{\sqrt{\{1-(\omega/\omega_n)^2\}^2 + \{2\zeta_a(\omega/\omega_n)\}^2}} \tag{6.46}$$

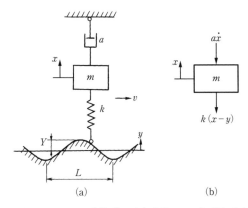

図6.17 スカイフック・ダンパ制御系の (a) 力学モデルと (b) 自由物体線図

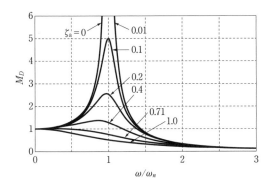

図6.18 能動制御における自動車の変位振幅倍率曲線

となる．これを図示すると，図6.19のようになり図6.2 (a) と一致する．この図から，どのような振動数比 ω/ω_n の範囲においても，有効減衰比 ζ_a を大きくとれば，M_A を減少させることができることがわかる．

以上から，能動制御では受動制御より変位振幅倍率 M_D（$\omega/\omega_n > 1$ で）および加速度振幅倍率 M_A（$\omega/\omega_n < 1$ で）が小さくなるため，凹凸路面から受ける励振振動数 ω に対して適切な有効固有角振動数 ω_a と有効減衰比 ζ_a を選べば，自動車の上下振動を大幅に抑制することができる．比較のため，振動の受動制御と能動制御の長所と短所を，表6.1にまとめておく．

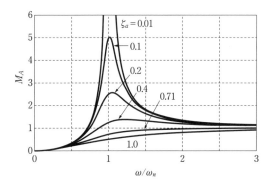

図6.19 能動制御における自動車の加速度振幅倍率曲線

表6.1 振動制御法における長所と短所

制御方式	構　造	費用と頑強性	減衰効果
受動制御	簡単（内部要素のみ）：ばね要素と減衰要素のみ	安価で頑丈	制御効果が限定的
能動制御	複雑（外部要素が必要）：加速度センサ，コントローラ，圧力制御バルブなど	高価で脆弱．エネルギの消費大	制御効果が大きい．乗り心地の向上

例題6.7 例題6.6の走行中の自動車の変位振幅倍率 M_D の最大値をスカイフック・ダンパ制御により $M_D = 1.2$ にするためには，固有角振動数 ω_n をいくらにすればよいか．ただし，車体が凹凸路面から受ける強制変位の励振振動数は，$\omega = 23.27 \,\text{rad/s}$ と一定とする．

（解） 式（6.45）の両辺を2乗して I とおく．

$$I = \frac{1}{\{1-(\omega/\omega_n)^2\}^2 + \{2\zeta_a(\omega/\omega_n)\}^2} \tag{1}$$

上式の最大値を求めるために，$\partial I/\partial(\omega/\omega_n)^2 = 0$ より

$$(\omega/\omega_n)^2 = 1-2\zeta_a \quad \text{すなわち} \quad \omega/\omega_n = \sqrt{1-2\zeta_a{}^2} \tag{2}$$

となる（ただし，$0 < \zeta_a < 1/\sqrt{2} = 0.707$）．式（2）を式（1）に代入すると

$$I_{\max} = \frac{1}{4\zeta_a{}^2(1-\zeta_a{}^2)} = 1.2^2 \quad \text{より} \quad 4\zeta_a{}^4 - 4\zeta_a{}^2 + \frac{1}{1.2^2} = 0 \tag{3}$$

となる．上式の $\zeta_a{}^2$ に関する2次方程式を解の公式により解くと

$$\zeta_a{}^2=0.224, \quad 0.776 \tag{4}$$

を得る．後者の解は $\zeta_a<1/\sqrt{2}=0.707$ の条件を満足しないので，前者を解として採用すると，振動数比は式（2）から

$$\omega/\omega_n=\sqrt{1-2\zeta_a{}^2}=\sqrt{1-2(0.224)}=0.743 \tag{5}$$

となり，上式より自動車の固有角振動数 ω_n は次のように求まる．

$$\omega_n=\omega/0.743=23.27/0.743=31.32 \quad \text{rad/s}$$

[演習問題 6]

6.1 固有振動数 $f_n=5\,\text{Hz}$ の減衰のない（減衰比 $\zeta=0$）変位振動計を用いて $f=15$ Hz の単振動を測定した．測定された相対変位振幅 $Z=150\,\mu\text{m}$ のとき，実際の正確な測定物の変位振幅 Y はいくらか．

6.2 固有振動数 $f_n=4\,\text{Hz}$，減衰比 $\zeta=0.6$ の変位振動計を用いて，$y(t)=350\sin 4\pi t$ $[\mu\text{m}]$ で単振動する測定物を測定するとき，どのような相対変位波形が得られるか式で答えよ．

6.3 固有振動数 $f_n=100\,\text{Hz}$ の減衰のない加速度計を用いて $f=15\,\text{Hz}$ の単振動を測定し，相対変位振幅 $Z=5\,\mu\text{m}$ が測定された．この振動の加速度の最大値を求めよ．

6.4 自己相関関数 $R_x(\tau)$ が表 6.2（左側）で与えられるとき，パワースペクトル密度 $S_x(f)$（右側）を定義式に従って求めよ．

表6.2　自己相関関数とパワースクトル密度の関係例

	$R_x(\tau)=\int_{-\infty}^{\infty}S_x(f)e^{j2\pi f t}\mathrm{d}f$	$S_x(f)=\int_{-\infty}^{\infty}R_x(\tau)e^{-j2\pi f \tau}\mathrm{d}\tau$
(1)		
(2)		
(3)		

6.5 振動波形のデジタル解析において，振動の周期が $T=0.1\,\mathrm{s}$ のときサンプリング周期 Δt を何秒以下にすればよいか．また，周波数分解能を $\Delta f \leq 0.1\,\mathrm{Hz}$ としたいとき，データ数 N は何個以上必要か．

6.6 時間領域のデータが $x(t_{-2})=1$，$x(t_{-1})=-1$，$x(t_0)=1$，$x(t_1)=1$ であるとき，周波数領域のデータをデータ数 $N=4$ の離散フーリエ変換により求めよ．ただし，サンプリング周期は $\Delta t=1$ とする．

6.7 正弦波形 $x(t)=A\sin(2\pi ft-\theta)$ と余弦波形 $x(t)=A\cos(2\pi ft-\theta)$ の相互相関関数 $R_{xy}(\tau)$ を求めよ．

6.8 図 6.13 において，凹凸路面の波長を $L=3\,\mathrm{m}$，自動車の走行速度を $v=36\,\mathrm{km/h}$ のとき，自動車の変位振幅倍率 M_D の最大値を 2 以下に抑えるためには，自動車の固有角振動数 ω_n と減衰比 ζ をいくらにすべきか．

6.9 例題 6.6 において，$m=300\,\mathrm{kg}$，$k=104\,\mathrm{kN/m}$ のとき，スカイフック・ダンパ制御により自動車の加速度振幅倍率 M_A の最大値を 1.5 以下に抑えるためには，式（6.40）における微分ゲイン a をいくらにすべきか．ただし，比例ゲイン $b=0$ とする．

6.10 図 6.16 の能動制御系で凹凸路面の波長を $L=3\,\mathrm{m}$，自動車の走行速度を $v=36\,\mathrm{km/h}$ とする．自動車の質量 $m=500\,\mathrm{kg}$，懸架装置の等価ばね定数 $k=30\,\mathrm{kN/m}$ のとき，微分ゲイン $a=2\,\mathrm{k\,Ns/m}$，比例ゲイン $b=6\,\mathrm{kN/m}$ としたときの変位振幅倍率 M_D を求めよ．

第 6 章の公式のまとめ	式番号
相対変位振幅倍率（相対変位伝達率）—変位振動計の原理 $$M_D = \dfrac{Z}{Y} = \dfrac{(\omega/\omega_n)^2}{\sqrt{\{1-(\omega/\omega_n)^2\}^2 + \{2\zeta(\omega/\omega_n)\}^2}} \qquad (\text{図 } 6.2\text{a})$$	(6.7)
相対加速度振幅倍率—加速度計の原理 $$M_A = \dfrac{-\omega_n{}^2 Z}{\ddot{Y}} = \dfrac{1}{\sqrt{\{1-(\omega/\omega_n)^2\}^2 + \{2\zeta(\omega/\omega_n)\}^2}} \qquad (\text{図 } 6.3)$$	(6.12)
サンプリング定理 $$\Delta t \leq \dfrac{1}{2 f_{\max}} \qquad (f_{\max}：ナイキスト周波数)$$	(6.13)
自己相関関数の定義式（$x_T(t)$：時間領域データ） $$R_x(\tau) = \lim_{T\to\infty} \dfrac{1}{T} \int_{-T/2}^{T/2} x_T(t) x_T(t+\tau)\mathrm{d}t = \lim_{T\to\infty} \dfrac{1}{T} \int_{-\infty}^{\infty} x_T(t) x_T(t+\tau)\mathrm{d}t$$	(6.19)
パワースペクトル密度（2 乗平均スペクトル密度） $$S_x(f) = \int_{-\infty}^{\infty} R_x(\tau) e^{(-j2\pi f\tau)} \mathrm{d}\tau = 2 \int_{0}^{\infty} R_x(\tau) \cos(2\pi f\tau)\mathrm{d}\tau$$	(6.22)
相互相関関数の定義式（$x_T(t),\ y_T(t)$：時間領域データ） $$R_{xy}(\tau) = \lim_{T\to\infty} \dfrac{1}{T} \int_{-T/2}^{T/2} x_T(t) y_T(t+\tau)\mathrm{d}t = \lim_{T\to\infty} \dfrac{1}{T} \int_{-\infty}^{\infty} x_T(t) y_T(t+\tau)\mathrm{d}t$$	(6.27)
クロススペクトル密度 $$S_{xy}(f) = \int_{-\infty}^{\infty} R_{xy}(\tau) e^{(-j2\pi f\tau)} \mathrm{d}\tau = \lim_{T\to\infty} \dfrac{1}{T} X_T(-f) Y_T(f)$$	(6.28)

振動の受動制御（調和変位励振を受ける1自由度減衰系モデル）

　変位振幅倍率　$M_D = \dfrac{X}{Y} = \dfrac{\sqrt{1 + \{2\zeta(\omega/\omega_n)\}^2}}{\sqrt{\{1 - (\omega/\omega_n)^2\}^2 + \{2\zeta(\omega/\omega_n)\}^2}}$　（図6.14）　(6.36)

　加速度振幅倍率　$M_A = -\dfrac{\ddot{X}}{\omega_n^2 Y} = \dfrac{(\omega/\omega_n)^2 \sqrt{1 + \{2\zeta(\omega/\omega_n)\}^2}}{\sqrt{\{1 - (\omega/\omega_n)^2\}^2 + \{2\zeta(\omega/\omega_n)\}^2}}$　(6.39)

（図6.15）

振動の能動制御（調和変位励振を受ける自動車の1自由度系スカイフック・ダンパーモデル）

　変位振幅倍率　$M_D = \dfrac{X}{Y} = \dfrac{1}{\sqrt{\{1 - (\omega/\omega_n)^2\}^2 + \{2\zeta_a(\omega/\omega_n)\}^2}}$　（図6.18）　(6.45)

　加速度振幅倍率　$M_A = -\dfrac{\ddot{X}}{\omega_n^2 Y} = \dfrac{(\omega/\omega_n)^2}{\sqrt{\{1 - (\omega/\omega_n)^2\}^2 + \{2\zeta_a(\omega/\omega_n)\}^2}}$　(6.46)

（図6.19）

7 振動のコンピュータ解法

　振動問題をコンピュータにより解くときは，振動系は多自由度系として考えるのが一般的である．そこで，運動方程式から導出される行列表示された固有値問題の解法，運動方程式の直接積分法および質量行列・剛性行列の作成法について説明する．さらに有限要素法による1次元部材の振動解析についても説明する．また，代表的な固有値解析と過渡応答解析法については，MATLABによる具体的な計算結果を紹介する．使用したMATLAB言語によるMファイルは共立出版のホームページに掲載している．

•••••••••••••••••••••••••••••• 7.1 　固有値問題の解析法 ••••••••••••••••••••••••••••••

　第4章の多自由度系の振動では，固有値と固有ベクトル（固有振動モード）について述べた．固有モードとは物体の振動の形であり，モード解析とはその固有振動モードを利用して，多自由度系の運動方程式を非連成化して解く方法である．モード解析の基礎になる固有ベクトルの直交性および重ね合わせ等の性質については，すでに第4章で説明した．すなわち，多自由度系のモード解析を行う場合，対象となる系の固有値と固有ベクトルを求める必要がある．固有値および固有ベクトルを求める数学問題を固有値問題といい，その解法については，種々の方法が提案されている．

　ここでは，固有値問題の解析法の基礎を理解するために代表的手法として，**行列式探索法**，**べき乗法**（行列反復法），**ヤコビ法**の3つの解法について述べる．

7.1.1　行列式探索法

　減衰のない n 自由度系の自由振動の運動方程式は式（4.31）から

$$[M]\{\ddot{x}\}+[K]\{x\}=\{0\} \qquad (7.1)$$

となる．上式の固有値 $\lambda=\omega^2$ を求めるためには，次の一般化固有値問題

$$([K]-\omega^2[M])\{X\}=0 \qquad (7.2)$$

を解く必要があることはすでに述べた（4.4.1項参照）．上式の係数行列式を
展開すると，固有値 $\lambda=\omega^2$ に関する n 次代数方程式（多項式）$f(\lambda)$ となる．
図7.1にそのグラフの1例を示す．**行列式探索法**は，あらかじめ根の探索領域
を設定し，その領域内を $\Delta\lambda$ で分割して，$f(\lambda)=0$ を満たす λ 値（根）を探
索する方法である．通常は，この $f(\lambda)=0$ を満たす根を解析的に解くことは
困難なので，$f(\lambda)$ の式値の符号の変化から，特定の区間内で根 λ を探索す
る．すなわち，$f(\lambda)$ の式値が同符号のとき，たとえば区間 $[\mu_k\ \mu_{k+1}]$ では
$f(\mu_k)f(\mu_{k+1})>0$ で根は存在せず，異符号のとき，たとえば区間 $[\mu_{k+1}\ \mu_{k+2}]$ では
$f(\mu_{k+1})f(\mu_{k+2})<0$ には根が存在する．根が存在する場合には，この2点間で2
分法（中点内挿）や挟み撃ち法（直線内挿）などで内挿を繰り返して一定の許
容誤差 ε 内に入った（$|f(\mu_r)|<\varepsilon$）ときに，その μ_r を根 λ とする．しかし，こ
の $f(\lambda)$ の式値の符号の変化は，探索区間の $\Delta\lambda$ 内に奇数個の根がある場合に生
じるが，2重根あるいは偶数個の根がある場合には，符号の変化は生じないの
で根を見つけることができない．その場合，探索区間の $\Delta\lambda$ を小さくすれば根
の見落しは避けられるが，計算時間が増大する．最初の根 λ_1 が見つかれば，
次の探索区間の $\Delta\lambda$ 内で同じ操作を繰り返して次の根を見出す．なお，固有べ

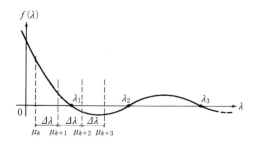

図7.1　係数行列式を展開した多項式 $f(\lambda)$ のグラフの例（$\lambda_1, \lambda_2, \lambda_3, \cdots$ が根（固有値））

クトルすなわち未知の変位振幅ベクトル $\{X\}$ は，求めた λ_i 値（根）を一般化
固有値問題の式 (7.2) に順次代入して生じる n 元連立方程式を，ガウスの消
去法などで解けば求まる．

7.1.2 べき乗法（行列反復法）

本手法の説明に入る前に，一般化固有値問題と標準形固有値問題の関係につ
いて説明しておく．減衰を無視した場合，一般化固有値問題は式 (4.34) から

$$[K]\{X\}=\omega^2[M]\{X\} \tag{7.3}$$

となる．また，標準形固有値問題は式 (4.36) から次のようになる．

$$[A_1]\{X\}=\lambda\{X\} \tag{7.4}$$

ただし，$[A_1]=[M]^{-1}[K]$ は $[M]$ および $[K]$ が対称行列であっても，一般には
対称とはならない．この $[A_1]$ が非対称行列になることは後の計算過程で不利
になることが多い．そこで，以下のような変換を行って対称行列化する．

$[M]$ は対称な正定値行列（固有値がすべて正）であるので

$$[M]=[U]^T[U] \tag{7.5}$$

のように分解できる．ただし，$[U]$ は**上三角行列**（付録 A3）である．これを
利用すれば式 (7.3) は，以下のように変形できる．

$$[K]\{X\}=\lambda[U]^T[U]\{X\} \tag{7.6}$$

あるいは

$$([U]^T)^{-1}[K]\{X\}=\lambda[U]\{X\} \tag{7.7}$$

ここで，$\{Y\}=[U]\{X\}$ とおくと，$\{X\}=[U]^{-1}\{Y\}$ となるので

$$([U]^T)^{-1}[K]\{U\}^{-1}\{Y\}=\lambda[Y] \tag{7.8}$$

となる．また，$([U]^T)^{-1}=([U]^{-1})^T$ となることから，式 (7.8) は

$$[A_2]\{Y\}=\lambda\{Y\} \tag{7.9}$$

となる．ただし

$$[A_2]=([U]^{-1})^T[K][U]^{-1} \tag{7.10}$$

このような変換により $[A_2]$ は対称行列となる．

べき乗法は次の標準形固有値問題

$$[A]\{X\}=\lambda\{X\} \tag{7.11}$$

の最高次の固有値を求める方法である．この方法は式（7.11）に基づいて，任意の試行ベクトル $\{X\}_0$ を初期値として繰り返し計算により真の解 $\{X\}$ に近づける方法である．ここで，式（4.54）から $\{X\}_0$ は固有ベクトルの線形結合として，次のように表すことができる．

$$\{X\}_0 = c_1\{X^{(1)}\} + c_2\{X^{(2)}\} + \cdots + c_n\{X^{(n)}\} \tag{7.12}$$

ここで，$c_1,\ c_2, \cdots,\ c_n$ は任意定数で，$\{X^{(1)}\}$，$\{X^{(2)}\}$，$\cdots$，$\{X^{(n)}\}$ は未知の固有ベクトルである．式（7.12）を式（7.11）の左辺に代入すると

$$[A]\{X\}_0 = c_1[A]\{X^{(1)}\} + c_2[A]\{X^{(2)}\} + \cdots + c_n[A]\{X^{(n)}\} \tag{7.13}$$

となる．いま，上式を以下のようにおくと

$$\{X\}_1 = [A]\{X\}_0$$

式（7.12）より

$$\{X\}_1 = c_1\lambda_1\{X^{(1)}\} + c_2\lambda_2\{X^{(2)}\} + \cdots + c_n\lambda_n\{X^{(n)}\} \tag{7.14}$$

となり，ここで，$\lambda_i = \omega_i^2$ である．次に，$\{X\}_1$ を新しい近似ベクトルとして計算を繰り返すと，次の近似ベクトル $\{X\}_2$ が求められる．

$$\{X\}_2 = c_1\lambda_1^2\{X^{(1)}\} + c_2\lambda_2^2\{X^{(2)}\} + \cdots + c_n\lambda_n^2\{X^{(n)}\} \tag{7.15}$$

このように反復計算を行うと，各固有ベクトルの係数に λ_i の重みが繰り返し乗ぜられるので，λ_i の最も大きい固有ベクトルが優勢になって，その固有ベクトルに収束していく．したがって，最高値の固有値とそれに対応する固有ベクトルが得られる．最高次の固有値が求まったあと，次に高い次数の固有値を求めるには，$[A]$ から最高次の固有ベクトルの影響を取り除くことが必要になる．この操作を**減次**といい，固有ベクトルが式（4.39）を満足するように正規化されていれば，以下の操作により行うことができる．

$$[A]_{NEW} = [A]_{OLD} - \lambda_n\{\overline{X^{(n)}}\}\{\overline{X^{(n)}}\}^T[M] \tag{7.16}$$

しかし，実際の多自由度系のモード解析では，最高次の固有角振動数 ω_{max} よりも最低次の固有角振動数 ω_{min} が重要となる．このような場合には式（7.11）の両辺に $\lambda^{-1}[A]^{-1}$ を左から乗じると

$$[A]^{-1}\{X\} = \lambda^{-1}\{X\} \tag{7.17}$$

と変形できるので，上で述べた同様な手法を適用すれば，最低次の固有角振動数 ω_{min} とそれに対応する固有ベクトルを得ることができる．この手法は**逆反**

復法と呼ばれている.

べき乗法は原理的には非対称行列にも用いることができる．したがって，式
(7.4) が対称行列にならなくても，固有値および固有ベクトルを求めることは
可能であるが，固有ベクトルの初期値の選定が適切でなければ解の精度は低下
する．また，式 (7.4) が非対称行列になる場合でも，実対称行列の質量行列
および剛性行列から導かれたものなので，固有値および固有ベクトルは実数と
なる．しかし，実数行列であっても非対称行列は，一般には固有値および固有
ベクトルは複素数になる．

7.1.3 ヤコビ法

べき乗法では，固有値と固有ベクトルは最高次（あるいは最低次）から順番
にしか求められなかった．一部の固有値および固有ベクトルだけが必要な場合
はこれでもよいが，すべてが必要なときにはヤコビ法が適している．実対称行
列 $[A]$ に対する標準形固有値問題が

$$[A]\{X\}=\lambda\{X\} \tag{7.18}$$

と与えられるとき，適切な**正則行列** $[P]$, $[Q]$ を用いると

$$[P][A][Q]\{q\}=\lambda[P][Q]\{q\} \tag{7.19}$$

ただし

$$[P][A][Q]=\begin{bmatrix} \lambda_1 & & & \\ & \lambda_2 & & 0 \\ & & \ddots & \\ 0 & & & \lambda_n \end{bmatrix}, \quad [P][Q]=[I]$$

とすることができる．ここで，$\lambda_1, \lambda_2, \cdots, \lambda_n$ は系の固有値そのものであり，固
有ベクトルの直交性から，$[Q]=[P]^T=[X]$ とすることができる．このような
$[P]$, $[Q]$ を求める方法がヤコビ法である．

基本的な計算手順は，以下のとおりである．

1) $[A]$ の非対角成分 $a_{ij}(i \neq j)$ の中で，絶対値が最大の成分を探しその行番号 r，列番号 s とする．a_{rs} を**ピボット**という．

2) $\theta=(1/2)\tan^{-1}\dfrac{2a_{rs}}{a_{rr}-a_{ss}}$ を求め，次の行列 $[P]_1$ を計算する．

$[P]_1$ は r, s 番目の成分以外は，主対角成分 $=1$ で非対角成分 $=0$ である．

$$[P]_1 = \begin{bmatrix} 1 \\ & \ddots \\ & & \cos\theta & \cdots & \sin\theta \\ & & & \ddots \\ & & -\sin\theta & \cdots & \cos\theta \\ & & & & & \ddots \\ & & & & & & 1 \end{bmatrix} \begin{array}{l} \\ \\ r行 \\ \\ s行 \\ \\ \\ \end{array}$$

（上部に $r列$　$s列$ の表示）

$$[Q]_1 = [P]_1{}^T$$

3) $[A]_1 = [P]_1[A][Q]_1$ を計算する．この計算により，$[A]$ の a_{rs} 成分が 0 に変換される．ただし，引き続いて行われる操作により再び 0 でなくなることもあるが，この変換を繰り返していけば最終的には主対角成分のみが残るようになる．

4) 上述の 1)～3) の手順を繰り返し，$i = 2, 3, \cdots$ に対して，$[A]_i = [P]_i \cdot [A]_{i-1}[Q]_i$ を計算する．

5) $[A]_i$ の非対角成分が十分小さくなるまで繰り返す．このとき $[A]_i$ の主対角成分が求める固有値となり，固有ベクトルは次式から求まる．

$$[Q] = [Q]_1[Q]_2 \cdots [Q]_i \cdots$$

例題7.1　次の対称行列 $[A]$ の固有値と固有ベクトルをべき乗法により求めよ．

$$[A] = \begin{bmatrix} 1 & 1 & 1 \\ 1 & 2 & 2 \\ 1 & 2 & 3 \end{bmatrix}$$

（解） べき乗では最高次の固有値とそれに対応する固有ベクトルを求める．$[A] = [A]_1$ および試行ベクトル $\{X\}_0 = [1 \quad 2 \quad 2]^T$ と仮定すると，$\{X\}_1$ は

$$\{X\}_1 = [A]_1\{X\}_0 = [6 \quad 11 \quad 14]^T \tag{1}$$

となる．固有ベクトル $\{X\}_1$ の 1 番目の成分の値 $=1$ として正規化を行うと，上式から $[1 \quad 1.833 \quad 2.333]^T$ となる．これを用いると $\{X\}_2$ は

$$\{X\}_2 = [A]_1\{X\}_1 = [5.166 \quad 9.332 \quad 11.665]^T \tag{2}$$
$$= 5.166[1 \quad 1.806 \quad 2.258]^T$$

となる．次に $\{X\}_3$ は

$$\{X\}_3 = [A]_1\{X\}_2 = [5.064 \quad 9.128 \quad 11.386]^T \tag{3}$$
$$= 5.064[1 \quad 1.802 \quad 2.248]^T$$

となり，ここで逐次計算を停止すると，3次の固有角振動数 $\omega_3=\sqrt{\lambda_3}=\sqrt{5.064}=$ 2.250，それに対応する固有ベクトル $\{X^{(3)}\}=[1 \quad 1.802 \quad 2.248]^T$ となる．次に減次を行うが，標準形固有値問題では $[K]=[A]$ および $[M]=[I]$ とおけばよいから，式（4.38）に従って $\{\overline{X}^{(3)}\}^T\{\overline{X}^{(3)}\}=1$ として正規化する．それにより，$\{\overline{X}^{(3)}\}=$ $[0.3279 \quad 0.5909 \quad 0.7371]^T$ となる．次に $[A]_2$ は式（7.16）に従って

$$[A]_2=\begin{bmatrix} 1 & 1 & 1 \\ 1 & 2 & 2 \\ 1 & 2 & 3 \end{bmatrix}-5.604\begin{Bmatrix} 0.3279 \\ 0.5909 \\ 0.7371 \end{Bmatrix}\{0.3279 \quad 0.5909 \quad 0.7371\}$$

$$=\begin{bmatrix} 0.4555 & 0.0188 & -0.2239 \\ 0.0188 & 0.2318 & -0.2058 \\ -0.2239 & -0.2056 & 0.2486 \end{bmatrix} \tag{4}$$

となる．2次固有ベクトルに関しては，$\{X\}_0=[1 \quad 0 \quad -1]^T$ と仮定すると

$$\begin{aligned} \{X\}_1=[A]_2\{X\}_0 &=[0.6894 \quad 0.2244 \quad -0.4725]^T \\ &=0.6894[1 \quad 0.3255 \quad -0.6854]^T \end{aligned} \tag{5}$$

となり，6回の計算を繰り返せば

$$\begin{aligned} \{X\}_6=[A]_2\{X\}_5 &=[0.6416 \quad 0.2838 \quad -0.5115]^T \\ &=0.6416[1 \quad 0.4423 \quad -0.7972]^T \end{aligned} \tag{6}$$

となる．ここで，逐次計算を停止すると2次の固有角振動数 $\omega_2=\sqrt{\lambda_2}=\sqrt{0.6416}=$ 0.797，それに対応する固有ベクトルは

$$\{X^{(2)}\}=[1 \quad 0.4423 \quad -0.7972]^T$$

となる．減次のために式（4.38）に従って正規化すると

$$\{\overline{X}^{(2)}\}=[0.7391 \quad 0.3269 \quad -0.5892]^T$$

となるので，$[A]_3$ は式（7.16）に従って次のように求まる．

$$[A]_3=\begin{bmatrix} 0.4555 & 0.0188 & -0.2239 \\ 0.0188 & 0.2318 & -0.2056 \\ -0.2239 & -0.2056 & 0.2486 \end{bmatrix}-0.6416\{\overline{X}^{(2)}\}\{\overline{X}^{(2)}\}^T$$

$$=\begin{bmatrix} 0.1050 & -0.1362 & 0.0555 \\ 0.0188 & 0.1632 & -0.0820 \\ 0.0555 & -0.0820 & 0.0258 \end{bmatrix} \tag{7}$$

最後に，1次の固有値および固有ベクトルは，試行ベクトル $\{X\}_0=[1 \quad -1 \quad 1]^T$ と仮定すると

$$\begin{aligned} \{X\}_1=[A]_3\{X\}_0 &=[0.2967 \quad -0.3814 \quad 0.1633]^T \\ &=0.2967[1 \quad -1.2850 \quad 0.5504]^T \end{aligned} \tag{8}$$

となり，計算を繰り返せば

$$\{X\}_4=[A]_3\{X\}_4=[0.3079 \quad -0.3881 \quad 0.1733]^T$$
$$=0.3079[1 \quad -1.2600 \quad 0.5628]^T \tag{9}$$

となる．ここで，逐次計算を停止すると1次の固有角振動数 $\omega_1=\sqrt{\lambda_1}=\sqrt{0.3079}=$
0.555，それに対応する固有ベクトル

$$\{X^{(1)}\}=[1 \quad -1.2600 \quad 0.5628]^T$$

また，式（4.38）に従って正規化した固有ベクトルは次のように求まる．

$$\{\overline{X}^{(1)}\}=[0.5869 \quad -0.7394 \quad 0.3303]^T$$

例題7.2　次の対称行列 $[A]$ の固有値と固有ベクトルをヤコビ法により求めよ．

$$[A]=\begin{bmatrix} 4 & -2 & 0 \\ -2 & 3 & -1 \\ 0 & -1 & 1 \end{bmatrix}$$

（**解**）　まず，$a_{12}=-2$ について，$\theta_1=\dfrac{1}{2}\tan^{-1}\dfrac{2\cdot(-2)}{4-3}=-37.98°$ より $\cos\theta_1=$
0.788205，$\sin\theta_1=-0.615412$ なので，$[P]_1$ は次のようになる．

$$[P]_1=\begin{bmatrix} 0.788205 & -0.615412 & 0 \\ 0.615412 & 0.788205 & 0 \\ 0 & 0 & 1 \end{bmatrix} \tag{1}$$

$[Q]_1=[P]_1{}^T$ とおいて，$[A]_1=[P]_1[A][Q]_1$ を計算すると

$$[A]_1=\begin{bmatrix} 5.56155 & 0 & 0.61541 \\ 0 & 1.43845 & -0.78821 \\ 0.61541 & -0.78821 & 1 \end{bmatrix} \tag{2}$$

さらに，$a_{23}=-0.78821$ について $\theta_2=\dfrac{1}{2}\tan^{-1}\dfrac{2\cdot(-0.78821)}{1.43845-1}=-37.229°$ なので

$\cos\theta_2==0.796228$，$\sin\theta_2=-0.604996$ より $[P]_2$ は次のようになる．

$$[P]_2=\begin{bmatrix} 1 & 0 & 0 \\ 0 & 0.796228 & -0.604996 \\ 0 & 0.604996 & 0.796228 \end{bmatrix} \tag{3}$$

$[Q]_2=[P]_2{}^T$ とおいて $[A]_2=[P]_2[A]_1[Q]_2$ を計算し，同じ手順を繰り返すと

$$[A]_2=\begin{bmatrix} 5.56155 & -0.37232 & 0.49001 \\ -0.37232 & 2.03735 & 0 \\ 0.49001 & 0 & 0.4011 \end{bmatrix} \tag{4}$$

$a_{13}=0.49001$，$\theta_3=5.37647°$ より

$$[A]_3 = \begin{bmatrix} 5.60767 & -0.37068 & 0 \\ -0.37068 & 2.03735 & 0.03489 \\ 0 & 0.03489 & 0.35498 \end{bmatrix} \tag{5}$$

$a_{12} = -0.37068$, $\theta_4 = -5.86532°$ より

$$[A]_4 = \begin{bmatrix} 5.64575 & 0 & -0.00357 \\ 0 & 1.99927 & 0.03470 \\ -0.00357 & 0.03470 & 0.35498 \end{bmatrix} \tag{6}$$

$a_{23} = 0.03470$, $\theta_5 = 1.20855°$ より

$$[A]_5 = \begin{bmatrix} 5.64575 & -0.00008 & -0.00356 \\ -0.00008 & 2 & 0 \\ -0.00356 & 0 & 0.35425 \end{bmatrix} \tag{7}$$

$a_{13} = -0.00356$, $\theta_6 = -0.03859°$ より

$$[A]_6 = \begin{bmatrix} 5.64575 & -0.00008 & 0 \\ -0.00008 & 2 & 0 \\ 0 & 0 & 0.35425 \end{bmatrix} \tag{8}$$

$a_{12} = -0.00008$, $\theta_7 = -1.18 \times 10^{-30}°$ より

$$[A]_7 = \begin{bmatrix} 5.64575 & 0 & 0 \\ 0 & 2 & 0 \\ 0 & 0 & 0.35425 \end{bmatrix} \tag{9}$$

3つの固有角振動数は，$\omega_3 = \sqrt{5.64575} = 2.3761$，$\omega_2 = \sqrt{2} = 1.4142$，$\omega_1 = \sqrt{0.35425}$ $= 0.5952$ となる．固有ベクトルは，$[X] = [Q]_1 [Q]_2 \cdots [Q]_7$ を計算すると

$$[X] = \begin{bmatrix} 0.76506 & 0.57735 & 0.28523 \\ -0.62955 & 0.57735 & 0.51994 \\ 0.13551 & -0.57735 & 0.80517 \end{bmatrix} \tag{10}$$

となる．したがって，ω_1 から ω_3 に対する固有ベクトルは以下のようになる．

$[X]$ の1列目　$\{X^{(3)}\} = [0.76506 \ -0.62955 \ 0.13551]^T = [1.000 \ -0.8229 \ 0.1771]^T$

$[X]$ の2列目　$\{X^{(2)}\} = [0.57735 \ 0.57735 \ -0.57735]^T = [1.000 \ 1.0000 \ -1.0000]^T$

$[X]$ の3列目　$\{X^{(1)}\} = [0.28523 \ 0.51994 \ 0.80517]^T = [1.000 \ 1.8229 \ 2.8229]^T$

7.2　直接積分法

　多自由度の振動系の過渡応答解析は，**直接積分法**によって行うことができる．この手法は，運動方程式を初期値から，微小な**時間刻み** Δt で逐次的（ス

テップ・バイ・ステップ）に解いていく方法であり，基本的な考え方を以下に述べる．

時刻 t において式（4.1）の運動方程式が成立するとする．

$$[M]\{\ddot{x}(t)\}+[C]\{\dot{x}(t)\}+[K]\{x(t)\}=\{f(t)\} \tag{7.20}$$

直接積分法の考え方は，この時刻 t から微小な時間 Δt だけ離れた時刻 $t+\Delta t$ での系の状態を決定することである．時刻 $t+\Delta t$ での変位成分，速度成分を計算するためには

$$\{x(t+\Delta t)\}=\{x(t)\}+\Delta t\{\dot{x}(t)\} \tag{7.21}$$

$$\{\dot{x}(t+\Delta t)\}=\{\dot{x}(t)\}+\Delta t\{\ddot{x}(t)\} \tag{7.22}$$

と，式（7.20）で $[M]^{-1}$ を左から乗じて得られる加速度成分

$$\{\ddot{x}(t)\}=[M]^{-1}\{\{f(t)\}-[C]\{\dot{x}(t)\}-[K]\{x(t)\}\} \tag{7.23}$$

を組み合わせればよい．この方法は**オイラー法**と呼ばれ，最も簡単な直接積分法である．図7.2 に示すように，時刻 $t+\Delta t$ での状態を時刻 t での微分値により見積る．Δt を微小にとらなければ解の精度は悪くなるので，式（7.20）を逐次積分して解くような**過渡応答問題**には不向きである．そこで，比較的よく用いられる**ルンゲクッタ法，中心差分法，線形加速度法，ニューマーク β 法，ウイルソン θ 法**について述べる．

直接積分法は，時刻 t の状態がわかると，次の時刻 $t+\Delta t$ の状態が推定できる**陽解法**と，$t+\Delta t$ での平衡状態を考えて，t から $t+\Delta t$ の間の変化を定める**陰解法**がある．一般に陽解法は Δt を十分微小にとらないと解が発散する（条件付き安定）が，陰解法の方は**解の安定性**がよい（無条件安定）．

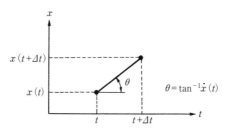

図7.2　オイラー法における状態予測

7.2.1 ルンゲ-クッタ法（陽解法）

式 (7.20) の 2 階微分方程式（運動方程式）を，$\{x_1\}=\{x\}$ および $\{x_2\}=\{\dot{x}\}$ とおいて整理すると

$$\begin{Bmatrix} \dot{x}_1 \\ \dot{x}_2 \end{Bmatrix} = \begin{bmatrix} [0] & [I] \\ -[M]^{-1}[K] & -[M]^{-1}[C] \end{bmatrix} \begin{Bmatrix} x_1 \\ x_2 \end{Bmatrix} + \begin{Bmatrix} \{0\} \\ [M]^{-1}\{f(t)\} \end{Bmatrix} \qquad (7.24)$$

となる．ここで，$\{y\}=[x_1 \quad x_2]^T$ とおけば，上式は次のように書ける．

$$\{\dot{y}\} = \begin{Bmatrix} \dot{x}_1 \\ \dot{x}_2 \end{Bmatrix} = \begin{Bmatrix} x_2 \\ -[M]^{-1}[K]x_1 - [M]^{-1}[C]x_2 + [M]^{-1}\{f(t)\} \end{Bmatrix}$$

$$= \begin{Bmatrix} x_2 \\ \overline{f}(x_1, x_2, t) \end{Bmatrix} = \{F(\{y\}, t)\} \qquad (7.25)$$

本手法では，時刻 $t+\Delta t$ での解を時刻 t での解を用いて次のように予測する．

$$\{y(t+\Delta t)\} = \{y(t)\} + \frac{1}{6} \left[\{h_1\} + 2\{h_2\} + 2\{h_3\} + \{h_4\} \right] \qquad (7.26)$$

ここで

$$\{h_1\} = \Delta t \{F(\{y\}, t)\}$$
$$\{h_2\} = \Delta t \{F(\{y\} + \{h_1\}/2, \ t+\Delta t/2)\}$$
$$\{h_3\} = \Delta t \{F(\{y\} + \{h_2\}/2, \ t+\Delta t/2)\}$$
$$\{h_4\} = \Delta t \{F(\{y\} + \{h_3\}, \ t+\Delta t)\}$$

この手法は 4 次のルンゲ-クッタ法と呼ばれ，初期値 $\{y_0\} = [x_1(0) \quad x_2(0)]^T$ を与えて，式 (7.26) により逐次計算していく．この方法は陽解法なので，時間刻み Δt を最大固有角振動数 ω_{max} から決定できる最小周期 $T=2\pi/\omega_{max}$ に比べて，十分小さくとらなければ解は発散する．

7.2.2 中心差分法（陽解法）

有限要素法による過渡応答解析においてよく使用される重要な積分法で，陽解法に属する．まず，速度成分および加速度成分を次の差分式で表す．

$$\{\dot{x}(t)\} = \frac{\{x(t+\Delta t)\} - \{x(t-\Delta t)\}}{2\Delta t} \qquad (7.27)$$

$$\{\ddot{x}(t)\} = \frac{\{x(t+\Delta t)\} - 2\{x(t)\} + \{x(t-\Delta t)\}}{(\Delta t)^2} \qquad (7.28)$$

これらを式 (7.20) に代入して整理すると，次の差分式を得る.

$$\{x(t+\Delta t)\}=\left[\frac{1}{(\Delta t)^2}[M]+\frac{1}{2\Delta t}[C]\right]^{-1}\Big[\{f(t)\}-[K]\{x(t)\}$$
$$+[M]\frac{2\{x(t)\}-\{x(t-\Delta t)\}}{(\Delta t)^2}+[C]\frac{\{x(t-\Delta t)\}}{2\Delta t}\Big] \tag{7.29}$$

ここで，式 (7.29) の右辺は変位成分のみの式になっているため，変位成分を逐次的に計算できる．なお，式 (7.29) で得られた変位成分 $\{x(t+\Delta t)\}$ を式 (7.27) と (7.28) に代入することにより，速度成分および加速度成分を得ることができる．初期条件が，初期変位 $\{x_0\}=\{x(0)\}$ と初期速度 $\{v_0\}=\{\dot{x}(0)\}$ で与えられるとき，$\{x_0\}=\{x(0)\}$ だけでなく $\{x_{-1}\}=\{x(0-\Delta t)\}$ が必要になる．ここでは，式 (7.21) の変位成分の前進差分とは逆の後退差分

$$\{x(t-\Delta t)\}=\{x(t)\}-\Delta t\{\dot{x}(t)\} \tag{7.30}$$

の関係を用い，上式に $t=0$ を代入すると

$$\{x_{-1}\}=\{x_0\}-\Delta t\{v_0\} \tag{7.31}$$

と決まり，計算が開始できる.

なお，式 (7.29) の右辺は逆行列の計算を含むが，質量行列 $[M]$ および減衰行列 $[C]$ が対角化できる場合には，プログラミングは簡単になる.

7.2.3　線形加速度法（陰解法）

この手法は，時刻 t から $t+\Delta t$ の間の加速度 $\ddot{x}$ が直線的に変化するという仮定に基づいた積分法である．すなわち，図7.3に示すように

$$\{\ddot{x}(t+\Delta t)\}=\{\ddot{x}(t)\}+\Delta t\{\dddot{x}(t)\} \tag{7.32}$$

ここで，$\{\dddot{x}(t)\}$ は**加加速度**という．この方法では加速度成分 $\{\ddot{x}(t+\Delta t)\}$，速度成分 $\{\dot{x}(t+\Delta t)\}$，変位成分 $\{x(t+\Delta t)\}$ を次のように逐次計算する.

$$\{\ddot{x}(t+\Delta t)\}=\left[[M]+\frac{\Delta t}{2}[C]+\frac{(\Delta t)^2}{6}[K]\right]^{-1}\Big[\{f(t+\Delta t)\}-[C]\{\{\dot{x}(t)\}+$$
$$\frac{\Delta t}{2}\{\ddot{x}(t)\}\}-[K]\{\{x(t)\}+\Delta t\{\dot{x}(t)\}+\frac{(\Delta t)^3}{3}\{\ddot{x}(t)\}\}\Big] \tag{7.33}$$

$$\{\dot{x}(t+\Delta t)\}=\{\dot{x}(t)\}+\frac{\Delta t}{2}\big[\{\ddot{x}(t+\Delta t)\}+\{\ddot{x}(t)\}\big] \tag{7.34}$$

$$\{x(t+\Delta t)\}=\{x(t)\}+\Delta t\{\dot{x}(t)\}+\frac{(\Delta t)^2}{6}\big[\{\ddot{x}(t+\Delta t)\}+2\{\ddot{x}(t)\}\big] \tag{7.35}$$

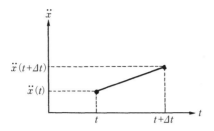

図7.3　線形加速度法における加速度状態予測

式 (7.33), (7.34), (7.35) を初期値 $\{x(0)\}, \{\dot{x}(0)\}, \{\ddot{x}(0)\}$ を与えて逐次解いていけば, 解の変位成分 $\{x(t)\}$ が求められる.

例題7.3　線形加速度法の差分式 (7.33), (7.34), (7.35) を導出せよ.

（解）　時刻 $t+\Delta t$ における変位成分と速度成分を, テイラー展開すると

$$\{x(t+\Delta t)\}=\{x(t)\}+\frac{\Delta t}{1!}\{\dot{x}(t)\}+\frac{(\Delta t)^2}{2!}\{\ddot{x}(t)\}+\frac{(\Delta t)^3}{3!}\{\dddot{x}(t)\}+\cdots \tag{1}$$

$$\{\dot{x}(t+\Delta t)\}=\{\dot{x}(t)\}+\frac{\Delta t}{1!}\{\ddot{x}(t)\}+\frac{(\Delta t)^2}{2!}\{\dddot{x}(t)\}+\cdots \tag{2}$$

となる. ここで式 (1) の右辺の第4項までとり, 式 (7.32) より, 加加速度成分 $\{\dddot{x}(t)\}$ を求めて式 (1) に代入すると, 次式を得る.

$$\{x(t+\Delta t)\}=\{x(t)\}+\Delta t\{\dot{x}(t)\}+\frac{(\Delta t)^2}{6}\left[\{\ddot{x}(t+\Delta t)\}+2\{\ddot{x}(t)\}\right] \tag{3}$$

次に, 式 (2) の右辺の第3項までとり $\{\dddot{x}(t)\}$ を同様に求めて, 式 (1) に代入すると次の速度成分を得る.

$$\{\dot{x}(t+\Delta t)\}=\{\dot{x}(t)\}+\frac{\Delta t}{2}\left[\{\ddot{x}(t+\Delta t)\}+\{\ddot{x}(t)\}\right] \tag{4}$$

線形加速度法は陰解法なので時刻 $t+\Delta t$ での力のつり合いを考えると, 式 (7.20) から次の運動方程式が成立する.

$$[M]\{\ddot{x}(t+\Delta t)\}+[C]\{\dot{x}(t+\Delta t)\}+[K]\{x(t+\Delta t)\}=\{f(t+\Delta t)\} \tag{5}$$

式 (3), (4) より, $\{x(t+\Delta t)\}$ と $\{\dot{x}(t+\Delta t)\}$ は $\{\ddot{x}(t+\Delta t)\}$ により表すことができるため, 式 (5) は加速度成分 $\{\ddot{x}(t+\Delta t)\}$ のみを未知数とする連立方程式に書き換えることができる. したがって, 式 (5) に式 (3), (4) を代入して, $\{\ddot{x}(t+\Delta t)\}$ についてまとめると, 次のように書ける.

$$\{\ddot{x}(t+\Delta t)\}=\left[[M]+\frac{\Delta t}{2}[C]+\frac{(\Delta t)^2}{6}[K]\right]^{-1}\left[\{f(t+\Delta t)\}-[C]\{\{\dot{x}(t)\}+\right.$$

$$\left.\frac{\Delta t}{2}\{\ddot{x}(t)\}\}-[K]\{\{x(t)\}+\Delta t\{\dot{x}(t)\}+\frac{(\Delta t)^3}{3}\{\ddot{x}(t)\}\}\right] \qquad (6)$$

したがって，式（6）により$\{\ddot{x}(t+\Delta t)\}$が求まれば，式（3），（4）に代入することによって，$\{x(t+\Delta t)\}$と$\{\dot{x}(t+\Delta t)\}$が計算できる．

7.2.4　ニューマークβ法（陰解法）

ニューマークβ法は，線形加速度法を変形した方法であり，加速度の変化をパラメータβを用いて種々に変える方法である．加速度の変化とβの関係を図7.4に示す．β値と時間刻みΔt内の加速度の変化には，次の関係がある．

$\beta=0$　；$\{\ddot{x}(t)\}$の値を使用．

$\beta=1/6$；線形加速度法と同じ．

$\beta=1/4$；$\{\ddot{x}(t)\}$と$\{\ddot{x}(t+\Delta t)\}$の平均値を使用．

$\beta=1/2$；$\{\ddot{x}(t+\Delta t)\}$の値を使用．

上式のβ値より，式（7.35）の変位成分を次式のように変形する．

$$\{x(t+\Delta t)\}=\{x(t)\}+\Delta t\{\dot{x}(t)\}+\frac{(\Delta t)^2}{2}\{\ddot{x}(t)\}$$

$$+\beta(\Delta t)^2\left[\{\ddot{x}(t+\Delta t)\}-\{\ddot{x}(t)\}\right] \qquad (7.36)$$

また，速度成分を求めるための差分式として線形加速度法と同じ式（7.34）を用いれば，例題7.3で示された時刻$t+\Delta t$での運動方程式である式（5）から

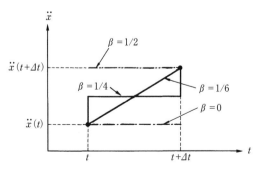

図7.4　加速度の変化とニューマークβの関係

ニューマークの β 法の差分式は，次式で与えられる.

$$\{\ddot{x}(t+\Delta t)\}=\left[[M]+\frac{\Delta t}{2}[C]+\beta(\Delta t)^2[K]\right]^{-1}\left[\{f(t+\Delta t)\}-[C]\{\{\dot{x}(t)\}\frac{\Delta t}{2}\{\ddot{x}(t)\}\}\right.$$

$$\left.-[K]\{\{x(t)\}+\Delta t\{\dot{x}(t)\}+\left(\frac{1}{2}-\beta\right)(\Delta t)^2\{\ddot{x}(t)\}\}\right] \tag{7.37}$$

$$\{\dot{x}(t+\Delta t)\}=\{\dot{x}(t)\}+\frac{\Delta t}{2}\left[\{\ddot{x}(t+\Delta t)\}+\{\ddot{x}(t)\}\right] \tag{7.38}$$

$$\{x(t+\Delta t)\}=\{x(t)\}+\Delta t\{\dot{x}(t)\}+\left(\frac{1}{2}-\beta\right)(\Delta t)^2\{\ddot{x}(t)\}+\beta(\Delta t)^2\{\ddot{x}(t+\Delta t)\} \tag{7.39}$$

パラメータ β は $0<\beta<1/2$ の間の値をとるが，解の安定性と精度の関係から $\beta=1/4$ とする場合が多い．また，系が線形であるとき $\beta>1/4$ ならば，常に解は安定（無条件安定）で収束することが理論的に証明されている.

7.2.5 ウイルソン θ 法（陰解法）

ウイルソン θ 法も線形加速度法の変形である．この方法は，Δt 先ではなく $\theta\Delta t$ 時間先の平衡を考えて，それから Δt 後の状態量を求める．すなわち，式 (7.34)，(7.35) より時刻 $t+\theta\Delta t$ の速度成分と変位成分を求めると

$$\{\dot{x}(t+\theta\Delta t)\}=\{\dot{x}(t)\}+\frac{\theta\Delta t}{2}\left[\{\ddot{x}(t+\theta\Delta t)\}+\{\ddot{x}(t)\}\right] \tag{7.40}$$

$$\{x(t+\theta\Delta t)\}=\{x(t)\}+\theta\Delta t\{\dot{x}(t)\}+\frac{(\theta\Delta t)^2}{6}\left[\{\ddot{x}(t+\theta\Delta t)\}+2\{\ddot{x}(t)\}\right] \tag{7.41}$$

となる．時刻 $t+\theta\Delta t$ において次の運動方程式

$$[M]\{\ddot{x}(t+\theta\Delta t)\}+[C]\{\dot{x}(t+\theta\Delta t)\}+[K]\{x(t+\theta\Delta t)\}=\{f(t+\theta\Delta t)\} \tag{7.42}$$

が成立するので，式 (7.40)，(7.41) を上式に代入すると時刻 $t+\theta\Delta t$ における加速度成分は

$$\{\ddot{x}(t+\theta\Delta t)\}=\left[[M]+\frac{\theta\Delta t}{2}[C]+\frac{(\theta\Delta t)^2}{6}[K]\right]^{-1}\left[\{f(t+\theta\Delta t)\}-[C]\{\{\dot{x}(t)\}+\right.$$

$$\left.\frac{\theta\Delta t}{2}\{\ddot{x}(t)\}\}-[K]\{\{x(t)\}+\theta\Delta t\{\dot{x}(t)\}+\frac{(\theta\Delta t)^2}{3}\{\ddot{x}(t)\}\}\right] \tag{7.43}$$

となる．図7.5の関係から時刻 $t+\Delta t$ における加速度成分は

$$\{\ddot{x}(t+\Delta t)\}=\left(1-\frac{1}{\theta}\right)\{\ddot{x}(t)\}+\frac{1}{\theta}\{\ddot{x}(t+\theta\Delta t)\} \tag{7.44}$$

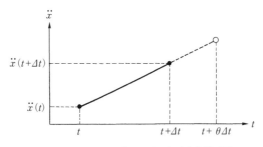

図7.5　ウイルソン θ 法における加速度状態予測

と書ける．上式の $\{\ddot{x}(t+\Delta t)\}$ を用いれば，$t+\Delta t$ での速度成分と変位成分は

$$\{\dot{x}(t+\Delta t)\} = \{\dot{x}(t)\} + \frac{\Delta t}{2}\left[\{\ddot{x}(t+\Delta t)\} + \{\ddot{x}(t)\}\right] \tag{7.45}$$

$$\{x(t+\Delta t)\} = \{x(t)\} + \Delta t\{\dot{x}(t)\} + \frac{(\Delta t)^2}{6}\left[\{\ddot{x}(t+\Delta t)\} + 2\{\ddot{x}(t)\}\right] \tag{7.46}$$

となるので，式（7.43）〜（7.46）を逐次計算することができる．

　本法は θ の値により解の精度と安定性を調整することができる．θ の値を大きくすると，かなり先の時間の状態をもとにして Δt 先の状態を計算するため解は安定となるが，精度は悪くなる．$\theta=1$ とすると，線形加速度法と同じになり精度はよくなるが，解が発散する可能性がある．したがって，θ の最適値を決定する必要があるが，$\theta>1.37$ なら解が無条件安定であることが理論的に証明されているので，通常は $\theta=1.4$ として計算される．

7.3　有限要素法

　モード解析法および数値積分法は，質量行列，剛性行列，減衰行列がすでに与えられている状態での解法である．系の集中質量，ばね定数，減衰係数が与えられていると，運動方程式を立てれば簡単に行列表示することができるが，はりや板のような連続体の場合には，連続系を離散系に変換する必要がある．そこで，ここでは連続体に対する上述の行列を作る手法について述べよう．

　図7.6に示すような断面積が一様でない棒について考える．このような棒の縦方向の変位を有限な個数の一様断面積の**棒要素**に系を分割して考える．その

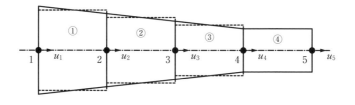

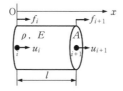

図7.6 テーパ棒の一様棒要素によるモデル化

おのおのの棒要素に対する剛性行列を求め，それらを重ね合わせて全体の剛性行列を得ることができる．ここでは，各棒要素について軸変位を次の1次式

$$u(x) = \alpha_0 + \alpha_1 x \tag{7.47}$$

で表す．これを長さ l の棒要素の節点 i, $i+1$ での軸変位 u_i, u_{i+1} を用いると

$$u(x) = \frac{l-x}{l}u_i + \frac{x}{l}u_{i+1} = \left(1-\frac{x}{l}\right)u_i + \frac{x}{l}u_{i+1}$$
$$= \left[1-\frac{x}{l} \quad \frac{x}{l}\right]\{u\} = [N]\{u\} \tag{7.48}$$

$[N]$ は**形状関数（内挿関数）行列**，$\{u\} = [u_i, \ u_{i+1}]^T$ は節点変位ベクトルである．

このように，系を有限個の要素に分割し，その要素内の変位を単純な式で近似し，それらを節点での重ね合わせにより全体の変位を表す手法を**有限要素法**といい，構造物の解析によく用いられる．有限要素法によって運動方程式を作る場合は，**最小ポテンシャル・エネルギ原理**（またはハミルトンの原理）を用いると便利である．これは要素のもつひずみエネルギ U^e から運動エネルギ T^e および外部からなされた仕事 W^e を差し引いた次のラグランジュ関数[*]

$$L = U^e - T^e - W^e \tag{7.49}$$

を最小にする方法である．ここで，i 番目の有限要素についてそれぞれ次のように書ける．

---

[*] $L = T^e - U^e + W^e$ で定義した場合も，運動方程式を表す式（7.56）は同一となる．

$$U^e = \frac{1}{2} \int_0^l \{\varepsilon\}^T A\{\sigma\} \mathrm{d}x$$
$$T^e = \int_0^l \{u\}^T (-\rho A\{\ddot{u}\}) \mathrm{d}x$$
$$W^e = \int_0^l \{u\}^T \{f\} \mathrm{d}x$$

A は棒要素の断面積，ρ は棒の質量密度，$\{f\}$ は分布荷重ベクトル，$\{\sigma\}$ は棒要素の応力ベクトル，$\{\varepsilon\}$ はひずみベクトルで $\{\varepsilon\} = \partial\{u\}/\partial x$ である．また式 (7.48) より，有限要素内のひずみと節点の加速度ベクトルは

$$\frac{\partial u(x)}{\partial x} = \left[\frac{\partial N}{\partial x}\right]\{u\} = [B]\{u\} = \left[-\frac{1}{l},\ \ \frac{1}{l}\right] \tag{7.50}$$

$$\{\ddot{u}(x, t)\} = [N]\{\ddot{u}\} \tag{7.51}$$

となるので，式 (7.49) は以下のように行列形式で書くことができる．

$$L = \frac{1}{2}\int_0^l \{u\}^T [B]^T (EA)[B]\{u\}\mathrm{d}x - \int_0^l \{u\}^T [N]^T (-\rho A)[N]\{\ddot{u}\}\mathrm{d}x - \int_0^l \{u\}^T [N]^T\{f\}\mathrm{d}x$$

上式で，$\partial L/\partial\{u\} = 0$ から

$$\frac{\partial L}{\partial\{u\}} = \int_0^l [B]^T (EA)[B]\mathrm{d}x\{u\} + \int_0^l [N]^T (\rho A)[N]\mathrm{d}x \cdot \{\ddot{u}\} - \int_0^l [N]^T\{f\}\mathrm{d}x = 0$$

したがって，上式から棒要素の運動方程式を得る．

$$[M]^e\{\ddot{u}\}^e + [K]^e\{u\}^e = \{f\}^e \tag{7.52}$$

ただし

$$\text{棒要素の質量行列}\quad [M]^e = \int_0^l \rho A\, [N]^T[N]\mathrm{d}x \tag{7.53}$$

$$\text{棒要素の剛性行列}\quad [K]^e = \int_0^l EA\, [B]^T[B]\mathrm{d}x \tag{7.54}$$

$$\text{棒要素の等価外力ベクトル}\ \{f\}^e = \int_0^l [N]^T\{f\}\mathrm{d}x \tag{7.55}$$

これにより，おのおのの棒要素の質量行列，剛性行列が作成されたので，要素の節点に対応させて重ね合わせると棒全体の運動方程式を作ることができる．これは**直接法**と呼ばれる方法である．すなわち

$$[M]\{\ddot{u}\} + [K]\{u\} = \{f\} \tag{7.56}$$

ここで，$[M] = \sum_e [M]^e$，$[K] = \sum_e [K]^e$，$\{u\} = \sum_e \{u\}^e$，$\{f\} = \sum_e \{f\}^e$

$$[M]^e = \frac{\rho A l}{6}\begin{bmatrix} 2 & 1 \\ 1 & 2 \end{bmatrix} \quad (7.57) \qquad\qquad [K]^e = \frac{EA}{l}\begin{bmatrix} 1 & -1 \\ -1 & 1 \end{bmatrix} \quad (7.58)$$

いま，式 (7.56) において $\{f\}=0$ とおいて，自由振動を考えよう．式 (7.56) の解を，次のように式 (4.32) と同じ形におく．

$$\{u(t)\} = \{U\}e^{j(\omega t + \phi)} \tag{7.59}$$

ここで，$\{U\}$ は変位振幅ベクトルである．上式を式 (7.56) に代入すると

$$([K]-\omega^2[M])\{U\}=\{0\} \tag{7.60}$$

となる．上式は，多自由度系の一般化固有値問題の式 (4.34) とまったく同形となる．ただし，多自由度系（集中定数系）と連続体系（分布定数系）とでは，$[M]$，$[K]$ の導出方法が異なる．

例題 7.4　図 7.7 の 2 節点はり要素の形状関数 $[N]$ を求めよ．

(解)　2 節点はり要素のたわみの**変位関数**として，次の 3 次多項式を仮定する．

$$w(x)=\alpha_0+\alpha_1 x+\alpha_2 x^2+\alpha_3 x^3 \tag{1}$$

上式の未定係数 $\alpha_0 \sim \alpha_3$ を，節点 i，$i+1$ のたわみ w_i，w_{i+1} とたわみ角 θ_i，θ_{i+1} を用いて表せばよい．はり要素の長さを l とすれば

$$x=0 のとき \qquad w(0)=w_i \qquad w'(0)=\theta_i$$
$$x=l のとき \qquad w(l)=w_{i+1} \qquad w'(l)=\theta_{i+1}$$

であるから，未定係数 $\alpha_0 \sim \alpha_3$ を境界条件 w_i，θ_i，w_{i+1}，θ_{i+1} で表すことができる．

$$\begin{Bmatrix} w_i \\ \theta_i \\ w_{i+1} \\ \theta_{i+1} \end{Bmatrix} = \begin{bmatrix} 1 & 0 & 0 & 0 \\ 0 & 1 & 0 & 0 \\ 1 & l & l^2 & l^3 \\ 0 & 1 & 2l & 3l^2 \end{bmatrix}\begin{Bmatrix} \alpha_0 \\ \alpha_1 \\ \alpha_2 \\ \alpha_3 \end{Bmatrix} \tag{2}$$

上式の係数行列の逆行列を両辺に乗じると，次式を得る．

$$\begin{Bmatrix} \alpha_0 \\ \alpha_1 \\ \alpha_2 \\ \alpha_3 \end{Bmatrix} = \begin{bmatrix} 1 & 0 & 0 & 0 \\ 0 & 1 & 0 & 0 \\ -3/l^2 & -2/l & 3/l^2 & -1/l \\ 2/l^3 & 1/l^2 & -2/l^3 & 1/l^2 \end{bmatrix}\begin{Bmatrix} w_i \\ \theta_i \\ w_{i+1} \\ \theta_{i+1} \end{Bmatrix} \tag{3}$$

この未定係数ベクトル $=[\alpha_0 \ \alpha_1 \ \alpha_2 \ \alpha_3]^T$ を式 (1) に代入すると，変位関数をはり要素の両端の節点変位で次のように表すことができる．

$$w(x) = N_1(x)w_i + N_2(x)\theta_i + N_3(x)w_{i+1} + N_4(x)\theta_{i+1} = [N]\begin{Bmatrix} w_i \\ \theta_i \\ w_{i+1} \\ \theta_{i+1} \end{Bmatrix} \qquad (4)$$

ここで，$[N]$ は形状関数行列であり，その関数行列の成分は次のようになる.

$$\left. \begin{aligned} N_1(x) &= 1 - 3(x/l)^2 + 2(x/l)^3 \\ N_2(x) &= x - 2x^2/l + x^3/l^2 \\ N_3(x) &= 3(x/l)^2 - 2(x/l)^3 \\ N_4(x) &= -x^2/l + x^3/l^2 \end{aligned} \right\} \qquad (5)$$

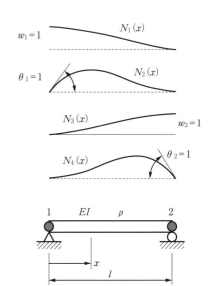

図7.7　はり要素の形状関数

その形状関数の各要素のたわみ形状を，図7.7に示す. たとえば，$N_1(X)$ は節点1に単位のたわみ（=1）を与え，節点2の変位を拘束したときの変形形状を示す. $N_2(x)$ は節点1に単位のたわみ角（=1）を与え，節点2の変位を拘束したときの変形形状を示す. これらの図から形状関数によって各節点の変位から生じるはりの変形形状を表すことがわかる. しがって，要素内の任意の点の変形はこれらの変形モードの重ね合わせとして表現される. はり要素のポテンシャル・エネルギと運動エネルギは，表5.6の式5から

$$U = \frac{1}{2}\int_0^l EI\left\{\frac{\partial^2 w}{\partial x^2}\right\}^2 \mathrm{d}x, \quad T = \frac{1}{2}\int_0^l \rho A\left\{\frac{\partial w}{\partial t}\right\}^2 \mathrm{d}x$$

と表されるので，はり要素の剛性行列 $[K]^e$ と質量行列 $[M]^e$ は次式のように書ける.

$$[K]^e = \int_0^l E I [B]^T[B]\,\mathrm{d}x \qquad (6) \qquad ここで \quad [B] = \frac{\partial^2}{\partial x^2}[N] \qquad (7)$$

$$[M]^e = \int_0^l \rho A [N]^T[N]\mathrm{d}x \qquad (8)$$

例題7.5　図7.7の2節点はり要素の剛性行列 $[K]^e$ と質量行列 $[M]^e$ を求めよ.

（解）　例題7.4において，式（5）を式（7）に代入すると

$$[B] = \frac{\partial}{\partial x^2}[N] = \left[-\frac{6x}{l^2} + \frac{6x^2}{l^3} \quad -\frac{4}{l} + \frac{6x^2}{l^3} \quad \frac{6x}{l^2} - \frac{6x^2}{l^3} \quad -\frac{4}{l} + \frac{6x^2}{l^3} \right]^T$$

となる．上式を式(6)に代入して積分すると，剛性行列は

$$[K]^e = \int_0^l EI[B]^T[B]\mathrm{d}x = \frac{EI}{l^3}\begin{bmatrix} 12 & 6l & -12 & 6l \\ 6l & 4l^2 & -6l & 2l^2 \\ -12 & -6l & 12 & -6l \\ 6l & 2l^2 & -6l & 4l^2 \end{bmatrix} \tag{1}$$

となる．また，質量行列は例題7.4の式（5）のはりの形状関数行列$[N]$を式（8）に代入して積分すると，次のように決定される．

$$[M]^e = \int_0^l \rho A\,[N]^T[N]\mathrm{d}x = \frac{\rho A l}{420}\begin{bmatrix} 156 & 22l & 54 & -13l \\ 22l & 4l^2 & 13l & -3l^2 \\ 54 & 13l & 156 & -22l \\ -13l & -3l^2 & -22l & 4l^2 \end{bmatrix} \tag{2}$$

7.3.1 棒の縦振動解析

図7.8に示すような一端固定，他端自由の棒を，棒要素に対する式（7.57）の質量行列と式（7.58）の剛性行例を使用して固有角振動数を計算して，厳密解（表5.1）と比較してみよう．まず棒を2等分して，棒要素の剛性行例$[K]^e$，質量行列$[M]^e$を個々に重ね合わせて棒全体の剛性行列および質量行列を組み立てると，次のようになる．

$$[K] = \sum_{e=1}^2 [K]^e = \frac{AE}{(l/2)}\begin{bmatrix} 1 & -1 & 0 \\ -1 & 1+1 & -1 \\ 0 & -1 & 1 \end{bmatrix} = \frac{2AE}{l}\begin{bmatrix} 1 & -1 & 0 \\ -1 & 2 & -1 \\ 0 & -1 & 1 \end{bmatrix}$$

$$[M] = \sum_{e=1}^2 [M]^e = \frac{\rho A(l/2)}{6}\begin{bmatrix} 2 & 1 & 0 \\ 1 & 2+2 & 1 \\ 0 & 1 & 2 \end{bmatrix} = \frac{\rho A l}{12}\begin{bmatrix} 2 & 1 & 0 \\ 1 & 4 & 1 \\ 0 & 1 & 2 \end{bmatrix}$$

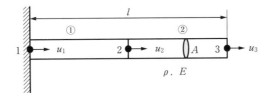

図7.8 一端固定，他端自由の棒の2要素分割モデル

ここで，固定端（節点1）の境界条件 $U_1 = 0$ に対応する上記の $[K]$, $[M]$ の1行1列の成分をすべて取り除くと，式（7.60）から次の固有値問題を得る．

$$\left\{ \frac{2AE}{l} \begin{bmatrix} 2 & -1 \\ -1 & 1 \end{bmatrix} - \omega^2 \frac{\rho Al}{12} \begin{bmatrix} 4 & 1 \\ 1 & 2 \end{bmatrix} \right\} \begin{Bmatrix} U_2 \\ U_3 \end{Bmatrix} = \begin{Bmatrix} 0 \\ 0 \end{Bmatrix}$$

上式の $[U_2, U_3]^T$ は，節点 2, 3 の変位振幅ベクトルを表す．上式の係数行列式 = 0 から，次の振動数方程式が得られる．

$$\left| \begin{bmatrix} 2 & -1 \\ -1 & 1 \end{bmatrix} - \omega^2 \frac{\rho l^2}{24E} \begin{bmatrix} 4 & 1 \\ 1 & 2 \end{bmatrix} \right| = 0$$

すなわち

$$\begin{vmatrix} 2-4\lambda & -(1+\lambda) \\ -(1+\lambda) & 1-2\lambda \end{vmatrix} = 0, \quad \text{ここで} \quad \lambda = \omega^2 \frac{\rho l^2}{24E}$$

上式を展開すると，次の λ（固有値）に関する2次方程式を得る．

$$(2-4\lambda)(1-2\lambda) - (1+\lambda)^2 = 0, \quad 7\lambda^2 - 10\lambda + 1 = 0$$

2次方程式の解の公式から，次の2根を得る．

$$\lambda = \frac{5 \mp 3\sqrt{2}}{7} = \begin{cases} 0.108 \\ 1.320 \end{cases}$$

したがって，1次および2次固有角振動数（$\omega_1 < \omega_2$）は次のように求まる．

1次固有角振動数　$\omega_1 = \sqrt{\lambda_1 \dfrac{24E}{\rho l^2}} = \sqrt{\dfrac{0.108 \times 24}{l^2} \left(\dfrac{E}{\rho} \right)} = \dfrac{1.610}{l} \sqrt{\dfrac{E}{\rho}} = 1.610 \dfrac{c}{l}$

2次固有角振動数　$\omega_2 = \sqrt{\lambda_2 \dfrac{24E}{\rho l^2}} = \sqrt{\dfrac{1.32 \times 24}{l^2} \left(\dfrac{E}{\rho} \right)} = \dfrac{5.628}{l} \sqrt{\dfrac{E}{\rho}} = 5.628 \dfrac{c}{l}$

対応する棒の固有角振動数 ω_i の厳密解（表5.1）との比較を，表7.1 に示す．2要素分割で1次モードの固有角振動数は精度よく求まるが，2次モードのそれの精度はよくない．棒の高次モードの固有角振動数を精度よく求めるには，

表7.1　一端固定，他端自由の棒の固有角振動数 ω_i の有限要素解と厳密解の比較

モード次数	有限要素解		厳密解（表5.1）
	1要素	2要素	
$i=1$	1.732 (10.2%)*	1.610 (2.5%)	1.571 ($=\pi/2$)
$i=2$	—	5.628 (19.4%)	4.712 ($=3\pi/2$)

＊　（ ）内の値は厳密解に対する誤差を表す．

さらに要素分割数を増やす必要がある.

7.3.2 はりの曲げ振動解析

図 7.9 に示すような一端固定・他端自由のはりを 1 要素でモデル化して，2 節点はり要素に対する例題 7.5 の式 (1)，(2) の剛性行列 $[K]^e$ と質量行例 $[M]^e$ から固有角振動数を計算し，厳密解（表 5.5）と比較してみよう.

はりの固定端（節点 1）の境界条件 $W_1 = \Theta_1 = 0$ に対応する $[K]^e$ と $[M]^e$ の 1 行 1 列，2 行 2 列の成分をすべて取り除くと，式 (7.60) から次の固有値問題を得る.

$$\left\{ \frac{EI}{l^3} \begin{bmatrix} 12 & -6l \\ -6l & 4l^2 \end{bmatrix} - \omega^2 \frac{\rho A l}{420} \begin{bmatrix} 156 & -22l \\ -22l & 4l^2 \end{bmatrix} \right\} \begin{Bmatrix} W_2 \\ \Theta_2 \end{Bmatrix} = \begin{Bmatrix} 0 \\ 0 \end{Bmatrix}$$

上式の $[W_2, \Theta_2]^T$ は，節点 2 のたわみとたわみ角の振幅ベクトルを表す. 上式の係数行例式＝0 から，次の振動数方程式を得る.

$$\left| \frac{2EI}{l^3} \begin{bmatrix} 6 & -3l \\ -3l & 2l^2 \end{bmatrix} - \omega^2 \frac{\rho A l}{210} \begin{bmatrix} 78 & -11l \\ -11l & 2l^2 \end{bmatrix} \right| = 0$$

上式を整理すると

$$\left| \begin{matrix} 6 - 78\lambda & -3l + 11l\lambda \\ -3l + 11l\lambda & 4l^2 - 2l^2\lambda \end{matrix} \right| = 0 \quad \text{ここで，} \lambda = \omega^2 \frac{\rho A l^4}{420 EI}.$$

上式の行列式を展開すると，次の λ（固有値）に関する次の 2 次方程式が得られる.

$$35\lambda^2 - 102\lambda + 3 = 0$$

解の公式から，次の 2 根 $(\lambda_1 < \lambda_2)$ を得る

$$\lambda_1 = 0.02971, \quad \lambda_2 = 2.88457$$

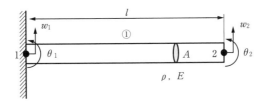

図 7.9　一端固定・他端自由（片持ち）のはりの 1 要素モデル

表7.2　一端固定・他端自由はりの固有角振動数 ω_i の有限要素解と厳密解の比較

モード次数	有限要素解		厳密解（表5.5）
	1要素	2要素	
$i=1$	3.532（0.5%）*	3.519（0.05%）	3.516
$i=2$	34.807（26%）	22.222（ 0.4%）	22.034
$i=3$	—	75.152（10.4%）	61.623
$i=4$	—	218.159（34.3%）	120.912

＊　（　）内の値は厳密解に対する誤差を表す.

したがって，1次および2次固有角振動数は次のように求まる.

$$1\text{次固有角振動数}\quad \omega_1=\sqrt{0.02971\frac{420EI}{\rho Al^4}}=\frac{3.532}{l^2}\sqrt{\frac{EI}{\rho A}}$$

$$2\text{次固有角振動数}\quad \omega_2=\sqrt{2.88457\frac{420EI}{\rho Al^4}}=\frac{34.807}{l^2}\sqrt{\frac{EI}{\rho A}}$$

さらに2要素分割したはりの固有角振動数も同様な手順によって求めることができるが，要素数が多くなると手計算では固有角振動数を求めるのは困難になるので，コンピュータによる固有値解析が必要となる．対応するはりの曲げ振動の固有角振動数 ω_i の厳密解（表5.5）との比較を，表7.2に示す．この表には，2要素分割したはりの有限要素結果も追加している．棒要素の場合と同様に，はりの3次以上の高次モードの固有角振動数を精度よく求めるには，さらに要素分割数を増やす必要がある.

　棒およびはりの有限要素法による振動解析において，要素数を増やすと固有角振動数は常に上側から厳密解に収束していく．これは，有限要素法（変位法）が最小ポテンシャル・エネルギ原理に基づいているからである.

7.4　伝達マトリックス法

　一般の構造物の場合は，前述の有限要素法を用いて系の質量行列，剛性行列を求め固有値解析を行うことにより，固有振動数および固有モードなどの値を求めることができる．しかし，細長い構造物や同じ形態が連続する構造物（回転軸，配管，柱，はりなど）の振動解析には，**伝達マトリックス法**が有効である．

　伝達マトリックス法は，状態量（変位，力など）が構造物中を伝達していくと考えているために，変数の数が少ないままで計算ができるという利点があ

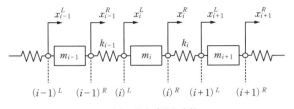

(a) 格点番号と変位

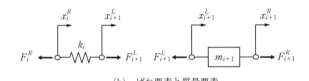

(b) ばね要素と質量要素

図7.10 多自由度ばね-質量系の変位と内力

る．図7.10(a) の多自由度系の中の1組のばねと質量を抜き出し，図7.10(b) のように表して考えよう．この部分の状態量は変位 x_i と内力 F_i によって決定される（下添字は格点番号を意味する）．これらの状態量を列ベクトル

$$\{z\}_i = \begin{Bmatrix} x \\ F \end{Bmatrix}_i \tag{7.61}$$

として表すことにする．この $\{z\}_i$ を**状態量ベクトル**という．図7.10(a) において，格点 i^R の状態量ベクトル $\{z\}_i^R$ と格点 $(i+1)^R$ の状態量ベクトル $\{z\}_{i+1}^R$ を関連をづける式が

$$\{z\}_{i+1}^R = [T]_{i+1}\{z\}_i^R \tag{7.62}$$

とおけるとき，$[T]_{i+1}$ を**伝達マトリックス**という．この伝達マトリックスにおいて，格点 i^R と格点 $(i+1)^L$ の間とばねと格点 $(i+1)^L$ と格点 $(i+1)^R$ の間の質量に分けて考える．いま，ばね k_i（ばね定数）の部分を考えると，格点 i^R と格点 $(i+1)^L$ の間では内力が一定なので，次の関係が成立する．

$$\left.\begin{array}{l} x_{i+1}^L - x_i^R = \dfrac{F_i^R}{k_i} \\[2mm] F_{i+1}^L = F_i^R \end{array}\right\} \tag{7.63}$$

上式を書き直すと

$$\{z\}_{i+1}^L = [T_F]_{i+1}\{z\}_i^R \tag{7.64}$$

となる．ただし

$$[T_F]_{i+1} = \begin{bmatrix} 1 & 1/k_i \\ 0 & 1 \end{bmatrix} \tag{7.65}$$

であり，$[T_F]_{i+1}$ を**格間伝達マトリックス**という．次に質量 m_{i+1} の前後では変位は等しく，内力の差により慣性力 $(-m_{i+1}\ddot{x}_{i+1}^L)$ が生じるので

$$\left. \begin{array}{l} x_{i+1}^R = x_{i+1}^L \\ F_{i+1}^R = F_{i+1}^L - m_{i+1}\omega^2 x_{i+1}^L \end{array} \right\} \tag{7.66}$$

となる（角振動数 ω をもつ調和振動を仮定）．上式を書き直すと

$$\{z\}_{i+1}^R = [T_P]_{i+1}\{z\}_{i+1}^L \tag{7.67}$$

となる．ただし

$$[T_P]_{i+1} = \begin{bmatrix} 1 & 0 \\ -m_{i+1}\omega^2 & 1 \end{bmatrix} \tag{7.68}$$

である．格点 $i+1$ の両側の状態量ベクトルを結合する $[T_P]_{i+1}$ を，**格点伝達マトリックス**という．式 (7.64) を (7.67) に代入すると

$$\{z\}_{i+1}^R = [T_P]_{i+1}[T_F]_{i+1}\{z\}_i^R \tag{7.69}$$

となり，式 (7.62) から伝達マトリックス $[T]_{i+1} = [T_P]_{i+1}[T_F]_{i+1}$ が求められる．

例題 7.6　図 7.11 の 3 自由度ばね-質量系の固有角振動数と固有モードを伝達マトリックス法により求めよ．ただし，$m_1 = m_3 = m$，$m_2 = 2m$，$k_1 = k_2 = k_3 = k_4 = k$ とする．

（解）　式 (7.65) より格間伝達マトリックス $[T_F]$ は

$$[T_F]_1 = [T_F]_2 = [T_F]_3 = [T_F]_4 = \begin{bmatrix} 1 & 1/k \\ 0 & 1 \end{bmatrix} \tag{1}$$

と書ける．一方，式 (7.68) より格点伝達マトリックス $[T_P]$ は

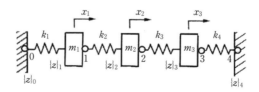

図 7.11　3 自由度ばね-質量系の状態量ベクトルと格点

$$[T_P]_1 = [T_P]_3 = \begin{bmatrix} 1 & 0 \\ -m\omega^2 & 1 \end{bmatrix}, \quad [T_P]_2 = \begin{bmatrix} 1 & 0 \\ -2m\omega^2 & 1 \end{bmatrix}, \quad [T_P]_4 = \begin{bmatrix} 1 & 0 \\ 0 & 1 \end{bmatrix} \tag{2}$$

と書ける．また図 7.11 に示すばね両端の固定の境界条件は，格点 $i=0$ と格点 $i=4$ での変位成分 $x_0 = x_4 = 0$ に対応するので，状態量ベクトルは

$$\{z\}_0 = \begin{Bmatrix} 0 \\ F_0 \end{Bmatrix}, \quad \{z\}_4 = \begin{Bmatrix} 0 \\ F_4 \end{Bmatrix} \tag{3}$$

となる．ここで，$F_i/k = \overline{F}_i$，$m\omega^2/k = s$ とおくと，式 (1)，(2) から

$$[T_F]_1 = [T_F]_2 = [T_F]_3 = [T_F]_4 = \begin{bmatrix} 1 & 1 \\ 0 & 1 \end{bmatrix}, \quad [T_P]_1 = \begin{bmatrix} 1 & 0 \\ -s & 1 \end{bmatrix}, \quad [T_P]_2 = \begin{bmatrix} 1 & 0 \\ -2s & 1 \end{bmatrix}$$

となる．したがって，$\{z\}_0$ と $\{z\}_4$ の間には

$$\{z\}_4 = [T_F]_4 [T_P]_3 [T_F]_3 [T_P]_2 [T_F]_2 [T_P]_1 [T_F]_1 \{z\}_0 \tag{4}$$

の関係が得られる．式 (3) の第 1 式より $\{z\}_0$ の変位成分が $x_0 = 0$ のため，式 (4) の右辺の各伝達マトリックスの 1 列目は計算結果に直接関係しないので，「―」で表して右側から順次行列計算を実行すると，次の関係を得る．

$$\{z\}_1^L = \begin{Bmatrix} x \\ \overline{F} \end{Bmatrix}_1^L = \begin{bmatrix} ― & 1 \\ ― & 1 \end{bmatrix} \begin{Bmatrix} 0 \\ \overline{F}_0 \end{Bmatrix}$$

$$\{z\}_1^R = \begin{Bmatrix} x \\ \overline{F} \end{Bmatrix}_1^R = \begin{bmatrix} 1 & 0 \\ -s & 1 \end{bmatrix} \begin{bmatrix} ― & 1 \\ ― & 1 \end{bmatrix} \begin{Bmatrix} 0 \\ \overline{F}_0 \end{Bmatrix} = \begin{bmatrix} ― & 1 \\ ― & -s+1 \end{bmatrix} \begin{Bmatrix} 0 \\ \overline{F}_0 \end{Bmatrix} \tag{5}$$

$$\{z\}_2^L = \begin{Bmatrix} x \\ \overline{F} \end{Bmatrix}_2^L = \begin{bmatrix} 1 & 1 \\ 0 & 1 \end{bmatrix} \begin{bmatrix} ― & 1 \\ ― & -s+1 \end{bmatrix} \begin{Bmatrix} 0 \\ \overline{F}_0 \end{Bmatrix} = \begin{bmatrix} ― & -s+2 \\ ― & -s+1 \end{bmatrix} \begin{Bmatrix} 0 \\ \overline{F}_0 \end{Bmatrix}$$

$$\{z\}_2^R = \begin{Bmatrix} x \\ \overline{F} \end{Bmatrix}_2^R = \begin{bmatrix} 1 & 0 \\ -2s & 1 \end{bmatrix} \begin{bmatrix} ― & -s+2 \\ ― & -s+1 \end{bmatrix} \begin{Bmatrix} 0 \\ \overline{F}_0 \end{Bmatrix} = \begin{bmatrix} ― & -s+2 \\ ― & 2s^2-5s+1 \end{bmatrix} \begin{Bmatrix} 0 \\ \overline{F}_0 \end{Bmatrix} \tag{6}$$

$$\{z\}_3^L = \begin{Bmatrix} x \\ \overline{F} \end{Bmatrix}_3^L = \begin{bmatrix} 1 & 1 \\ 0 & 1 \end{bmatrix} \begin{bmatrix} ― & -s+2 \\ ― & 2s^2-5s+1 \end{bmatrix} \begin{Bmatrix} 0 \\ \overline{F}_0 \end{Bmatrix} = \begin{bmatrix} ― & 2s^2-6s+3 \\ ― & 2s^2-5s+1 \end{bmatrix} \begin{Bmatrix} 0 \\ \overline{F}_0 \end{Bmatrix}$$

$$\{z\}_3^R = \begin{Bmatrix} x \\ \overline{F} \end{Bmatrix}_3^R = \begin{bmatrix} 1 & 0 \\ -s & 1 \end{bmatrix} \begin{bmatrix} ― & 2s^2-6s+3 \\ ― & 2s^2-5s+1 \end{bmatrix} \begin{Bmatrix} 0 \\ \overline{F}_0 \end{Bmatrix} = \begin{bmatrix} ― & 2s^2-6s+3 \\ ― & -2s^3+8s^2-8s+1 \end{bmatrix} \begin{Bmatrix} 0 \\ \overline{F}_0 \end{Bmatrix} \tag{7}$$

$$\{z\}_4^L = \begin{Bmatrix} 0 \\ \overline{F}_4 \end{Bmatrix}_4^L = \begin{bmatrix} 1 & 1 \\ 0 & 1 \end{bmatrix} \begin{bmatrix} ― & 2s^2-6s+3 \\ ― & -2s^3+8s^2-8s+1 \end{bmatrix} \begin{Bmatrix} 0 \\ \overline{F}_0 \end{Bmatrix}$$

$$= \begin{bmatrix} ― & -2s^3+10s^2-14s+4 \\ ― & -2s^3+8s^2-8s+1 \end{bmatrix} \begin{Bmatrix} 0 \\ \overline{F}_0 \end{Bmatrix}$$

最終式の 1 行 2 列成分より次の振動数方程式

$$-2s^3+10s^2-14s+4 = 0 \tag{8}$$

を得る．この s に関する3次方程式の解は，$s=2$, $(3\pm\sqrt{5})/2$ となり，$\omega=\sqrt{sk/m}$ なので，1次から3次の固有角振動数は $\omega_1=0.618\sqrt{k/m}$, $\omega_2=1.414\sqrt{k/m}$, $\omega_3=1.618$ $\sqrt{k/m}$ となる．これらの ω_i に対応する s を式 (5)～(7) の右辺の伝達マトリックスの1行2列成分に代入し，$\overline{F}_0$ を任意の大きさとして（たとえば $\overline{F}_0=1$）行列演算すると，1次から3次の固有振動モードの変位成分 x_i^R $(i=1～3)$ は次のようになる．ただし，変位成分 $x_1^R=x_2^R=x_3^R=1$ とする．

$$\omega_1=0.62\sqrt{k/m} \text{ のとき } \{X^{(1)}\}=[1, \quad 1.62, \quad 1]^T$$

$$\omega_2=1.41\sqrt{k/m} \text{ のとき } \{X^{(2)}\}=[1, \quad 0, \quad -1]^T$$

$$\omega_3=1.62\sqrt{k/m} \text{ のとき } \{X^{(3)}\}=[1, \quad -0.62, \quad 1]^T$$

7.5　コンピュータによる計算結果

ここでは本章で説明した数値計算法の適用例を示す．すなわち，固有値問題に関する解法として

　　a）べき乗法，b）ヤコビ法

逐次積分法（直接積分法）に関する解法として

　　c）ルンゲ-クッタ法，d）　中心差分法

　　e）ニューマーク β 法，f）ウイルソン θ 法

による過渡応答の計算法である．

MATLAB 言語（MathWorks 社）で書かれたMファイルにより計算した結果を以下に示す．これらのMファイルは，すべて共立出版のホームページ（目次の最後に URL を記載）に掲載している．

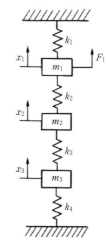

図7.12　3自由度ばね-質量系の強制振動

例題 7.7　図 7.12 の3自由度ばね-質量系で，質点 m_1 に調和外力 $F_1(t)=\sin \pi t$[N] が作用したときの系の過渡応答（過渡振動）を求めよ．初期条件は $\{x(0)\}=\{v(0)\}=\{0\}$ とする．ただし，$m_1=m_2=m_3=1$ kg, $k_1=k_2=k_3=k=1$ N/m, 最終計算時刻 $=20$ s とする．

この問題の運動方程式は次式で与えられる．

$$\begin{bmatrix} m & 0 & 0 \\ 0 & m & 0 \\ 0 & 0 & m \end{bmatrix} \begin{Bmatrix} \ddot{x}_1 \\ \ddot{x}_2 \\ \ddot{x}_3 \end{Bmatrix} + \begin{bmatrix} 2k & -k & 0 \\ -k & 2k & -k \\ 0 & -k & 2k \end{bmatrix} \begin{Bmatrix} x_1 \\ x_2 \\ x_3 \end{Bmatrix} = \begin{Bmatrix} F_1(t) \\ 0 \\ 0 \end{Bmatrix} \tag{1}$$

この問題の固有値解析から3つの固有値と固有ベクトル（非正規化）を求めると，例題4.4の結果から次のようになる．

$$\omega_1{}^2 = (2 - \sqrt{2})\frac{k}{m}, \quad \omega_2{}^2 = 2\frac{k}{m}, \quad \omega_3{}^2 = (2 + \sqrt{2})\frac{k}{m} \tag{2}$$

$$\begin{Bmatrix} X_1^{(1)} \\ X_2^{(1)} \\ X_3^{(1)} \end{Bmatrix} = \begin{Bmatrix} 1 \\ \sqrt{2} \\ 1 \end{Bmatrix}, \quad \begin{Bmatrix} X_1^{(2)} \\ X_2^{(2)} \\ X_3^{(2)} \end{Bmatrix} = \begin{Bmatrix} 1 \\ 0 \\ -1 \end{Bmatrix}, \quad \begin{Bmatrix} X_1^{(3)} \\ X_2^{(3)} \\ X_3^{(3)} \end{Bmatrix} = \begin{Bmatrix} 1 \\ -\sqrt{2} \\ 1 \end{Bmatrix} \tag{3}$$

固有値問題の2つの解析法による計算結果を紹介する．

a) べき乗法（Mファイル名：Powermethod）

Mファイル内の変数名の意味を以下に示す．

変数名	意　味	入出力データの指示
ndof	系の自由度数	入力データ
M	質量行列：[ndof×ndof]	入力データ
K	剛性行列：[ndof×ndof]	入力データ
X0	固有ベクトルの初期値：{ndof}	入力データ
eps	収束条件の許容値	入力データ
E	固有値 $=\lambda$：{ndof}	出力データ
EV	固有ベクトル格納行列 [ndof×ndof]	出力データ

入力値　ndof＝3，X0＝$[1 \quad 2 \quad 3]^T$, eps＝10^{-8}

$$[M] = \begin{bmatrix} m & 0 & 0 \\ 0 & m & 0 \\ 0 & 0 & m \end{bmatrix} \qquad [K] = \begin{bmatrix} 2k & -k & 0 \\ -k & 2k & -k \\ 0 & -k & 2k \end{bmatrix}$$

例題7.7の一般化固有値問題（3行3列）に対して，べき乗法のMファイルを実行して得た固有値と固有ベクトルを以下に示す．

べき乗法による一般化固有値問題の解

固有値λ：1次　　2次　　3次
ans=
　0.5858　2.0000　3.4142
固有ベクトル{X}：1次　　2次　　3次
ans=
　1.0000　　1.0000　　1.0000
　1.4142　−0.0000　−1.4142
　1.0000　−1.0000　　1.0000

この結果は，固有値 $\lambda = \omega^2$ であるから式（2）の3つの固有値と完全に一致している．一方，固有ベクトルの値も，式（3）と完全に一致している．

b)　ヤコビ法（Mファイル名：Jacobimethod）

Mファイル内の変数名の意味を以下に示す．

変数名	意　　味	入出力データの指示
ndof	系の自由度数	入力データ
A	実対称行列：[ndof×ndof]	入力データ
Kmax	反復数の最大値	入力データ
eps	収束条件の許容誤差量	入力データ
E	固有値 $=\lambda:\{\mathrm{ndof}\}$	出力データ
EV	固有ベクトル格納行列 [ndof×ndof]	出力データ

入力値　ndof=3，[A] は以下の行列，Kmax=100，eps=10^{-8}

$$[A]=[M]^{-1}[K]=\begin{bmatrix} m & 0 & 0 \\ 0 & m & 0 \\ 0 & 0 & m \end{bmatrix}^{-1}\begin{bmatrix} 2k & -k & 0 \\ -k & 2k & -k \\ 0 & -k & 2k \end{bmatrix}=\frac{k}{m}\begin{bmatrix} 2 & -1 & 0 \\ -1 & 2 & -1 \\ 0 & -1 & 2 \end{bmatrix}$$

例題 7.7 を上記のように標準形固有値問題（3行3列）に変換して，ヤコビ法のMファイルを実行して得た固有値および固有ベクトルの計算結果を以下に示す．

ヤコビ法による標準形固有値問題の解

```
反復回数：
kai=
  9
固有値 λ：1 次    2 次    3 次
ans=
  0.5858  2.0000  3.4142
固有ベクトル {X}：1 次    2 次    3 次
ans=
  1.0000    1.0000    1.0000
  1.4142    0.0000   −1.4142
  1.0000   −1.0000    1.0000
```

上記の固有値と固有ベクトルの値は，式（2）と式（3）の結果と完全に一致している．次に 4 つの直接積分法 c)〜f) による過渡応答（過渡振動）を求める M ファイルを実行して得た計算結果を以下に紹介する．

c) ルンゲ–クッタ法（M ファイル名：RungeKutta）

M ファイル内の変数名の意味を以下に示す．

変数名	意　味	入出力データの指示
ndof	系の自由度数	入力データ
M	質量行列：[ndof×ndof]	入力データ
C	減衰行列：[ndof×ndof]	入力データ
K	剛性行列：[ndof×ndof]	入力データ
dt	時間刻み（0.02 s）	入力データ
tend	計算の最終時刻	入力データ
y	変位，速度 {2×ndf}	出力データ

入力値　ndof=3, dt=0.02 s, tend=20 s, m=1 kg, k=1 N/m

$$[M]=\begin{bmatrix} m & 0 & 0 \\ 0 & m & 0 \\ 0 & 0 & m \end{bmatrix} \quad [C]=\begin{bmatrix} 0 & 0 & 0 \\ 0 & 0 & 0 \\ 0 & 0 & 0 \end{bmatrix} \quad [K]=\begin{bmatrix} 2k & -k & 0 \\ -k & 2k & -k \\ 0 & -k & 2k \end{bmatrix}$$

　例題7.7の3自由度ばね-質量系の過渡振動を，ルンゲ-クッタ法のMファイルを実行して得た結果を図7.13に示す．この図は3つの質量の変位（左）と速度（右）の時間履歴を示している．3つの異なる固有角振動数をもつ振動波形が重なり合った複雑な応答を示している．計算精度を立証するために，モード解析法（第4章参照）による計算結果を○で重ねて示す．

　両計算結果は非常によく一致していることから，ルンゲ-クッタ法の計算結果の精度が証明できた．なお本手法の積分での時間刻み Δt の決定については，安定条件は理論的には $\Delta t < 2\sqrt{2}/\omega_{max}$ とされている．最小周期 $T_{min} = 2\pi/\omega_{max}$ の関係から，安定条件は $\Delta t/T_{min} < \sqrt{2}/\pi (=0.45)$ となる．ここでは，解の安定性の余裕をみて $\Delta t/T_{min} < 1/10$ として $\Delta t = 0.02$ s と決定した．

d)　中心差分法（Mファイル名：CentralDiff2）
Mファイル内の変数名の意味を以下に示す．

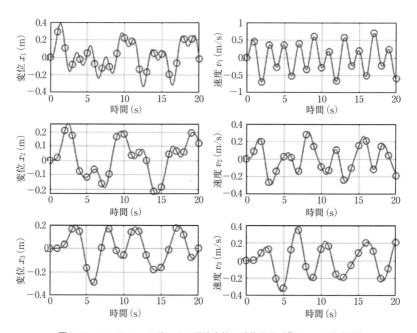

図7.13　ルンゲ-クッタ法による過渡応答の計算結果（○はモード解析法）

変数名	意　味	入出力データの指示
ndof	系の自由度数	入力データ
M	質量行列：[ndof×ndof]	入力データ
C	減衰行列：[ndof×ndof]	入力データ
K	剛性行列：[ndof×ndof]	入力データ
dt	時間刻み（0.02 s）	入力データ
tend	計算の最終時刻	入力データ
x	変位：{ndof}	出力データ
xd	速度：{ndof}	出力データ
xdd	加速度：{ndof}	出力データ

入力値はすべて c）ルンゲ-クッタ法の場合と同じ.

　同様に例題7.7の3自由度ばね-質量系について，中心差分法の M ファイル
を実行して得た過渡応答波形を，図7.14に示す．○は図7.13と同様にモード
解析法による計算結果を示す．両者の計算結果はよく一致していて，中心差分

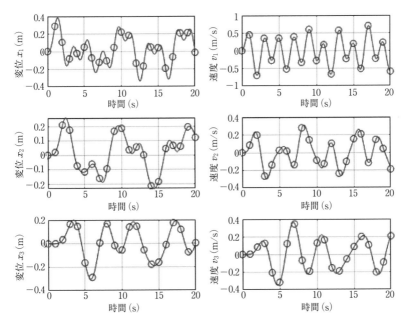

図7.14　中心差分法による過渡応答の計算結果（○はモード解析法）

法による計算結果の精度が確認できた．この手法における積分での時間刻み Δt については，安定条件は理論的に $\Delta t < 2/\omega_{max}$ とされている．最小周期 $T_{min} = 2\pi/\omega_{max}$ の関係から，安定条件は $\Delta t/T_{min} < 1/\pi (= 0.32)$ となる．ここでは，解の安定性の余裕を見て $\Delta t/T_{min} < 1/10$ として，ルンゲ-クッタ法の場合と同じ $\Delta t = 0.02$ s と決定した．

e)　ニューマーク β 法（M ファイル名：Newmarkmethod）

M ファイル内の変数名の意味を以下に示す．

変数名	意　　味	入出力データの指示
ndof	系の自由度数	入力データ
M	質量行列：[ndof×ndof]	入力データ
C	減衰行列：[ndof×ndof]	入力データ
K	剛性行列：[ndof×ndof]	入力データ
dt	時間刻み（0.02 s）	入力データ
tend	計算の最終時刻（20 s）	入力データ
Beta	パラメータ（$\beta = 0.25$）	入力データ
x	変位：{ndof}	出力データ
xd	速度：{ndof}	出力データ
xdd	加速度：{ndof}	出力データ

入力値はすべて c) ルンゲ-クッタ法の場合と同じ．

　同様に例題 7.7 の 3 自由度ばね-質量系について，ニューマーク β 法の M ファイルを実行して得た過渡応答波形を，図 7.15 に示す．○は図 7.13，図 7.14 と同様にモード解析法による結果を示す．両者の計算結果はよく一致していて，ニューマーク法による計算精度の精度が確認できた．この手法での積分の時間刻み Δt の決定について説明する．7.2.4 項の説明から $\beta = 1/4$ では理論的には無条件安定条件ではあるが，Δt を大きく取ると実際には計算結果の位相に遅れが生じる．線形加速度法（$\beta = 1/6$）での理論的な安定条件は，$\Delta t < 2\sqrt{3}/\omega_{max}$ とされている．最小周期 $T_{min} = 2\pi/\omega_{max}$ の関係から，安定条件は $\Delta t/T_{min} < \sqrt{3}/\pi (= 0.55)$ となり，ルンゲ-クッタ法や中心差分法の安定条件よりも，限界の Δt は少し大きくなる．ここでは，ルンゲ-クッタ法や中心差分法の場合と同様に，$\Delta t = 0.02$ s を採用した．

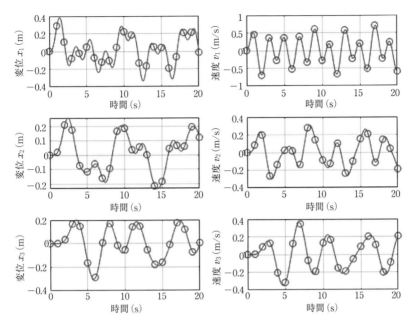

図7.15 ニューマーク β 法による過渡応答の計算結果（○はモード解析法）

f) ウイルソン θ 法 （M ファイル名：Wilsonmethod）

M ファイル内の変数名の意味を以下に示す.

変数名	意　味	入出力データの指示
ndof	系の自由度数	入力データ
M	質量行列：[ndof×ndof]	入力データ
C	減衰行列：[ndof×ndof]	入力データ
K	剛性行列：[ndof×ndof]	入力データ
dt	時間刻み（0.02 s）	入力データ
tend	計算の最終時刻	入力データ
Q	ウイルソン θ 値（θ=1.4）	入力済データ
x	変位：{ndof}	出力データ
xd	速度：{ndof}	出力データ
xdd	加速度：{ndof}	出力データ

入力値はすべて c）ルンゲ-クッタ法の場合と同じ.

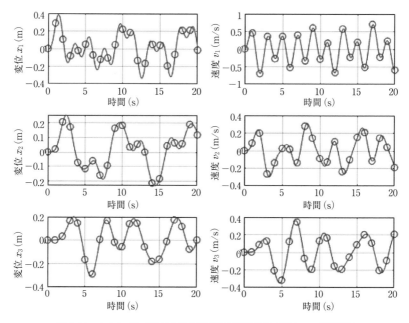

図7.16　ウイルソン θ 法による過渡応答の計算結果（○はモード解析法）

　同様に例題7.7の3自由度ばね-質量系について，ウイルソン θ 法のMファイルを実行して得た過渡応答波形を，図7.16に示す．○は図7.13〜図7.15と同様にモード解析法による結果である．両者の計算結果はよく一致し，ウイルソン θ 法による計算結果の精度が確認できた．ウイルソン θ 法も $\theta=1.4$ と取れば，無条件安定であるが，Δt を大きくとると計算結果の位相に遅れが生じる．線形加速度法（$\beta=1/6$）での理論的な安定条件は，$\Delta t/T_{\min}<\sqrt{3}/\pi(=0.55)$ と同一と考えてよい．ここでは，ルンゲ-クッタ法，中心差分法，ニューマーク法の計算結果と比較するために，同様に $\Delta t=0.02\,\mathrm{s}$ を採用した．

　4つの直接積分法のMファイルを実行して得た3自由度ばね-質量系の過渡応答の計算結果は，すべてよく一致している．陽解法であるルンゲ-クッタ法と中心差分法では，収束解を得るためには時間刻み Δt の選択には注意が必要である．一方，陰解法であるニューマーク法やウイルソン法による過渡応答解析では，理論的には無条件安定のため時間刻み Δt を大きくとることが可能ではあるが，解は収束するが計算結果の位相に遅れが生じる．陰解法の安定条件

は陽解法よりも余裕はあるが，ルンゲ-クッタ法や中心差分法と同様に，$\Delta t/T_{min}<1/10$ を満足するように余裕をみて時間刻み Δt を小さくする必要がある．

[演習問題 7]

7.1 質量行列と剛性行列が以下のように与えられたとき，固有角振動数を行列式探索法で求めよ．

$$[M]=\begin{bmatrix} 1 & 0 \\ 0 & 2 \end{bmatrix} \qquad [K]=\begin{bmatrix} 4 & -2 \\ -2 & 6 \end{bmatrix}$$

7.2 質量行列と剛性行列が以下のように与えられたとき，固有角振動数と固有振動モードをべき乗法で求めよ．

$$[M]=\begin{bmatrix} 1 & 0 & 0 \\ 0 & 1 & 0 \\ 0 & 0 & 2 \end{bmatrix} \qquad [K]=\begin{bmatrix} 2 & -1 & 0 \\ -1 & 2 & -2 \\ 0 & -2 & 4 \end{bmatrix}$$

7.3 次の対称行列 $[A]$ の 固有値と固有ベクトルを，ヤコビ法で求めよ．

$$[A]=\begin{bmatrix} 3 & 2 & 1 \\ 2 & 2 & 1 \\ 1 & 1 & 1 \end{bmatrix}$$

7.4 減衰自由振動系の運動方程式は，式(4.1)から次のように書ける．

$$[M]\{\ddot{x}\}+[C]\{\dot{x}\}+[K]\{x\}=\{0\}$$

この系の固有値問題は次の標準形固有値問題に変換されることを示せ．

$$[A]\{y\}=\lambda\{y\}$$

ただし

$$[A]=\begin{bmatrix} [0] & [I] \\ -[M]^{-1}[K] & -[M]^{-1}[C] \end{bmatrix} \qquad \{y\}=\begin{Bmatrix} x \\ \dot{x} \end{Bmatrix}$$

7.5 次の微分方程式についてルンゲ-クッタ法を用いて数値解 $x(t)$ を求めよ．時間刻み $\Delta t=0.1$ 秒とし，0秒から1秒までの動的応答を求めよ．

(a) $\dot{x}=x-1.5e^{-0.5t}$; $x(0)=1$

(b) $\dot{x}=-tx^2$; $x(0)=1$

7.6 図7.17に示す2自由度ばね-質量系の過渡応答をニューマークβ法 $(\beta=1/4)$ で求めよ．ここで，$F=10$ N，初期条件 $\{x(0)\}=\{\dot{x}(0)\}=\{0\}$，時間刻み $\Delta t=0.02$ s とし，10秒後までの動的応答を求めよ．ただし，$m_1=1$ kg，$m_2=2$ kg，

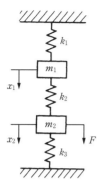

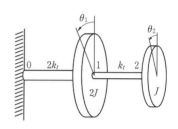

図7.17　2自由度ばね-質量系の力学モデル

図7.18　2自由度系の弾性軸のねじり振動の
　　　　　力学モデル

$k_1 = 4\,\text{N/cm}$, $k_2 = 2\,\text{N/cm}$, $k_3 = 6\,\text{N/cm}$ とする.

7.7　図7.17の2自由度ばね-質量系の過渡応答をウイルソン θ 法（$\theta = 1.4$）で解け. すべての諸条件は問題7.6と同じとする.

7.8　図7.18に示す2枚の円板からなる弾性軸のねじり振動の固有角振動数と固有振動モードを, 伝達マトリックス法を用いて求めよ. ただし, 2枚の円板の軸周りの慣性モーメントを $2J$, J, 軸のねじり剛性を $2k_t$, k_t とする. 図中の0〜2は格点番号を示す.

7.9　図3.19に示す2軸の歯車列のねじり振動の固有角振動数と固有振動モードを, 伝達マトリックス法を用いて求めよ. ただし, $J_1 = J_3 = J$, $J_2 = J/2$, $J_4 = 2J$, $k_{t1} = k$, $k_{t2} = 2k$, $z_2/z_3 = 0.5$ とする.

7.10　図7.19の2個の同一質量 m が付いた両端固定の弦の横振動における固有角振動数と固有振動モードを, 伝達マトリックス法を用いて求めよ. 状態量としては, 質量の位置での弦のたわみ y と一定張力 T の上下（y）方向成分 Q を用いる. 図中の0〜3は格点番号を示す.

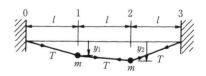

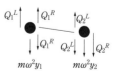

図7.19　2個の同一質量をもつ両端固定の
　　　　　弦の横振動

第 7 章の公式のまとめ	式番号
棒要素（一様断面積）の質量行列 $[M]$ と剛性行列 $[K]$ $$[M]^e = \frac{\rho A l}{6}\begin{bmatrix} 2 & 1 \\ 1 & 2 \end{bmatrix} \qquad [K]^e = \frac{EA}{l}\begin{bmatrix} 1 & -1 \\ -1 & 1 \end{bmatrix}$$	(7.57) (7.58)
はり要素（一様断面積）の質量行列 $[M]$ と剛性行列 $[K]$ $$[M]^e = \int_0^l \rho A [N]^T[N]dx = \frac{\rho A l}{420}\begin{bmatrix} 156 & 22l & 54 & -13l \\ 22l & 4l^2 & 13l & -3l^2 \\ 54 & 13l & 156 & -22l \\ -13l & -3l^2 & -22l & 4l^2 \end{bmatrix}$$ $$[K]^e = \int_0^l EI[B]^T[B]dx = \frac{EI}{l^3}\begin{bmatrix} 12 & 6l & -12 & 6l \\ 6l & 4l^2 & -6l & 2l^2 \\ -12 & -6l & 12 & -6l \\ 6l & 2l^2 & -6l & 4l^2 \end{bmatrix}$$	
格間伝達マトリックス（格点 $(i)^R$ と格点 $(i+1)^L$ の間のばね要素） $$[T_F]_{i+1} = \begin{bmatrix} 1 & 1/k_i \\ 0 & 1 \end{bmatrix}$$	(7.65)
格点伝達マトリックス（格点 $(i+1)^L$ と格点 $(i+1)^R$ の間の質量要素） $$[T_p]_{i+1} = \begin{bmatrix} 1 & 0 \\ -m_{i+1}\omega^2 & 1 \end{bmatrix}$$	(7.68)

演習問題の略解

1.1 (1) $x(t)=2\sin(\pi t+\pi/2)$：振幅 $r=2$ (cm)，角振動数 $\omega=\pi$ (rad/s)，周期 $T=2$ (s)，初期位相角 $\phi=\pi/2$ (rad)

(2) $x(t)=2\cos(\pi t)$：振幅 $r=2$ (cm)，角振動数 $\omega=\pi$ (rad/s)，周期 $T=2$ (s)，初期位相角 $\phi=0$ (rad)

1.2 $x(t)=r\cos\{(\omega_1+\omega_2)t/2+(\phi_1+\phi_2)/2+\phi\}=r\cos(11\pi t/60+7\pi/24+\varphi)$. ここで式 (1.8) より，$r=\sqrt{41+40\cos(\pi t/30+\pi/12)}$, $\tan\phi=(1/9)\tan(\pi t/60+\pi/24)$

1.3 (1) $2e^{j(\frac{\pi}{3})}$ (2) $2\sqrt{7}\,e^{j0.333}$ (3) $(2\sqrt{7}/7)e^{-j1.381}$

1.4 r_1, r_2, r_3 の合成式を $r(t)=re^{j(\omega t+\phi)}$ とおき，r,ϕ を求めれば，$r=17.73$, $\phi=0.815$ (rad) となる．したがって，$r(t)=17.73e^{j(\omega t+0.815)}$.

1.5 $0\leqq t<\pi/2\omega$ で $f(t)=2A\omega t/\pi$, $\pi/2\leqq\omega t<3\pi/2\omega$ で $f(t)=2A-2A\omega t/\pi$, $3\pi/2\leqq t<2\pi/\omega$ で $f(t)=-4A+2A\omega t/\pi$ であるから，式 (1.20)〜(1.22) より，$a_0=0, a_n=0, b_n=(8A/n^2\pi^2)\sin(n\pi/2)$, $f(t)=(8A/\pi^2)[\sin\omega t-(1/3^2)\sin 3\omega t+(1/5^2)\sin 5\omega t\cdots]$

1.6 $0<t<2\pi/\omega$ で $f(t)=A\omega t/2\pi$ であるから，$a_0=A$, $a_n=0$, $b_n=-A/(n\pi)$ $f(t)=(A/2)-(A/\pi)[\sin\omega t+(1/2)\sin 2\omega t+(1/3)\sin 3\omega t+\cdots]$

1.7 式 (1.26) と式 (1.28) より，$k_{eq}=k_1k_2(k_3+k_4)/(k_1k_2+k_1k_3+k_1k_4+k_2k_3+k_2k_4)$

1.8 式 (1.28) より，$k_{t,eq}=k_{t1}k_{t2}/(k_{t1}+k_{t2})$

1.9 式 (1.31) と式 (1.33) より，$c_{eq}=c_1c_2/(c_1+c_2)+c_3c_4/(c_3+c_4)$

1.10 式 (1.41) より，$J_0=m(r_o^2+r_i^2)/2$, また式 (1.42) より，$\kappa=\sqrt{(r_o^2+r_i^2)/2}$

2.1 (1) $10\,\mathrm{rad/s}$, $0.63\,\mathrm{s}$ (2) $44.72\,\mathrm{rad/s}$, $0.14\,\mathrm{s}$

(3) $3.13\,\mathrm{rad/s}$, $2.01\,\mathrm{s}$ (4) $14.00\,\mathrm{rad/s}$, $0.45\,\mathrm{s}$

2.2 (1) $1.378\,\mathrm{Hz}$, 0.500 (2) $2.245\,\mathrm{Hz}$, 0.071

(3) $1.574\,\mathrm{Hz}$, 0.050 (4) $7.050\,\mathrm{Hz}$, 0.002

2.3 物体の質量を m，ばね定数を k とすると，固有振動数 $f_n=\omega_n/2\pi$ より $\sqrt{k/m}/2\pi=3.2$ また $\sqrt{k/(m+5)}/2\pi=2.5$

上の 2 式より m と k を求めると, $m = 7.8 \, \text{kg}$, $k = 3.17 \, \text{kN/m}$.

2.4 $\zeta = \dfrac{c}{2\sqrt{mk}} = \dfrac{100}{2\sqrt{10 \times 10^4}} = \dfrac{100}{2 \times 100\sqrt{10}} = \dfrac{1}{2\sqrt{10}} = 0.158$

$\delta = \dfrac{2\pi\zeta}{\sqrt{1-\zeta^2}} = \dfrac{2\pi \times 0.158}{\sqrt{1-0.158^2}} = 1.005$

2.5 (1) $x(t) = 0.1\cos(10t) + 0.001\sin(10t)$ (2) $x(t) = 0.1\cos(t) + 0.01\sin(t)$

2.6 質量 m が x だけ左に微小変位すると, ばね k の伸びは $x\cos\alpha$ となるから, ばね力は $kx\cos\alpha$ となる. m の水平方向の復元力は $kx\cos^2\alpha$ となるから
$m\ddot{x} + (k\cos^2\alpha) \cdot x = 0.$ ∴ $\omega_n = \cos\alpha\sqrt{k/m}$

2.7 図の位置での左右のローラーに生じる摩擦力はそれぞれ, $(a-x)/(2a) \cdot \mu mg$, $(a+x)/(2a) \cdot \mu mg$ であり, 棒に対して右および左方向に働く. したがって, 運動方程式は $m\ddot{x} - (a-x)/(2a) \cdot \mu mg + (a+x)/(2a) \cdot \mu mg = 0$. これを整理すると $\ddot{x} + (\mu g/a)x = 0.$ ∴ $\omega_n = \sqrt{\mu g/a}$

2.8 板の上下変位を x とすると, 液体の抵抗力は $F = cS\dot{x}$ (c は抵抗係数) となる. したがって, 運動方程式は $m\ddot{x} + cS\dot{x} + kx = 0$ となる. 変形すると

$\ddot{x} + 2\zeta\omega_n\dot{x} + \omega_n^2 x = 0 \quad \left(\zeta = \dfrac{cS}{2\sqrt{mk}}, \quad \omega_n = \sqrt{\dfrac{k}{m}} \right).$

空気中の板の周期は, $T = \dfrac{2\pi}{\omega_n}$, 液体中の板の周期は, $T' = \dfrac{2\pi}{\omega_n\sqrt{1-\zeta^2}}$ より

$\dfrac{T'}{T} = n = \dfrac{1}{\sqrt{1-\zeta^2}}$ であるから, $\zeta = \dfrac{\sqrt{n^2-1}}{n} = \dfrac{cS}{2\sqrt{mk}}$ となる.

∴ $c = 2\sqrt{mk(n^2-1)}/nS$

2.9 倒立振子が θ だけ微小回転すると, 支点 O に関する復元モーメントから, 運動方程式は $ml^2\ddot{\theta} + ka^2\theta - mgl\theta = 0.$ ∴ $\omega_n = \sqrt{(ka^2 - mgl)/ml^2}$

2.10 ヒンジ支点周りの回転の運動方程式は, $ml^2\ddot{\theta} + cb^2\dot{\theta} + ka^2\theta = 0$. 変形すると $\ddot{\theta} + (cb^2/ml^2)\dot{\theta} + (ka^2/ml^2)\theta = 0$. 式 (2.24) の係数と比較すると, 固有角振動数と減衰比は

$\omega_n = \dfrac{a}{l}\sqrt{\dfrac{k}{m}}, \quad \zeta = \dfrac{b^2 c}{2al\sqrt{mk}}$

2.11 $k = m\omega_n^2 = 100 \times (10\pi)^2 = 98.7 \, \text{kN/m}$. 式 (2.76) に $\omega/\omega_n = 1$ を代入すると $X/X_{st} = 1/2\zeta$, $X = 15 \, \text{mm}$, $X_{st} = F_0/k$ より $\zeta = F_0/(2kX) = 200/(2 \times 98.7 \times 10^3 \times 15 \times 10^{-3}) = 0.068$,

$$c=2\zeta\sqrt{mk}=2\times0.068\sqrt{100\times98.7\times10^3}=427.3\text{ Ns/m.}$$

2.12 振動台の上下方向の運動方程式は

$$(M-m_e)\ddot{x}+m_e\frac{d^2}{dt^2}(x+e\sin\omega t)+m\ddot{x}=-kx$$

上式から $(M+m)\ddot{x}+kx=m_ee\omega^2\sin\omega t \qquad (1)$

供試体が振動台から受ける垂直抗力を N とすれば,供試体の運動方程式は

$$m\ddot{x}=N-mg \qquad (2)$$

強制振動の特殊解を $x_p(t)=D\sin\omega t$ とおいて,式(1)に代入し係数比較により

$$D=\frac{m_ee\omega^2}{k-(M+m)\omega^2}, \quad \text{式(2)を変形すると,} \quad N=mg+m\ddot{x}=m(g-D\omega^2\sin\omega t)$$

供試体が振動台から離れない条件は $N\geq0$ なので,$g\geq D\omega^2=\dfrac{m_ee\omega^4}{k-(M+m)\omega^2}$

2.13 運動方程式は,$m\ddot{x}+c(\dot{x}-\dot{y})+kx=0$. 整理すると

$m\ddot{x}+c\dot{x}+kx=c\dot{y}=cY\omega\cos\omega t$. さらに変形して

$\ddot{x}+2\zeta\omega_n\dot{x}+\omega_n^2x=2\zeta\omega_n\omega Y\cos\omega t$. これより強制振動の特殊解の変位振幅は

$$X=\frac{2\zeta(\omega/\omega_n)Y}{\sqrt{\{1-(\omega/\omega_n)^2\}^2+\{2\zeta(\omega/\omega_n)\}^2}}$$

2.14 5サイクルで1/10に減少したので,対数減衰率は式(2.39)から

$$\delta=\frac{2\pi\zeta}{\sqrt{1-\zeta^2}}=\frac{1}{5}\ln10=\frac{1}{5}2.303. \quad \text{この値を式(2.40)に代入すると,} \zeta=0.073.$$

$\omega_n=\sqrt{k/m}=\sqrt{100/10}=3.16\text{ rad/s.}$

$c=2\zeta\sqrt{mk}=2\times0.073\sqrt{10\times100}=4.62\text{ Ns/m.}$

外力による強制振動の特殊解の変位振幅は,式(2.74)より

$$\frac{X_{st}}{\sqrt{\{1-(\omega/\omega_n)^2\}^2+\{2\zeta(\omega/\omega_n)\}^2}}$$

$$=\frac{(20/100)}{\sqrt{\{1-(10/3.16)^2\}^2+\{2\times0.073(10/3.16)\}^2}}=0.022\text{ m}=2.2\text{ cm}$$

2.15 円板の回転の運動方程式は,$J\ddot{\theta}+c_t\dot{\theta}+k_t\theta=T_0\sin\omega t$. ただし,$k_t=\pi Gd^4/32l$（例題2.3参照）. 上式を変形すると

$\ddot{\theta}+2\zeta\omega_n\dot{\theta}+\omega_n^2\theta=(T_0/J)\sin\omega t$. ここで,

$$\omega_n=\sqrt{\frac{k_t}{J}}=\sqrt{\frac{\pi Gd^4}{32lJ}}, \quad \zeta=\frac{c_t}{2\sqrt{Jk_t}}=\frac{c_t}{2}\sqrt{\frac{32l}{\pi Gd^4J}}.$$

したがって,強制ねじり振動の特殊解の角度振幅 $\varTheta$ は,式(2.74)の

$X_{st} = F_0/m\omega_n^2$ と $\Theta_{st} = T_0/J\omega_n^2$ との対比から

$$\Theta = \frac{T_0/(J\omega_n{}^2)}{\sqrt{\{1-(\omega/\omega_n)^2\}^2 + \{2\zeta(\omega/\omega_n)\}^2}}$$

2.16　$f(t)$ は問題 1.6 の，フーリエ級数展開において，$A = F_0$ とおけば

$$f(t) = \frac{F_0}{2} - \frac{F_0}{\pi} \sum_{n=1}^{\infty} \frac{1}{n} \sin n\omega t$$

となる．定数項 $F_0/2$ に対する応答は，$F_0/2k = X_{st}/2$，上式の調和外力項 $(F_0/\pi)(\sin n\omega t/n)$ に対する応答は，強制振動の特殊解（2.74）において $\omega \to n\omega$ と置き換えると

$$x_n(t) = \frac{X_{st}/\pi}{\sqrt{\{1-(n\omega/\omega_n)^2\}^2 + \{2\zeta(n\omega/\omega_n)\}^2}} \frac{1}{n} \sin(n\omega t - \phi_n), \quad \text{ここで}$$

$\phi_n = \tan^{-1} \dfrac{2\zeta(n\omega/\omega_n)}{1-(n\omega/\omega_n)^2}$ となるので，n について総和をとれば解は

$$x(t) = X_{st}/2 - \sum_{n=1}^{\infty} x_n(t).$$

2.17　$\omega = 2\pi \times 10 = 62.83\,\text{rad/s}$, $\omega_n = \sqrt{10 \times 10^3/50} = 14.14\,\text{rad/s}$. $\omega/\omega_n = 4.44$
$\zeta = 200/2\sqrt{50 \times 10^4} = 0.141$ となるから，式（2.96）より $F_T = 8.54\,\text{kN}$

2.18　運動方程式は，$m\ddot{x} + kx = kY\sin\omega t$ となるから，変形して
$\ddot{x} + \omega_n^2 x = \omega_n^2 Y\sin\omega t$. 式（2.88）で $\zeta = 0$ とすると，変位による強制振動の
特殊解は　$x_p(t) = \dfrac{Y}{1-(\omega/\omega_n)^2} \sin\omega t$

$Y = 5\,\text{cm}$, $\omega = 4\pi = 12.566\,\text{rad/s}$, $\omega_n = \sqrt{2000/30} = 8.165\,\text{rad/s}$ を上式に代入
すると $x(t) = -3.654 \sin 12.566\,t\,\text{cm}$.

2.19　両辺をラプラス変換して，$X(s)$ について解くと

$$X(s) = \frac{1}{(s-1)(s^2+s+1)} + \frac{1}{(s^2+s+1)}$$

となる．したがって，逆ラプラス変換すると，次の完全解を得る．

$$x(t) = \mathcal{L}^{-1}\left[\frac{1}{(s-1)(s^2+s+1)}\right] + \mathcal{L}^{-1}\left[\frac{1}{s^2+s+1}\right]$$

$$= \frac{1}{3}\mathcal{L}^{-1}\left[\frac{1}{s-1} - \frac{(s+1/2)+3/2}{(s+1/2)^2+3/4}\right] + \mathcal{L}^{-1}\left[\frac{1}{(s+1/2)^2+3/4}\right]$$

$$= \frac{1}{3}\left[e^t - e^{-t/2}\left(\cos\frac{\sqrt{3}}{2}t + \sqrt{3}\sin\frac{\sqrt{3}}{2}t\right)\right] + \frac{2}{\sqrt{3}}e^{-t/2}\sin\frac{\sqrt{3}}{2}t$$

$$= \frac{1}{3}e^t - \frac{1}{3}e^{-t/2}\left(\cos\frac{\sqrt{3}}{2}t - \sqrt{3}\sin\frac{\sqrt{3}}{2}t\right)$$

2.20 (1) $F(s) = \dfrac{(s+1)+2}{(s+1)^2+4}$ より，表 2.3 のラプラス変換表から

$$f(t) = \mathcal{L}^{-1}[F(s)] = \mathcal{L}^{-1}\left[\dfrac{(s+1)+2}{(s+1)^2+4}\right] = e^{-t}(\cos 2t + \sin 2t)$$

(2) $F(s) = \dfrac{s+2}{(s-1)(s^2+2s+2)} = \dfrac{3}{5} \cdot \dfrac{1}{s-1} - \dfrac{1}{5} \cdot \dfrac{3(s+1)+1}{(s+1)^2+1}$

より，表 2.3 のラプラス変換表から

$$f(t) = \mathcal{L}^{-1}[F(s)] = \dfrac{3}{5}e^t - \dfrac{1}{5}e^{-t}(3\cos t + \sin t)$$

================== 第 3 章 ==================

3.1 2 つの質量の並進の運動方程式は

$$\left.\begin{array}{l} 2m\ddot{x}_1 + 3kx_1 + k(x_1 - x_2) = 0 \\ m\ddot{x}_2 + k(x_1 - x_2) + kx_2 = 0 \end{array}\right\}$$

一般解を $x_1(t) = A_1 \sin(\omega t + \phi)$, $x_2(t) = A_2 \sin(\omega t + \phi)$ とおき，上式に代入すると

$$\left.\begin{array}{l} (-2m\omega^2 + 4k)A_1 - kA_2 = 0 \\ -kA_1 + (-m\omega^2 + 2k)A_2 = 0 \end{array}\right\} \text{すなわち} \begin{bmatrix} (-2m\omega^2 + 4k) & -k \\ -k & (-m\omega^2 + 2k) \end{bmatrix} \begin{Bmatrix} A_1 \\ A_2 \end{Bmatrix} = \begin{Bmatrix} 0 \\ 0 \end{Bmatrix}$$

振動数方程式は，上式の係数行列式 $= 0$ から $2m^2\omega^4 - 8km\omega^2 + 7k^2 = 0$. ω^2 に関する 2 次方程式の解の公式から 1 次，2 次の固有角振動数は

$$\omega_{n1}, \ \omega_{n2} = \sqrt{(4 \mp \sqrt{2})/2} \cdot \sqrt{k/m} = 1.137\sqrt{k/m}, \ 1.645\sqrt{k/m}$$

したがって，振幅比は

$$\left.\begin{array}{l} A_2^{(1)}/A_1^{(1)} = \sqrt{2} = 1.414 \\ A_2^{(2)}/A_1^{(2)} = -\sqrt{2} = -1.414 \end{array}\right\}$$

3.2 2 つの質量の並進の運動方程式は

$$\left.\begin{array}{l} m\ddot{x}_1 + c(\dot{x}_1 - \dot{x}_2) + kx_1 + k(x_1 - x_2) = 0 \\ m\ddot{x}_2 - c(\dot{x}_1 - \dot{x}_2) - k(x_1 - x_2) + kx_2 = 0 \end{array}\right\}$$

自由振動の一般解を $x_1(t) = \tilde{A}_1 e^{j\omega t}$, $x_2(t) = \tilde{A}_2 e^{j\omega t}$ とおき，上式に代入すると

$$\left.\begin{array}{l} (-m\omega^2 + jc\omega + 2k)\tilde{A}_1 - (jc\omega + k)\tilde{A}_2 = 0 \\ -(jc\omega + k)\tilde{A}_1 + (-m\omega^2 + jc\omega + 2k)\tilde{A}_2 = 0 \end{array}\right\}$$

すなわち $\begin{bmatrix} (-m\omega^2 + jc\omega + 2k) & -(jc\omega + k) \\ -(jc\omega + k) & (-m\omega^2 jc\omega + 2k) \end{bmatrix} \begin{Bmatrix} \tilde{A}_1 \\ \tilde{A}_2 \end{Bmatrix} = \begin{Bmatrix} 0 \\ 0 \end{Bmatrix}$

振動数方程式は，上式の係数行列式 $=0$ から次のようになる.

$$(-m\omega^2+jc\omega+2k)^2-(jc\omega+k)^2=m^2\omega^4-4km\omega^2+3k^2+2jc\omega(-m\omega^2+k)=0$$

3.3 式 (3.8) を使用して 1 次と 2 次の固有角振動数 ω_{n1}, ω_{n2} を求めると，それぞれ

$$\omega_{n1}=\sqrt{k/m}, \quad \omega_{n2}=\sqrt{5}\sqrt{k/m}=2.236\sqrt{k/m}$$

となり，振幅比は

$$A_2^{(1)}/A_1^{(1)}=1, \quad A_2^{(2)}/A_1^{(2)}=-1$$

となる. 上式の関係から，自由振動の一般解を

$$x_1(t)=A_1^{(1)}\sin(\omega_{n1}t+\phi_1)+A_1^{(2)}\sin(\omega_{n2}t+\phi_2)\Big\}$$
$$x_2(t)=A_1^{(1)}\sin(\omega_{n1}t+\phi_1)-A_1^{(2)}\sin(\omega_{n2}t+\phi_2)$$

とおけるので初期条件を与えると，$A_1^{(1)}=A_1^{(2)}=0.5$, $\phi_1=\phi_2=\pi/2$ となる. したがって，

$$x_1(t)=0.5(\cos\sqrt{k/m}\,t+\cos 2.236\sqrt{k/m}\,t)\Big\}$$
$$x_2(t)=0.5(\cos\sqrt{k/m}\,t-\cos 2.236\sqrt{k/m}\,t)$$

3.4 2 つの質量の並進の運動方程式は

$$m\ddot{x}_1+k(x_1-x_2)+k(x_1-Y\sin\omega t)=0\Big\}$$
$$m\ddot{x}_2-k(x_1-x_2)=0$$

$k/m=\omega_n^2$ とおき，変位による強制振動の特殊解を $x_1(t)=A_1\sin\omega t$, $x_2(t)=A_2\sin\omega t$ として上式に代入すると

$$(-\omega^2+2\omega_n^2)A_1-\omega_n^2A_2=\omega_n^2Y\Big]$$
$$-\omega_n^2A_1+(-\omega^2+\omega_n^2)A_2=0$$

すなわち $\begin{bmatrix}(-\omega^2+2\omega_n^2) & -\omega_n^2 \\ -\omega_n^2 & (-\omega^2+\omega_n^2)\end{bmatrix}\begin{Bmatrix}A_1 \\ A_2\end{Bmatrix}=\begin{Bmatrix}\omega_n^2Y \\ 0\end{Bmatrix}$

より，A_1, A_2 が求まるから，強制振動の特殊解は

$$x_1(t)=[\omega_n^2(-\omega^2+\omega_n^2)Y/(\omega^4-3\omega_n^2\omega^2+\omega_n^4)]\sin\omega t\Big\}$$
$$x_2(t)=[\omega_n^4Y/(\omega^4-3\omega_n^2\omega^2+\omega_n^4)]\sin\omega t$$

3.5 3 つの円板の回転の運動方程式は

$$J_1\ddot{\theta}_1-k_{t1}(\theta_2-\theta_1)=0\Bigg]$$
$$J_2\ddot{\theta}_2+k_{t1}(\theta_2-\theta_1)-k_{t2}(\theta_3-\theta_2)=0\Bigg\}$$
$$J_3\ddot{\theta}_3+k_{t2}(\theta_3-\theta_2)=0\Bigg]$$

自由ねじり振動の解を $\theta_1(t)=\Theta_1\sin(\omega t+\phi)$, $\theta_2(t)=\Theta_2\sin(\omega t+\phi)$, $\theta_3(t)=\Theta_3\sin(\omega t+\phi)$ とおき，上式に代入すると

$$(-J_1\omega^2+k_{t1})\Theta_1-k_{t1}\Theta_2=0$$
$$-k_{t1}\Theta_1+(-J_2\omega^2+k_{t1}+k_{t2})\Theta_2-k_{t2}\Theta_3=0$$
$$-k_{t2}\Theta_2+(-J_3\omega^2+k_{t2})\Theta_3=0$$

すなわち
$$\begin{bmatrix} (-J_1\omega^2+k_{t1}) & -k_{t1} & 0 \\ -k_{t1} & (-J_2\omega^2+k_{t1}+k_{t2}) & -k_{t2} \\ 0 & -k_{t2} & (-J_3\omega^2+k_{t2}) \end{bmatrix}\begin{Bmatrix}\Theta_1\\\Theta_2\\\Theta_3\end{Bmatrix}=\begin{Bmatrix}0\\0\\0\end{Bmatrix}$$

振動数方程式は，上式の係数行列式 $=0$ から次のようになる.

$$\omega^2[J_1J_2J_3\omega^4-\{(J_2J_3+J_1J_3)k_{t1}+(J_1J_2+J_1J_3)k_{t2}\}\,\omega^2+(J_1+J_2+J_3)k_{t1}k_{t2}]=0$$

$\omega\neq0$ であるから，ω^2 に関する 2 次方程式の解の公式から，固有角振動数は

$$\omega_{n1}{}^2,\ \omega_{n2}{}^2=[(J_2J_3+J_1J_3)k_{t1}+(J_1J_2+J_1J_3)k_{t2}$$
$$\mp\sqrt{\{(J_2J_3+J_1J_3)k_{t1}+(J_1J_2+J_1J_3)k_{t2}\}^2-4J_1J_2J_3(J_1+J_2+J_3)k_{t1}k_{t2}}\,]/2J_1J_2J_3$$

与えられた数値を代入すると，$\therefore\ \omega_{n1},\ \omega_{n2}=17.692,\ 42.860\,(\mathrm{rad/s})$

3.6 歯車列系の回転の運動方程式は，歯車 3 に作用するトルクを T とすると

$$J_1\ddot{\theta}_1-k_{t1}(\theta_1-\theta_2)=0$$
$$J_2\ddot{\theta}_2+k_{t1}(\theta_1-\theta_2)=nT$$
$$J_3\ddot{\theta}_3-k_{t2}(\theta_3-\theta_4)=T$$
$$J_4\ddot{\theta}_4+k_{t2}(\theta_3-\theta_4)=0$$

ただし，$n=z_2/z_3$ は歯数比とする.　$\theta_3=-n\theta_2$，$\theta_4=-n\theta_4{}'$．$\theta_4{}'$ は k_{t1} の軸に換算した θ_4 とおけば，上式は

$$J_1\ddot{\theta}_1-k_{t1}(\theta_1-\theta_2)=0$$
$$(J_2+n^2J_3)\ddot{\theta}_2+k_{t1}(\theta_2-\theta_1)+n^2k_{t2}(\theta_4{}'-\theta_2)=0$$
$$n^2J_4\ddot{\theta}_4{}'+n^2k_{t2}(\theta_4{}'-\theta_2)=0$$

となるから，$J_2+n^2J_3\to J_2$，$n^2J_4\to J_3$，$n^2k_{t2}\to k_{t2}$，$\theta_4{}'\to\theta_3$ とおけば前問と同じ回転の運動方程式になる.

3.7 式 (3.19) から 2 枚の円板の自由ねじり振動の一般解を

$$\theta_1(t)=\Theta_1^{(1)}\sin(\omega_{n1}t+\phi_1)+\Theta_1^{(2)}\sin(\omega_{n2}t+\phi_2)$$
$$\theta_2(t)=\kappa_1\Theta_1^{(1)}\sin(\omega_{n1}t+\phi_1)+\kappa_2\Theta_1^{(2)}\sin(\omega_{n2}t+\phi_2)$$

とおき初期条件を与えると，$\phi_1=\phi_2=0$ および次の関係を得る.

$$\Theta_1^{(1)}=(\kappa_2-1)/\{(\kappa_2-\kappa_1)\omega_{n1}\},\ \Theta_1^{(2)}=(\kappa_1-1)/\{(\kappa_1-\kappa_2)\omega_{n2}\}$$

ここで，式 (3.17) から $\omega_{n1}=0.618\omega_t$，$\omega_{n2}=1.618\omega_t$ $(\omega_t=\sqrt{k_t/J})$，式 (3.18) から $\kappa_1=1.618$，$\kappa_2=-0.618$ となるので，円板 1 の 1 次，2 次モードの角度振幅

は$\Theta_1^{(1)}=1.171/\omega_t$, $\Theta_1^{(2)}=0.171/\omega_t$ と決まる．したがって，次の自由ねじり振動の一般解を得る．

$$\left.\begin{array}{l} \theta_1(t)=(1.171/\omega_t)\sin 0.618\,\omega_t t+(0.171/\omega_t)\sin 1.618\,\omega_t t \\ \theta_2(t)=(1.895/\omega_t)\sin 0.618\,\omega_t t-(0.106/\omega_t)\sin 1.618\,\omega_t t \end{array}\right\}$$

3.8 2枚の円板の回転の運動方程式は

$$\left.\begin{array}{l} J\ddot{\theta}_1=-k_t\theta_1+k_t(\theta_2-\theta_1) \\ J\ddot{\theta}_2=-k_t(\theta_2-\theta_1)+T_0\sin\omega t \end{array}\right\}$$

強制ねじり振動の特殊解を $\theta_1(t)=\Theta_1\sin\omega t$, $\theta_2(t)=\Theta_2\sin\omega t$ とおき，上式に代入すると

$$\left.\begin{array}{l} (-J\omega^2+2k_t)\Theta_1-k_t\Theta_2=0 \\ -k_t\Theta_1+(-J\omega^2+k_t)\Theta_2=T_0 \end{array}\right\} \text{すなわち} \begin{bmatrix} (-J\omega^2+2k_t) & -k_t \\ -k_t & (-J\omega^2+k_t) \end{bmatrix}\begin{Bmatrix}\Theta_1\\\Theta_2\end{Bmatrix}\begin{Bmatrix}0\\T_0\end{Bmatrix}$$

より角度振幅 Θ_1, Θ_2 を得る．したがって，強制ねじり振動の特殊解は

$$\left.\begin{array}{l} \theta_1(t)=\dfrac{k_tT_0}{J^2\omega^4-3k_tJ\omega^2+k_t^2}\sin\omega t \\[2mm] \theta_2(t)=\dfrac{(-J\omega^2+2k_t)T_0}{J^2\omega^4-3k_tJ\omega^2+k_t^2}\sin\omega t \end{array}\right\}$$

となり，$\omega=\sqrt{2k_t/J}$ のとき円板2は静止 $(\theta_2=0)$ し，$\theta_1(t)=-(T_0/k_t)\sin\omega t$.

3.9 棒の中央に付けられたばねが x だけ上に変位し，棒が重心Gのまわりに左に θ だけ回転したとすると，並進と回転の運動方程式は

$$\left.\begin{array}{l} 2m\ddot{x}+kx+k(x+l\theta)=0 \\ J\ddot{\theta}+kl(x+l\theta)=0 \end{array}\right\}$$

ただし，$J=2ml^2$. 一般解を $x(t)=X\sin(\omega t+\phi)$, $\theta(t)=\Theta\sin(\omega t+\phi)$ とおき，上式に代入すると

$$\left.\begin{array}{l} 2(-m\omega^2+k)X+kl\Theta=0 \\ klX+(-2m\omega^2+k)l^2\Theta=0 \end{array}\right\} \text{すなわち} \begin{bmatrix} 2(-m\omega^2+k) & kl \\ kl & (-2m\omega^2+k)l^2 \end{bmatrix}\begin{Bmatrix}X\\\Theta\end{Bmatrix}=\begin{Bmatrix}0\\0\end{Bmatrix}$$

振動数方程式は，上式の係数行列式 $=0$ から $4m^2\omega^4-6km\omega^2+k^2=0$. ω^2 に関する2次方程式の解の公式から，1次，2次の固有角振動数は

$$\omega_{n1},\ \omega_{n2}=\sqrt{(3\mp\sqrt{5})/4}\ \cdot\ \sqrt{k/m}=0.437\sqrt{k/m},\ 1.144\sqrt{k/m}$$

振幅比は

$$\left.\begin{array}{l} X^{(1)}/\Theta^{(1)}=-2l/(1+\sqrt{5})=-0.618l \\ X^{(2)}/\Theta^{(2)}=2l/(\sqrt{5}-1)=1.618l \end{array}\right\}$$

3.10 重心Gが x だけ上に変位し，棒が左に θ だけ回転したとすると，並進と回転の

運動方程式は

$$2m\ddot{x}+2k(x+l\theta)+k(x-3l\theta)=0 \Big\}$$
$$J\ddot{\theta}+2kl(x+l\theta)-3kl(x-3l\theta)=0 \Big\}$$

ただし，$J=2ml^2$，一般解を $x(t)=X\sin(\omega t+\phi)$，$\theta(t)=\Theta\sin(\omega t+\phi)$ とおき，上式に代入すると

$$(-2m\omega^2+3k)X-kl\Theta=0 \Big\}$$
$$-klX+(-2m\omega^2+11k)l^2\Theta=0 \Big\}$$
すなわち
$$\begin{bmatrix} (-2m\omega^2+3k) & -kl \\ -kl & (-2m\omega^2+11k)l^2 \end{bmatrix}\begin{Bmatrix} X \\ \Theta \end{Bmatrix}=\begin{Bmatrix} 0 \\ 0 \end{Bmatrix}$$

振動数方程式は，上式の係数行列式 $=0$ から $m^2\omega^4-7km\omega^2+8k^2=0$．$\omega^2$ に関する2次方程式の解の公式から，1次，2次の固有角振動数は

$$\omega_{n1},\ \omega_{n2}=\sqrt{(7\mp\sqrt{17})/2}\cdot\sqrt{k/m}=1.199\sqrt{k/m},\ 2.358\sqrt{k/m}.$$

振幅比は

$$X^{(1)}/\Theta^{(1)}=l/(\sqrt{17}-4)=8.123l \Big\}$$
$$X^{(2)}/\Theta^{(2)}=-l/(\sqrt{17}+4)=-0.123l \Big\}$$

第4章

4.1 運動エネルギ，$T=\dfrac{1}{2}M\dot{x}^2+\dfrac{1}{2}m\{(\dot{x}+l\dot{\theta}\cos\theta)^2+(-l\dot{\theta}\sin\theta)^2\}$

ポテンシャル・エネルギ，$U=\dfrac{1}{2}kx^2+mgl(1-\cos\theta)$ より，$q_1=x$，$q_2=\theta$ とすると，ラグランジュの方程式から並進と回転が連成した運動方程式は

$$M\ddot{x}+m(\ddot{x}+l\ddot{\theta}\cos\theta-l\dot{\theta}^2\sin\theta)+kx=0,$$
$$ml\ddot{x}\cos\theta+ml^2\ddot{\theta}+mgl\sin\theta=0$$

4.2 質量 m_1 および m_2 の座標を (x_1,y_1) および (x_2,y_2) で表すと，運動エネルギ T およびポテンシャル・エネルギ U は

$$T=\frac{1}{2}m_1(\dot{x_1}^2+\dot{y_1}^2)+\frac{1}{2}m_2(\dot{x_2}^2+\dot{y_2}^2),$$
$$U=m_1g(l_1-y_1)+m_2g(l_1+l_2-y_2)$$

また，x_1,y_1,x_2,y_2 を θ と ϕ で表すと，$x_1=l_1\sin\theta$，$y_1=l_1\cos\theta$，$x_2=l_1\sin\theta+l_2\sin\phi$，$y_2=l_1\cos\theta+l_2\cos\phi$ である．

これを用いて，T および U を表し，$q_1=\theta$，$q_2=\phi$ とすると，ラグランジュの方程式から回転の運動方程式は

$$(m_1+m_2)l_1^2\ddot{\theta}+m_2l_1l_2\ddot{\phi}\cos(\theta-\phi)+m_2l_1l_2\dot{\phi}^2\sin(\theta-\phi)$$
$$+m_1gl_1\sin\theta+m_2gl_1\sin\theta=0$$

$$m_2 l_2{}^2 \ddot{\phi} + m_2 l_1 l_2 \ddot{\theta} \cos(\theta - \phi) - m_2 l_1 l_2 \dot{\theta}^2 \sin(\theta - \phi) + m_2 g l_2 \sin \phi = 0$$

4.3 台車の変位を x とする．円柱は滑らないので θ と ϕ の関係は，$R\phi = r(\theta + \phi)$．円柱の軸心 O 周りの慣性モーメントを $J(= mr^2/2)$ とおくと，運動エネルギは

$$T = \frac{1}{2} M \dot{x}^2 + \frac{1}{2} J \dot{\theta}^2 + \frac{1}{2} m v^2$$

ここで，円柱の並進速度 v は $\dot{x}$ と $(R-r)\dot{\phi}$ のベクトルの和となるので，$v^2 = \dot{x}^2 + (R-r)^2 \dot{\phi}^2 - 2\dot{x}(R-r)\dot{\phi} \cos(\pi - \phi)$ となる．

ポテンシャル・エネルギは

$$U = \frac{1}{2} k x^2 + mg(R-r)(1 - \cos \phi)$$

ϕ を θ で表し，$q_1 = x$，$q_2 = \theta$ とすると，ラグランジュの方程式から並進と回転が連成した運動方程式は

$$(M+m)\ddot{x} + mr\ddot{\theta} \cos\left(\frac{r\theta}{R-r}\right) - m\left(\frac{r^2}{R-r}\right)\dot{\theta}^2 \sin\left(\frac{r\theta}{R-r}\right) + kx = 0,$$

$$\frac{3}{2} r\ddot{\theta} + \ddot{x} \cos\left(\frac{r\theta}{R-r}\right) + g \sin\left(\frac{r\theta}{R-r}\right) = 0$$

4.4 弦に T の張力が作用しているとき，点 x_1 に単位力 $(=1)$ を加えると，上下方向の力のつり合いから

$$1 = \frac{a_{11}}{l} T + \frac{a_{11}}{3l} T \quad \therefore a_{11} = \frac{3l}{4T}, \text{ 幾何学的関係から } a_{21} = (2/3)a_{11}, \ a_{31} = (1/3)a_{11}$$

点 x_2 に単位力 $(=1)$ を加えると，上下方向の力のつり合いから

$$1 = \frac{a_{22}}{2l} T + \frac{a_{22}}{2l} T \quad \therefore a_{22} = \frac{l}{T}, \text{ 幾何学的関係から } a_{12} = a_{32} = (1/2)a_{22},$$

点 x_3 に単位力 $(=1)$ を加えると，上下方向の力のつり合いから

$$1 = \frac{a_{33}}{3l} T + \frac{a_{33}}{l} T \quad \therefore a_{33} = \frac{3l}{4T}, \text{ 幾何学的関係から } a_{13} = (1/3)a_{33}, \ a_{23} = (2/3)a_{33}$$

影響係数の対称性 $(a_{ij} = a_{ji})$ によって，たわみ行列は次のように求まる．

$$[A] = \frac{l}{4T} \begin{bmatrix} 3 & 2 & 1 \\ 2 & 4 & 2 \\ 1 & 2 & 3 \end{bmatrix}$$

4.5 片持ちはりの固定端から l の位置に単位力 $(F=1)$ が加わるとき，固定端から距離 x でのはりのたわみ $y(x)$ は，初等はり理論から

$$y(x) = \frac{x^2(3l-x)}{6EI} \quad (0 \le x \le l) \quad (1)$$

$$y(x) = \frac{l^2(3x-l)}{6EI} \quad (x>l) \qquad (2)$$

いま，各質点 m_i の位置に順次単位力を加えて，それらの位置におけるたわみ値を求める．最初に $F_1=1\,(m_1$ で $x=l)$，$F_2=0\,(m_2$ で $x=l_1+l_2)$，$F_3=0\,(m_3$ で $x=l_1+l_2+l_3)$ とすると

式 (1) より　$y_1 = a_{11} = \dfrac{l_1{}^2(3l_1-l_1)}{6EI}$．

式 (2) より　$y_2 = a_{21} = \dfrac{l_1{}^2\{3(l_1+l_2)-l_1\}}{6EI}$．

式 (2) より　$y_3 = a_{31} = \dfrac{l_1{}^2\{3(l_1+l_2+l_3)-l_1\}}{6EI}$．

同様にして，単位力を加える位置を順次変えて影響係数を求めると，次のようになる．

$$[A] = \frac{1}{6EI}$$
$$\times \begin{bmatrix} 2l_1{}^3 & l_1{}^2(2l_1+3l_2) & l_1{}^2(2l_1+3l_2+3l_3) \\ l_1{}^2(2l_1+3l_2) & 2(l_1+l_2)^3 & (l_1+l_2)^2(2l_1+2l_2+3l_3) \\ l_1{}^2(2l_1+3l_2+3l_3) & (l_1+l_2)^2(2l_1+2l_2+3l_3) & 2(l_1+l_2+l_3)^3 \end{bmatrix}$$

4.6　たわみ行列は，例題 4.1 の手順により次のように求まる．したがって，剛性行列 $[K]$ と質量行列 $[M]$ は

$$[A] = \frac{1}{12k}\begin{bmatrix} 7 & 2 & 1 \\ 2 & 4 & 2 \\ 1 & 2 & 7 \end{bmatrix}, \; [K] = [A]^{-1} = \begin{bmatrix} 2k & -k & 0 \\ -k & 4k & -k \\ 0 & -k & 2k \end{bmatrix}, \; [M] = \begin{bmatrix} m & 0 & 0 \\ 0 & m & 0 \\ 0 & 0 & m \end{bmatrix} \text{(視察による)}$$

となる．$|[K]-\omega^2[M]|=0$ より導出される振動数方程式を解くと，1 次から 3 次の固有角振動数を得る．それらを固有値問題に代入して解くと，対応する固有振動モードを得る．

1 次から 3 次までの固有角振動数および固有振動モードは

$\omega_1{}^2 = (3-\sqrt{3})(k/m)$ のとき　$\{X^{(1)}\} = [1 \quad -1+\sqrt{3} \quad 1]^T$

$\omega_2{}^2 = 2k/m$ のとき　　　　　$\{X^{(2)}\} = [1 \quad 0 \quad -1]^T$

$\omega_3{}^2 = (3+\sqrt{3})(k/m)$ のとき　$\{X^{(3)}\} = [1 \quad -1-\sqrt{3} \quad 1]^T$

4.7　振子の 3 つの支点周りの回転の運動方程式は，次のようになる．

$$ml^2\ddot{\theta}_1 + mgl\theta_1 + ka^2(\theta_1-\theta_2) = 0$$

$$ml^2\ddot{\theta}_2 + mgl\theta_2 + ka^2(\theta_2-\theta_1) + ka^2(\theta_2-\theta_3) = 0$$

$ml^2\ddot{\theta}_3+mgl\theta_3+ka^2(\theta_3-\theta_2)=0$

上式を行列形式で表示すると，次のような慣性行列 $[M]$ と剛性行列 $[K]$ が求まる．

$$\begin{bmatrix} ml^2 & 0 & 0 \\ 0 & ml^2 & 0 \\ 0 & 0 & ml^2 \end{bmatrix}\begin{Bmatrix} \ddot{\theta}_1 \\ \ddot{\theta}_2 \\ \ddot{\theta}_3 \end{Bmatrix}+\begin{bmatrix} mgl+ka^2 & -ka^2 & 0 \\ -ka^2 & mgl+2ka^2 & -ka^2 \\ 0 & -ka^2 & mgl+ka^2 \end{bmatrix}\begin{Bmatrix} \theta_1 \\ \theta_2 \\ \theta_3 \end{Bmatrix}=\begin{Bmatrix} 0 \\ 0 \\ 0 \end{Bmatrix}$$

すなわち $[M]\{\ddot{\theta}\}+[K]\{\theta\}=\{0\}$

$|[K]-\omega^2[M]|=0$ より導出される振動数方程式を解くと，1次から3次の固有角振動数を得る．それらを固有値問題に代入して解くと，対応する固有振動モードを得る．

1次から3次までの固有角振動数および固有振動モードは

$\omega_1{}^2=g/l,$ $\qquad\qquad \{\Theta^{(1)}\}=[1 \quad 1 \quad 1]^T$

$\omega_2{}^2=g/l+ka^2/(ml^2),$ $\qquad \{\Theta^{(2)}\}=[1 \quad 0 \quad -1]^T$

$\omega_3{}^2=g/l+3ka^2/(ml^2),$ $\qquad \{\Theta^{(3)}\}=[1 \quad -2 \quad 1]^T$

4.8 問題 4.4 よりたわみ行列 $[A]$ は与えられているので，剛性行列 $[K]$ および質量行列 $[M]$ は

$$[K]=[A]^{-1}=\frac{T}{l}\begin{bmatrix} 2 & -1 & 0 \\ -1 & 2 & -1 \\ 0 & -1 & 2 \end{bmatrix}, \qquad [M]=\begin{bmatrix} m & 0 & 0 \\ 0 & 2m & 0 \\ 0 & 0 & m \end{bmatrix} \text{（視察から）}$$

となる．$|[K]-\omega^2[M]|=0$ より導出される振動数方程式を解くと，1次から3次の固有角振動数を得る．それらを固有値問題に代入して解くと，対応する固有振動モードを得る．

$\omega_1{}^2=(3-\sqrt{5})T/(2ml),$ $\qquad \{X^{(1)}\}=[1 \quad (1+\sqrt{5})/2 \quad 1]^T$

$\omega_2{}^2=2T/(ml),$ $\qquad\qquad \{X^{(2)}\}=[1 \quad 0 \quad -1]^T$

$\omega_3{}^2=(3+\sqrt{5})T/(2ml),$ $\qquad \{X^{(3)}\}=[1 \quad (1-\sqrt{5})/2 \quad 1]^T$

4.9 モード座標系による非減衰 $(\zeta=0)$ の強制振動の特殊解は，式（4.67）より

$$q_i(t)=\frac{f_{qi}}{\omega_i{}^2}(1-\cos \omega_i t) \quad (i=1, 2, 3)$$

上式を式（4.55）を用いて物理座標系に変換すると，次の強制振動の特殊解 $\{x\}$ を得る．

$$x_1(t) = \frac{1}{\sqrt{2m}} \left\{ \frac{1}{\sqrt{3-\sqrt{3}}} q_1(t) + q_2(t) + \frac{1}{\sqrt{3+\sqrt{3}}} q_3(t) \right\}$$

$$x_2(t) = \frac{1}{\sqrt{2m}} \left\{ -\frac{(1-\sqrt{3})}{\sqrt{3-\sqrt{3}}} q_1(t) - \frac{(1+\sqrt{3})}{\sqrt{3+\sqrt{3}}} q_3(t) \right\}$$

$$x_3(t) = \frac{1}{\sqrt{2m}} \left\{ \frac{1}{\sqrt{3-\sqrt{3}}} q_1(t) - q_2(t) + \frac{1}{\sqrt{3+\sqrt{3}}} q_3(t) \right\}$$

4.10 正規モード行列を $[\overline{X}]$ とすると $\{q(t)\} = [\overline{X}]^{-1}\{x(t)\}$ より，モード座標系での初期条件は $\{q(0)\} = [\sqrt{m/2} \quad \sqrt{m/2}]^T$, $\{\dot{q}(0)\} = [5\sqrt{m/2} \quad -\sqrt{m/2}]^T$ となる．

自由振動の一般解は，$q_i(t) = A_i \sin(\omega_i t + \phi_i)$ $(i=1, 2)$ で与えられ，式（4.68）に上式を代入すると

$$A_1 = \sqrt{m/2 + 25m/(2\omega_1{}^2)}, \quad \phi_1 = \tan^{-1}(\omega_1/5)$$

$$A_2 = \sqrt{m/2 + m/(2\omega_2{}^2)}, \quad \phi_2 = \tan^{-1}(-\omega_2)$$

一方，非減衰強制振動の解は例題 4.5 の式（6）で与えられる．したがって物理座標系による完全解は，$q_1(t) = A_1 \sin(\omega_1 t + \phi_1) + q_{p1}(t)$, $q_2(t) = A_2 \sin(\omega_2 t + \phi_2) + q_{p2}(t)$ となるから

$$\begin{Bmatrix} x_1(t) \\ x_2(t) \end{Bmatrix} = \frac{1}{\sqrt{2m}} \begin{bmatrix} 1 & 1 \\ 1 & -1 \end{bmatrix} \begin{Bmatrix} q_1(t) \\ q_2(t) \end{Bmatrix}$$

ここで　$q_{p1}(t) = \frac{1}{\sqrt{2m}\,\omega_1{}^2}(1 - \cos\omega_1 t)$, $q_{p2}(t) = \frac{-1}{\sqrt{2m}\,\omega_2{}^2}(1 - \cos\omega_2 t)$

━━━━━━━━━━━━━ **第 5 章** ━━━━━━━━━━━━━

5.1 （1）　$3.22 \times 10^3\,\mathrm{rad/s}$　（2）　$3.22 \times 10^3\,\mathrm{rad/s}$　（3）　$1.61 \times 10^3\,\mathrm{rad/s}$

5.2 集中質量 m の左右の弦の自由横振動の一般解は，両端固定の境界条件からそれぞれ

$$\left. \begin{array}{l} y_1(x, t) = D_1 \sin(\omega x/c)\sin\omega t \\ y_2(x, t) = D_2 \sin\{\omega(l-x)/c\}\sin\omega t \end{array} \right\} \quad (1)$$

となり，弦のたわみの連続性 $y_1 = y_2 (x=l/2)$ より，$D_1 = D_2$. 質量 m の運動方程式は

$$m\frac{\partial^2 y_1}{\partial t^2} = -T\left(\frac{\partial y_1}{\partial x} - \frac{\partial y_2}{\partial x}\right) \quad (x=l/2)$$

となる．式（1）の y_1, y_2 を上式に代入すると

$$m\omega^2 \sin(\omega l/2c) = 2T(\omega/c)\cos(\omega l/2c) \quad (T = \rho' c^2)$$

したがって，上式から振動数方程式 $(\omega l/2c)\tan(\omega l/2c)=\rho'l/m$ を得る.

5.3 棒の縦振動の運動方程式は，その断面積が $A(x)=Ae^{-2\alpha x}$ で与えられるから

$$\rho Ae^{-2\alpha x}\frac{\partial^2 u}{\partial t^2}=\frac{\partial}{\partial x}\left(EAe^{-2\alpha x}\frac{\partial u}{\partial x}\right) \text{ より, } \quad \rho\frac{\partial^2 u}{\partial t^2}=-2\alpha E\frac{\partial u}{\partial x}+E\frac{\partial^2 u}{\partial x^2}$$

一般解を $u(x,t)=U(x)\sin\omega t$ とおき，上式に代入すると

$U''-2\alpha U'+(\rho\omega^2/E)U=0$ ここで，( )′ は x に関する微分を表す.

上式の微分方程式を，式 (2.24) と同様にして解けば次式を得る.

$U(x)=e^{\alpha x}[C\cos(\mu x)+D\sin(\mu x)]$ ただし，$\mu=\sqrt{\rho\omega^2/E-\alpha^2}$.

棒の両端での境界条件，$U(0)=0$, $\mathrm{d}U(l)/\mathrm{d}x=0$ より，

$C=0$, $De^{\alpha l}\{\alpha\sin\mu l+\mu\cos\mu l\}=0$ となる. $De^{\alpha l}\neq 0$ なので，次の振動数方程式を得る

$\alpha\sin\mu l+\mu\cos\mu l=0$

5.4 軸の自由ねじり振動の一般解を，$\theta(x,t)=\Theta(x)\sin\omega t$ とおく. ただし，$\Theta(x)=C\cos(\omega x/c)+D\sin(\omega x/c)$. 軸の両端での境界条件は

$x=0$ で，$\theta=0$

$$\left.\begin{array}{l}x=0 \text{ で, } \theta=0\\[4pt]x=l \text{ で, } J\dfrac{\partial^2\theta}{\partial t^2}=-GI_p\dfrac{\partial\theta}{\partial x}\end{array}\right\}$$

であるから，上式に一般解 $\theta(x,t)$ を代入すると $C=0$ となり，次の振動数方程式を得る.

$(\omega l/c)\tan(\omega l/c)=GI_p l/(Jc^2)$

5.5 軸の初期条件は $f(x)=\theta_0 x/l$, $g(x)=0$. 一般解を $\theta(x,t)=\Theta(x)(A\cos\omega t+B\sin\omega t)$ とおく. ただし，$\Theta(x)=C\cos(\omega x/c)+D\sin(\omega x/c)$. 軸の境界条件は一端固定・他端自由であるから，$\Theta(0)=0$, $\mathrm{d}\Theta(l)/\mathrm{d}x=0$ となり，$C=0$, $D(\omega/c)\cos(\omega l/c)=0$.

したがって，固有角振動数は $\omega_i l/c=(2i-1)\pi/2$ $(i=1,2,\cdots)$

式 (5.36) を使用して，任意定数 A_i, B_i を求めると

$$\left.\begin{array}{ll}A_i=2\theta_0[c/(\omega_i l)]^2(-1)^{i+1} & (i=1,2,\cdots)\\[4pt]B_i=0 & (i=1,2,\cdots)\end{array}\right\}$$

したがって，軸の自由ねじり振動の一般解は

$$\theta(x,t)=\sum_{i=1}^{\infty}A_i\sin(\omega_i x/c)\cos\omega_i t$$

5.6 (1)　132.4 rad/s　(2)　132.4 rad/s　(3)　20.8 rad/s

5.7 一端固定・他端支持のはりの境界条件は $Y(0)=Y'(0)=0$, $Y(l)=Y''(l)=0$ であるから，式 (5.50)〜式 (5.52) より

$$
\left.
\begin{aligned}
&C_1+C_3=0 \\
&C_2+C_4=0 \\
&C_1\cos\beta l+C_2\sin\beta l+C_3\cosh\beta l+C_4\sinh\beta l=0 \\
&-C_1\cos\beta l-C_2\sin\beta l+C_3\cosh\beta l+C_4\sinh\beta l=0
\end{aligned}
\right\}
$$

上式から $C_1=C_2=0$ 以外の解をもつ条件より，振動数方程式 $\tan\beta l-\tanh\beta l=0$ を得る．これを数値的に解けば，表 5.5 から最初の 3 根は $\beta_i l=3.927$, $7.069, 10.210$ となる．

したがって，固有角振動数は

$$\omega_i=(15.42/l^2)\sqrt{EI/\rho A},\quad (49.97/l^2)\sqrt{EI/\rho A},\quad (104.24/l^2)\sqrt{EI/\rho A}$$

モード関数は，次のようになる．

$$Y_i(x)=C_{1(i)}\left\{(\cos\beta_i x-\cosh\beta_i x)+\frac{C_{2(i)}}{C_{1(i)}}(\sin\beta_i x-\sinh\beta_i x)\right\}$$

ここで，$\dfrac{C_{2(i)}}{C_{1(i)}}=-\dfrac{\cos\beta_i l-\cosh\beta_i l}{\sin\beta_i l-\sinh\beta_i l}=-\dfrac{\cos\beta_i l+\cosh\beta_i l}{\sin\beta_i l+\sinh\beta_i l}$

5.8 式 (3) がはりの両端固定の境界条件を完全に満たしている．この場合の基本固有角振動数はレイリー法によると，$\omega_1=(22.79/l^2)\sqrt{EI/\rho A}$ となる．

5.9 与えられたはりのモード関数を式 (5.88) に代入すると

$$
\left.
\begin{aligned}
&T_{\max}=\frac{1}{2}\rho A\omega_1^2 C^2\int_0^l [1-\cos(\pi x/2l)]^2\,dx=C^2\rho A\omega_1^2 l(3/4-2/\pi) \\
&U_{\max}=\frac{1}{2}EIC^2\int_0^l (\pi/2l)^4\cos^2(\pi x/2l)dx=C^2(\pi^4/64)(EI/l^3)
\end{aligned}
\right\}
$$

したがって，基本固有角振動数はレイリー商を表す式 (5.89) より

$$\omega_1=\sqrt{(\pi^4/64)(EI/l^3)/\rho Al(3/4-2/\pi)}=(3.664/l^2)\sqrt{EI/\rho A}$$

この解は，表 5.5 に与えられた厳密解 $\omega_1=(3.516/l^2)\sqrt{EI/\rho A}$ より約 4% 大きい．

5.10 問題 5.9 と同様に行うと，一端固定・他端自由（片持はり）はりの基本固有角振動数はレイリー商を表す式 (5.89) より，$\omega_1=(3.53/l^2)\sqrt{EI/\rho A}$ となり，表 5.5 に与えられた厳密解 $\omega_1=(3.516/l^2)\sqrt{EI/\rho A}$ より 0.6% 大きい．

第6章

6.1 式 (6.7) において，$\omega/\omega_n=3$, $\zeta=0$ とすると，$Z/Y=9/8=1.125$ となり，誤

差は 12.5% となる．$Y=Z/1.125=150/1.125=133\,\mu\mathrm{m}$.

6.2 式 (6.5) に $\omega_n=8\pi$，$\omega=4\pi$，$\zeta=0.6$，$Y=350\,\mu\mathrm{m}$ を代入して変位振幅 Z を決定し，位相遅れ角 ϕ を式 (6.6) から決定すると，$\phi=0.674$ となるので $z(t)=91.1\sin(4\pi t-0.674)\,\mu\mathrm{m}$.

6.3 減衰のない加速度計の運動方程式は $\ddot{z}+\omega_n^2 z=\omega^2 Y\sin\omega t$. ここで相対変位 $z=x-y$ の特殊解 $z(t)=Z\sin\omega t$ を代入すると，$(\omega_n^2-\omega^2)Z=\omega^2 Y$ となる．測定している加速度は $|\ddot{y}|=\omega^2 Y$ と表すことができるので，それぞれ数値を代入すると，$|\ddot{y}|=(\omega_n^2-\omega^2)Z=\{(2\pi\times100)^2-(2\pi\times15)^2\}\cdot5$. したがって，$|\ddot{y}|=1.93\times10^6\,\mu\mathrm{m/s}^2=1.93\ \mathrm{m/s}^2$.

6.4 (1) $S(f)=\alpha/\{\alpha^2+4\pi^2(f+f_0)^2\}+\alpha/\{\alpha^2+4\pi^2(f-f_0)^2\}$

(2) $S(f)=T(\sin\pi\,fT/\pi fT)^2$

(3) $S(f)=2\alpha/(\alpha^2+4\pi^2 f^2)$

6.5 振動の周期が $T=0.1\,\mathrm{s}$ なので，振動の周波数は $f=1/T=10\ \mathrm{Hz}$ となる．この値を測定する最大周波数 $f_{\max}$ とすると，式 (6.13) よりサンプリング周期は $\Delta t=1/(2f_{\max})$ となる．周波数分解能とデータ数の関係から，$\Delta f=1/(N\Delta t)$ ≤ 0.1 なので，$N\geq20/0.1=200$ となる．

6.6 周波数領域のデータは式 (6.17) より，$X_N(f_k)=\Delta t\sum\limits_{n=-N/2}^{N/2-1}x_N(t_n)\exp\!\left(-j\dfrac{2\pi}{N}kn\right)$. ここで $k=0,1,\cdots,N-1$.

時間領域のデータは $x_N(t_{-2})=-1, x_N(t_{-1})=-1, x_N(t_0)=1, x_N(t_1)=1$ なので，$N=4$ および $\Delta t=1$ より，$X_4(f_0)=0, X_4(f_1)=2-2j, X_4(f_2)=0, X_4(f_3)=2+2j$.

6.7 式 (6.27) より相互相関関数は

$$R_{xy}(\tau)=\lim_{T\to\infty}\frac{1}{T}\int_{-T/2}^{T/2}A\sin(2\pi ft-\theta)\cdot A\cos\{2\pi f(t+\tau)-\theta\}\mathrm{d}t$$

$$=\lim_{T\to\infty}\frac{1}{T}\int_{-T/2}^{T/2}\frac{A^2}{2}\{\sin(4\pi ft+2\pi f\tau-2\theta)+\sin(-2\pi f\tau)\}\mathrm{d}t=-\frac{A^2}{2}\sin(2\pi f\tau)$$

6.8 式 (6.36) の右辺の平方根の中を

$$I=\frac{1+\{2\zeta(\omega/\omega_n)\}^2}{\{1-(\omega/\omega_n)^2\}^2+\{2\zeta(\omega/\omega_n)\}^2} \tag{1}$$

とおくと，I が最大となるとき $(\omega/\omega_n)^2$ の値は $\partial I/\partial(\omega/\omega_n)^2=0$ より

$$2\zeta^2\left(\frac{\omega}{\omega_n}\right)^4+\left(\frac{\omega}{\omega_n}\right)^2-1=0 \tag{2}$$

式 (2) は $(\omega/\omega_n)^2$ に関する 2 次方程式であるので，解の公式から

$$\left(\frac{\omega}{\omega_n}\right)^2 = \frac{-1+\sqrt{1+8\zeta^2}}{4\zeta^2} \quad (>0) \tag{3}$$

上式を式 (1) に代入して最大値を求めると

$$I = \frac{8\zeta^4}{\sqrt{1+8\zeta^2-(1+4\zeta^2-8\zeta^4)}} \tag{4}$$

$I=4$ と等値して数値計算（たとえば，挟み撃ち法）により ζ を求めれば，$\zeta=0.299$ となる．路面から受ける励振振動数は $\omega=2\pi v/L=2\pi\times10/3=20.94\,\mathrm{rad/s}$ であるから，式 (3) より，自動車の固有角振動数は

$$\omega_n = 2\zeta\omega/\sqrt{\sqrt{1+8\zeta^4}-1} = 22.5\,\mathrm{rad/s}$$

6.9 式 (6.46) の右辺の 2 乗より

$$I = \frac{(\omega/\omega_n)^4}{\{1-(\omega/\omega_n)^2\}^2+\{2\zeta_a(\omega/\omega_n)\}^2}$$

とおき，$\partial I/\partial(\omega/\omega_n)^2=0$ より $(\omega/\omega_n)^2=1/(1-2\zeta_a^2)$．この値を，上式に代入すると，

$I_{\max}=1/4\zeta_a^2(1-\zeta_a^2)=1.5^2$ より，$\zeta_a=0.357$．したがって微分ゲインは

$$a=2\zeta_a\sqrt{mk}=2\times0.357\sqrt{300\times104\times10^3}=3.988\,\mathrm{kNs/m}$$

6.10 式 (6.43) から走行する自動車の変位振幅倍率は

$M_D=(\omega_n/\omega_a)^2/\sqrt{\{1-(\omega/\omega_a)^2\}^2+\{2\zeta_a(\omega/\omega_a)\}^2}$ である．ここで，式 (6.42) の運動方程式から，$\omega_n=\sqrt{k/m}=7.7460\,\mathrm{rad/s}$，$\omega_a=\sqrt{(k+b)/m}=8.4853\,\mathrm{rad/s}$，$\omega=2\pi v/L=20.94\,\mathrm{rad/s}$，$\zeta_a=a/2\sqrt{m(k+b)}=0.2357$ となるので，$M_D=0.1595 \cong 0.16$．

=====　**第7章**　=====

7.1 振動数方程式は $2\omega^4-14\omega^2+20=0$ となり，この式を因数分解して解くと $\omega_1^2=2$，$\omega_2^2=5$．

1 次固有角振動数 $\omega_1=\sqrt{2}$，　　2 次固有振動数 $\omega_2=\sqrt{5}$

7.2 1 次固有角振動数 $\omega_1=\sqrt{2-\sqrt{3}}$，固有振動モード $\{X^{(1)}\}=\begin{bmatrix}1 & \sqrt{3} & 1\end{bmatrix}^T$

2 次固有角振動数 $\omega_2=\sqrt{2}$，固有振動モード $\{X^{(2)}\}=\begin{bmatrix}1 & 0 & -0.5\end{bmatrix}^T$

3 次固有角振動数 $\omega_3=\sqrt{2+\sqrt{3}}$，固有振動モード $\{X^{(3)}\}=\begin{bmatrix}1 & -\sqrt{3} & 1\end{bmatrix}^T$

7.3 ヤコビ法による MATLAB プログラムで計算すると

1 次固有値　$\lambda_1=\omega_1^2=0.3080$

固有ベクトル　$\{X^{(1)}\}=\begin{bmatrix}1.0000 & -2.2470 & 1.8019\end{bmatrix}^T$

2 次固有値　$\lambda_2=\omega_2{}^2=0.6431$

固有ベクトル　$\{X^{(2)}\}=\begin{bmatrix}1.0000 & -0.5500 & -1.2470\end{bmatrix}^T$

3 次固有値　$\lambda_3=\omega_3{}^2=5.0489$

固有ベクトル　$\{X^{(3)}\}=\begin{bmatrix}1.0000 & 0.8019 & 0.4450\end{bmatrix}^T$

7.4　運動方程式の両辺に $[M]^{-1}$ を左から乗じる.

$$\{\ddot{x}\}+[M]^{-1}[C]\{\dot{x}\}+[M]^{-1}[K]\{x\}=\{0\}$$

次に, $\{\dot{x}\}=[0]\{x\}+[I]\{\dot{x}\}$ と組み合わせると

$$\begin{Bmatrix}\dot{x}\\\ddot{x}\end{Bmatrix}=\begin{bmatrix}[0] & [I]\\-[M]^{-1}[K] & -[M]^{-1}[C]\end{bmatrix}\begin{Bmatrix}x\\\dot{x}\end{Bmatrix}$$

ここで, $\{y\}=\{x \quad \dot{x}\}^T$ とおくと, $\{\dot{y}\}=[A]\{y\}$ となるので, 標準形固有値問題 $[A]\{y\}=\lambda\{y\}$ に変換できる.

7.5　以下のルンゲ-クッタ法による MATLAB プログラムにより求める.

(a) 計算結果 $(\Delta t=0.1\text{s})$

```
T=0.0,  X=1.000000
T=0.1,  X=0.951229
T=0.2,  X=0.904837
T=0.3,  X=0.860708
T=0.4,  X=0.818731
T=0.5,  X=0.778801
T=0.6,  X=0.740818
T=0.7,  X=0.704688
T=0.8,  X=0.670320
T=0.9,  X=0.637628
T=1.0,  X=0.606530
```

(b) 計算結果 $(\Delta t=0.1\text{s})$

```
T=0.0,  X=1.000000
T=0.1,  X=0.995025
T=0.2,  X=0.980392
T=0.3,  X=0.956938
T=0.4,  X=0.925926
T=0.5,  X=0.888889
T=0.6,  X=0.847457
T=0.7,  X=0.803213
T=0.8,  X=0.757576
T=0.9,  X=0.711744
T=1.0,  X=0.666667
```

7.6　ニューマーク β 法 $(\beta=1/4)$ の MATLAB プログラムを使用して解を求める.

過度応答の計算結果 $(\Delta t=0.02\text{s})$

時刻	m_1 の変位	m_2 の変位
T=0.00,	X1=0.000000	X2=0.000000
T=1.00,	X1=-0.042781	X2=0.040080
T=2.00,	X1=-0.024722	X2=0.098938
T=3.00,	X1=0.094477	X2=0.140923
T=4.00,	X1=0.113940	X2=0.212230
T=5.00,	X1=0.087710	X2=0.268042
T=6.00,	X1=0.147638	X2=0.245344
T=7.00,	X1=0.133709	X2=0.202950
T=8.00,	X1=0.018886	X2=0.165918
T=9.00,	X1=0.001267	X2=0.086976
T=10.00,	X1=0.012541	X2=0.018388

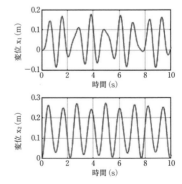

7.7 ウイルソン θ 法 ($\theta=1.4$) の MATLAB プログラムを使用して解を求める.

過度応答の計算結果 ($\Delta t=0.02$s)

時刻	m_1 の変位	m_2 の変位
T=0.00,	X1=0.000000	X2=0.000000
T=1.00,	X1=-0.041531	X2=0.040291
T=2.00,	X1=-0.024393	X2=0.100891
T=3.00,	X1=0.094500	X2=0.144105
T=4.00,	X1=0.118938	X2=0.213370
T=5.00,	X1=0.088665	X2=0.268586
T=6.00,	X1=0.140846	X2=0.245168
T=7.00,	X1=0.133242	X2=0.196658
T=8.00,	X1=0.018418	X2=0.157252
T=9.00,	X1=-0.011043	X2=0.083122
T=10.00,	X1=0.009406	X2=0.015008

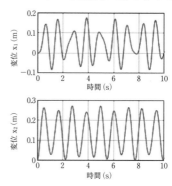

7.8 状態量ベクトルを $\{z\}_i=[\theta\ \ T]_i^{\ T}$ とおくと

格間マトリックスは $[T_F]_1=\begin{bmatrix} 1 & 1/(2k_t) \\ 0 & 1 \end{bmatrix}$, $[T_F]_2=\begin{bmatrix} 1 & 1/k_t \\ 0 & 1 \end{bmatrix}$

格点マトリックスは $[T_P]_1=\begin{bmatrix} 1 & 0 \\ -2J\omega^2 & 1 \end{bmatrix}$, $[T_P]_2=\begin{bmatrix} 1 & 0 \\ -J\omega^2 & 1 \end{bmatrix}$

したがって, 伝達マトリックスの計算式は $\{z\}_2=[T_P]_2[T_F]_2[T_P]_1[T_F]_1\{z\}_0$ となる. ただし, 両端での境界条件より $\{z\}_0=[0\ \ T_0]^T$, $\{z\}_2=[\theta_2\ \ 0]^T$ である. 上式の行列計算を順次実行して, 2行2列成分 $=0$ とおくと, 次の振動数方程式を得る.

$\dfrac{J^2}{k_t^{\ 2}}\omega^4-\dfrac{5J}{2k_t}\omega^2+1=0.$ ω^2 に関する2次方程式なので解の公式から,

$\omega_1=\sqrt{k_t/2J}$, $\omega_2=\sqrt{2k_t/J}$. 固有振動モードは, $T_0=1$ として伝達マトリックスを順次計算すると

ω_1 のとき, $\{\Theta^{(1)}\}=[1\ \ 2]^T.$ ω_2 のとき, $\{\Theta^{(2)}\}=[1\ \ -1]^T.$

7.9 状態量ベクトルを $\{z\}=[\theta\ \ T]^T$ とおくと, 格間マトリックスおよび格点マトリックスは

$[T_F]_i=\begin{bmatrix} 1 & 1/k_{ti} \\ 0 & 1 \end{bmatrix}(i=1,\ 2),\quad [T_P]_j=\begin{bmatrix} 1 & 0 \\ -J_j\omega^2 & 1 \end{bmatrix}(j=1,\ 2,\ 3,\ 4)$

また歯車の部分は

$\begin{Bmatrix} \theta \\ T \end{Bmatrix}_2^R=\begin{bmatrix} z_3/z_2 & 0 \\ 0 & z_2/z_3 \end{bmatrix}\begin{Bmatrix} \theta \\ T \end{Bmatrix}_3^L=[G]\{z\}_3^L$

とおける. 伝達マトリックスの計算式は

$$\{z\}_1 = [T_P]_1[T_F]_1[T_P]_2[G][T_P]_3[T_F]_2[T_P]_4\{z\}_4$$

となる. 両端の境界条件より $\{z\}_1 = [\theta_1 \ 0]^T$, $\{z\}_4 = [\theta_4 \ 0]^T$ である. 上式の行列計算を順次実行して2行1列成分 $=0$ とおくと, 次の振動数方程式を得る.

$$-\omega^2\left[\left(\frac{J_1 J_2 J_4}{k_{t1} k_{t2} n} + \frac{J_1 J_3 J_4 n}{k_{t1} k_{t2}}\right)\omega^4 - \left(\frac{J_1 J_4}{k_{t2} n} + \frac{(J_3+J_4) J_1 n}{k_{t1}} + \frac{J_2 J_4}{k_{t2} n}\right.\right.$$

$$\left.\left. + \frac{J_3 J_4 n}{k_{t2}} + \frac{J_1 J_2}{k_{t1} n}\right)\omega^2 + \left(\frac{J_1}{n} + \frac{J_2}{n} + (J_3+J_4)n\right)\right] = 0$$

ここで, $n = z_2/z_3 = 1/2$, $J_1 = J$, $J_2 = J/2$, $J_3 = J$, $J_4 = 2J$, $k_{t1} = k_t$, $k_{t2} = 2k_t$ とすると, 上式から

$$-\omega^2\left[\frac{J^2}{2k_t{}^2}\omega^4 - \frac{2J}{k_t}\omega^2 + \frac{3}{2}\right] = 0$$

を得る. この式は ω^2 に関する2次方程式なので, 解の公式から固有角振動数は, $\omega_0 = 0$ (剛体モード), $\omega_1 = \sqrt{k_t/J}$, $\omega_2 = \sqrt{3k_t/J}$ となる. ねじり固有振動モードについては $\theta_4 = 1$ とおいて, 伝達マトリックスを順次計算すると, ω_1 のとき $\{\Theta^{(1)}\} = [-1 \ 0 \ 0 \ 1]^T$, ω_2 のとき $\{\Theta^{(2)}\} = [2 \ -4 \ -2 \ 1]^T$.

7.10 状態量ベクトルを $\{z\} = [y \ Q]^T$ とおくと,

格間マトリックスは $[T_F]_1 = [T_F]_2 = [T_F]_3 = \begin{bmatrix} 1 & l/T \\ 0 & 1 \end{bmatrix}$

格点マトリックスは $[T_P]_1 = [T_P]_2 = \begin{bmatrix} 1 & 0 \\ -m\omega^2 & 1 \end{bmatrix}$, $[T_P]_3 = \begin{bmatrix} 1 & 0 \\ 0 & 1 \end{bmatrix}$

したがって, 伝達マトリックスの計算式は, $\{z\}_3 = [T_P]_3[T_F]_3[T_P]_2[T_F]_2[T_P]_1$ $[T_F]_1\{z\}_0$ となる. 両端での境界条件より $\{z\}_0 = [0 \ Q_1]^T$, $\{z\}_3 = [0 \ Q_3]^T$ である. 上式の行列計算を順次実行して1行2列成分 $=0$ とおくと, 次の振動数方程式を得る.

$$(ml/T)^2\omega^4 - 4(ml/T)\omega^2 + 3 = 0$$

ω^2 に関する2次方程式なので解の公式から, 固有角振動数は $\omega_1 = \sqrt{T/(ml)}$, $\omega_2 = \sqrt{3T/(ml)}$, 固有振動モードは $Q_1 = 1$ とおいて, 伝達マトリックスを順次計算すると

ω_1 のとき, $\{Y^{(1)}\} = [1 \ 1]^T$, ω_2 のとき, $\{Y^{(2)}\} = [1 \ -1]^T$

付　　録

A0　弾性系のばね定数表

表 A0-1　直線ばね定数

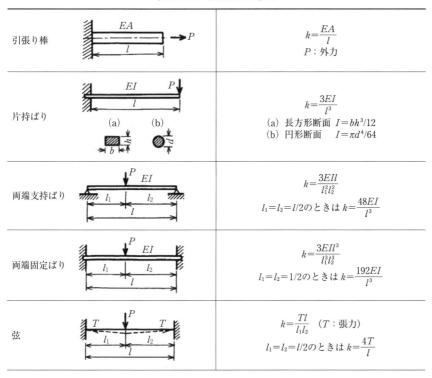

引張り棒	$k=\dfrac{EA}{l}$ P：外力
片持ばり	$k=\dfrac{3EI}{l^3}$ (a) 長方形断面　$I=bh^3/12$ (b) 円形断面　$I=\pi d^4/64$
両端支持ばり	$k=\dfrac{3EIl}{l_1^2 l_2^2}$ $l_1=l_2=l/2$ のときは $k=\dfrac{48EI}{l^3}$
両端固定ばり	$k=\dfrac{3EIl^3}{l_1^3 l_2^3}$ $l_1=l_2=l/2$ のときは $k=\dfrac{192EI}{l^3}$
弦	$k=\dfrac{Tl}{l_1 l_2}$　(T：張力) $l_1=l_2=l/2$ のときは $k=\dfrac{4T}{l}$

表 A0-2　ねじりばね定数

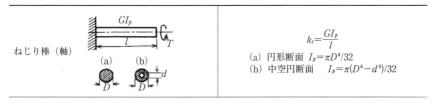

ねじり棒（軸）	$k_t=\dfrac{GI_p}{l}$ (a) 円形断面　$I_p=\pi D^4/32$ (b) 中空円断面　$I_p=\pi(D^4-d^4)/32$

A1　一般物体の慣性モーメントの公式

形状	J_x	J_y	J_z
細い棒	$\dfrac{ml^2}{12}$	$\dfrac{ml^2}{12}$	―
長方形板	$\dfrac{mb^2}{12}$	$\dfrac{ma^2}{12}$	$\dfrac{m(a^2+b^2)}{12}$
直方体	$\dfrac{m(b^2+c^2)}{12}$	$\dfrac{m(c^2+a^2)}{12}$	$\dfrac{m(a^2+b^2)}{12}$
円板	$\dfrac{ma^2}{4}$	$\dfrac{ma^2}{4}$	$\dfrac{ma^2}{2}$
円柱	$\dfrac{m(l^2+3a^2)}{12}$	$\dfrac{m(l^2+3a^2)}{12}$	$\dfrac{ma^2}{2}$
球	$\dfrac{2ma^2}{5}$	$\dfrac{2ma^2}{5}$	$\dfrac{2ma^2}{5}$

A2　三角関数の公式，微積分の公式，複素数の演算

A2.1　三角関数の公式

1)　加法定理

$$\sin(\alpha\pm\beta)=\sin\alpha\cos\beta\pm\cos\alpha\sin\beta, \quad \cos(\alpha\pm\beta)=\cos\alpha\cos\beta\mp\sin\alpha\sin\beta$$

$$\tan(\alpha\pm\beta)=\frac{\tan\alpha\pm\tan\beta}{1\mp\tan(\alpha+\beta)} \quad (\text{複号同順})$$

2)　倍角の公式

$$\sin^2\alpha=\frac{1}{2}(1-\cos 2\alpha), \quad \cos^2\alpha=\frac{1}{2}(1+\cos 2\alpha) \quad 参考) \ \sin^2\alpha+\cos^2\alpha=1$$

3)　積から和への変換公式

$$\sin\alpha\sin\beta=\frac{1}{2}[\cos(\alpha-\beta)-\cos(\alpha+\beta)], \quad \cos\alpha\cos\beta=\frac{1}{2}[\cos(\alpha-\beta)+\cos(\alpha+\beta)],$$

$$\sin\alpha\cos\beta=\frac{1}{2}[\sin(\alpha+\beta)+\sin(\alpha-\beta)]$$

4)　和から積への変換公式

$$\sin\alpha+\sin\beta=2\sin\left(\frac{\alpha+\beta}{2}\right)\cos\left(\frac{\alpha-\beta}{2}\right), \quad \sin\alpha-\sin\beta=2\cos\left(\frac{\alpha+\beta}{2}\right)\sin\left(\frac{\alpha-\beta}{2}\right)$$

$$\cos\alpha+\cos\beta=2\cos\left(\frac{\alpha+\beta}{2}\right)\cos\left(\frac{\alpha-\beta}{2}\right), \quad \cos\alpha-\cos\beta=-2\sin\left(\frac{\alpha+\beta}{2}\right)\sin\left(\frac{\alpha-\beta}{2}\right)$$

5)　三角関数の合成

$$A\sin\alpha+B\cos\alpha=\sqrt{A^2+B^2}\sin(\alpha\pm\phi_1), \quad \phi_1=\tan^{-1}\left(\pm\frac{B}{A}\right)$$

$$A\sin\alpha+B\cos\alpha=\sqrt{A^2+B^2}\cos(\alpha\mp\phi_2), \quad \phi_2=\tan^{-1}\left(\pm\frac{A}{B}\right)$$

6)　正弦定理（右の三角形において）

$$\frac{a}{\sin\alpha}=\frac{b}{\sin\beta}=\frac{c}{\sin\gamma}=2R \quad (R：外接円の半径)$$

7)　余弦定理（右の三角形において）

$$c^2=a^2+b^2-2a\cdot b\cdot\cos\gamma$$

8)　双曲線関数の定義と微分公式

$$\sinh x=\frac{e^x-e^{-x}}{2}, \quad \cosh x=\frac{e^x+e^{-x}}{2}, \quad \tanh x=\frac{e^x-e^{-x}}{e^x+e^{-x}}$$

$$\frac{\mathrm{d}}{\mathrm{d}x}(\sinh x)=\cosh x, \quad \frac{\mathrm{d}}{\mathrm{d}x}(\cosh x)=\sinh x, \quad \cosh^2 x-\sinh^2 x=1$$

A2.2　2つの関数の積および商の微分公式と部分積分公式

$$\frac{\mathrm{d}}{\mathrm{d}x}[f(x)g(x)]=\frac{\mathrm{d}f(x)}{\mathrm{d}x}g(x)+f(x)\frac{\mathrm{d}g(x)}{\mathrm{d}x}=f'(x)g(x)+f(x)g'(x)$$

$$\frac{\mathrm{d}}{\mathrm{d}x}\left[\frac{f(x)}{g(x)}\right]=\frac{1}{g(x)}\frac{\mathrm{d}f(x)}{\mathrm{d}x}-\frac{f(x)}{g^2(x)}\frac{\mathrm{d}g(x)}{\mathrm{d}x}=\frac{f'(x)g(x)-f(x)g'(x)}{g^2(x)}$$

$$\int f'(x)\,g(x)\mathrm{d}x=f(x)\,g(x)-\int f(x)\,g'(x)\mathrm{d}x$$

A2.3　複素数の四則演算（和差積商の公式）

直交座標表示の場合：

2つの複素数を　　$z_1=x_1+jy_1$　　$z_2=x_2+jy_2$　と表す

和と差　　　　　　$z_1\pm z_2=(x_1\pm x_2)+j(y_1\pm y_2)$　　（複合同順）

積　　　　　　　　$z_1z_2=(x_1x_2-y_1y_2)+j(x_2y_1+x_1y_2)$

商　　　　　　　　$\dfrac{z_1}{z_2}=\dfrac{(x_1x_2+y_1y_2)+j(x_2y_1-x_1y_2)}{x_2{}^2+y_2{}^2}$

極座標表示（指数関数による表示）の場合：

$$z=x+jy=Ae^{j\theta}\quad ここで，絶対値\ A=\sqrt{x^2+y^2},\quad 偏角\ \theta=\tan^{-1}\left(\frac{y}{x}\right)$$

2つの複素数を　$z_1=A_1e^{j\theta_1},\ z_2=A_2e^{j\theta_2}$　と表す

和と差　$z_1\pm z_2=Ae^{j\theta}$

ここで

$$A=\sqrt{A_1{}^2+A_2{}^2\pm 2A_1A_2\cos(\theta_1-\theta_2)},\ \theta=\tan^{-1}\left(\frac{A_1\sin\theta_1\pm A_2\sin\theta_2}{A_1\cos\theta_1\pm A_2\cos\theta_2}\right)\quad（複合同順）$$

積と商　$z_1z_2=A_1A_2e^{j(\theta_1+\theta_2)},\ \dfrac{z_1}{z_2}=\dfrac{A_1}{A_2}e^{j(\theta_1-\theta_2)}$

A3　行列の定義と演算，クラメルの公式

1)　$m\times n$ 行列

$$[A]=\begin{bmatrix} a_{11} & a_{12} & \cdots & a_{1n} \\ a_{21} & a_{22} & \cdots & a_{2n} \\ \vdots & \vdots & \ddots & \vdots \\ a_{m1} & a_{m2} & \cdots & a_{mn} \end{bmatrix}$$

● 2×3 行列の場合

$$[A]=\begin{bmatrix} 2 & 4 & 5 \\ 3 & 1 & 8 \end{bmatrix}$$

行列の成分を a_{ij} とすると

$a_{11}=2,\ a_{12}=4,\ a_{13}=5,\ a_{21}=3,\ a_{22}=1,$

$a_{23}=8$ となる.

2)　和と差

$[A]+[B]=(a_{ij}+b_{ij})$　　　　交換法則

$[A]-[B]=(a_{ij}-b_{ij})$　　　　$[A]+[B]=[B]+[A]$

　　　　　　　　　　　　　　　結合法則

　　　　　　　　　　　　　　　$[A]+([B]+[C])=([A]+[B])+[C]$

3）積

$$[C]=[A][B] \qquad c_{ij}=\sum_k a_{ik}b_{kj}$$

分配法則

$$([A]+[B])[C]=[A][C]+[B][C]$$

結合法則

$$([A][B])[C]=[A]([B][C])=[A][B][C]$$

4）単位行列

$$[I] \text{ または } [E]=\begin{bmatrix} 1 & 0 & \cdots & 0 \\ 0 & 1 & \cdots & 0 \\ \vdots & \vdots & \ddots & \vdots \\ 0 & 0 & \cdots & 1 \end{bmatrix}$$

● 3×3 行列の場合

$$[I]=\begin{bmatrix} 1 & 0 & 0 \\ 0 & 1 & 0 \\ 0 & 0 & 1 \end{bmatrix}$$

5）対角行列

$$[D]=\begin{bmatrix} a_{11} & 0 & \cdots & 0 \\ 0 & a_{22} & \cdots & 0 \\ \vdots & \vdots & \ddots & \vdots \\ 0 & 0 & \cdots & a_{nn} \end{bmatrix}$$

● 3×3 行列の場合

$$[D]=\begin{bmatrix} 2 & 0 & 0 \\ 0 & 3 & 0 \\ 0 & 0 & 5 \end{bmatrix}$$

6）上三角行列

$$[U]=\begin{bmatrix} a_{11} & a_{12} & \cdots & a_{1n} \\ 0 & a_{22} & \cdots & a_{2n} \\ \vdots & \vdots & \ddots & \vdots \\ 0 & 0 & \cdots & a_{nn} \end{bmatrix}$$

● 3×3 行列の場合

$$[U]=\begin{bmatrix} 2 & 4 & 5 \\ 0 & 3 & 1 \\ 0 & 0 & 5 \end{bmatrix}$$

7）対称行列

$$[A]=\begin{bmatrix} a_{11} & a_{12} & \cdots & a_{1n} \\ a_{12} & a_{22} & \cdots & a_{2n} \\ \vdots & \vdots & \ddots & \vdots \\ a_{1n} & a_{2n} & \cdots & a_{nn} \end{bmatrix}$$

● 3×3 行列の場合

$$[A]=\begin{bmatrix} 2 & 4 & 5 \\ 4 & 3 & 1 \\ 5 & 1 & 6 \end{bmatrix}$$

8）行列の転置

$$[A]=\begin{bmatrix} a_{11} & a_{12} & \cdots & a_{1n} \\ a_{21} & a_{22} & \cdots & a_{2n} \\ \vdots & \vdots & \ddots & \vdots \\ a_{m1} & a_{m2} & \cdots & a_{mn} \end{bmatrix}$$

$$[A]^T=\begin{bmatrix} a_{11} & a_{21} & \cdots & a_{m1} \\ a_{12} & a_{22} & \cdots & a_{m2} \\ \vdots & \vdots & \ddots & \vdots \\ a_{1n} & a_{2n} & \cdots & a_{mn} \end{bmatrix}$$

● 2×3 行列の場合

$$[A]=\begin{bmatrix} 2 & 4 & 5 \\ 1 & 3 & 7 \end{bmatrix}$$

$$[A]^T=\begin{bmatrix} 2 & 1 \\ 4 & 3 \\ 5 & 7 \end{bmatrix}$$

$$([A][B])^T=[B]^T[A]^T$$

9) 行列式の求め方

　a) たすき掛け方法

　● 2×2 行列の場合

$$|A|=\begin{vmatrix} a_{11} & a_{12} \\ a_{21} & a_{22} \end{vmatrix}=a_{11}a_{22}-a_{12}a_{21}$$

　● 3×3 行列の場合（サラスの方法）

$$|A|=\begin{vmatrix} a_{11} & a_{12} & a_{13} \\ a_{21} & a_{22} & a_{23} \\ a_{31} & a_{32} & a_{33} \end{vmatrix}=a_{11}a_{22}a_{33}+a_{12}a_{23}a_{31}+a_{13}a_{21}a_{32}-a_{11}a_{23}a_{32}-a_{12}a_{21}a_{33}-a_{13}a_{22}a_{31}$$

　b) 行列の余因子展開による方法

$$\det[A]=|A|=\sum_{j=1}^{n}a_{ij}C_{ij}, \ ここで\ C_{ij}=(-1)^{i+j}M_{ij}：成分\ a_{ij}\ に対する余因子$$

M_{ij}：行列式 $|A|$ から i 行 j 列成分を取り除いた行列式（小行列式という）

　● 3×3 行列の場合

$$|A|=\begin{vmatrix} a_{11} & a_{12} & a_{13} \\ a_{21} & a_{22} & a_{23} \\ a_{31} & a_{32} & a_{33} \end{vmatrix}=\begin{vmatrix} a_{11} & 0 & 0 \\ 0 & a_{22} & a_{23} \\ 0 & a_{32} & a_{33} \end{vmatrix}+\begin{vmatrix} 0 & a_{12} & 0 \\ a_{21} & 0 & a_{23} \\ a_{31} & 0 & a_{33} \end{vmatrix}+\begin{vmatrix} 0 & 0 & a_{13} \\ a_{21} & a_{22} & 0 \\ a_{31} & a_{32} & 0 \end{vmatrix}$$

$$=a_{11}\begin{vmatrix} a_{22} & a_{23} \\ a_{32} & a_{33} \end{vmatrix}-a_{12}\begin{vmatrix} a_{21} & a_{23} \\ a_{31} & a_{33} \end{vmatrix}+a_{13}\begin{vmatrix} a_{21} & a_{22} \\ a_{31} & a_{32} \end{vmatrix}$$

10) 逆行列の求め方（余因子を使用）

$$[A]^{-1}=\frac{[C]^T}{|A|}, \ ここで\ [C]^T=[(-1)^{i+j}M_{ij}]^T：行列\ [A]\ の成分\ a_{ij}\ に対する余因子$$

C_{ij} で置換した行列の転置（この行列を余因子行列という）.

　● 2×2 行列の場合

$$[A]^{-1}=\frac{1}{a_{11}a_{22}-a_{12}a_{21}}\begin{bmatrix} a_{22} & -a_{12} \\ -a_{21} & a_{11} \end{bmatrix}$$

　● 3×3 行列の場合

$$[A]^{-1}=\frac{1}{|A|}\begin{bmatrix} a_{22}a_{33}-a_{23}a_{32} & -(a_{12}a_{33}-a_{13}a_{32}) & a_{12}a_{23}-a_{13}a_{22} \\ -(a_{21}a_{33}-a_{23}a_{31}) & a_{11}a_{33}-a_{13}a_{31} & -(a_{11}a_{23}-a_{13}a_{21}) \\ a_{21}a_{32}-a_{22}a_{31} & -(a_{11}a_{32}-a_{12}a_{31}) & a_{11}a_{22}-a_{12}a_{21} \end{bmatrix}$$

11) 逆行列の性質

$$[A]^{-1}[A]=[A][A]^{-1}=[I], \ ([A]^{-1})^T=([A]^T)^{-1}, \ ([A][B])^{-1}=[B]^{-1}[A]^{-1}$$

$[A]$ が対称行列であれば，$[A]^{-1}$ も対称行列となる.

12) 直交行列の性質

$[A]^T[A]=[A][A]^T=[I]$　（この性質をもつ行列 $[A]$ を，直交行列という）

この場合，$[A]^T=[A]^{-1}$, $|A|=\pm1$ が成立し，$[A]^T$ も $[A]^{-1}$ も直交行列になる.

13)　クラメルの公式（連立方程式の解法）

$[A]\{x\}=\{b\}$　（$|A|\neq0$）

$[A]$ 正方行列，$\{x\}$ 解ベクトル
　$\{b\}$ 定数ベクトル

$x_i=\dfrac{|\{a\}_1\cdots\{b\}_i\cdots\{a\}_n|}{|A|}$

分子の記号は，行列 $[A]$ の第 i 列の列ベクトルをベクトル $\{b\}$ により置き換えた行列の行列式を表す.

● 2×2 行列の場合

$[A]=\begin{bmatrix} a_{11} & a_{12} \\ a_{21} & a_{22} \end{bmatrix}$, $\{x\}=\begin{Bmatrix} x_1 \\ x_2 \end{Bmatrix}$, $\{b\}=\begin{Bmatrix} b_1 \\ b_2 \end{Bmatrix}$

$x_1=\dfrac{\begin{vmatrix} b_1 & a_{12} \\ b_2 & a_{22} \end{vmatrix}}{|A|}$, $x_2=\dfrac{\begin{vmatrix} a_{11} & b_1 \\ a_{21} & b_2 \end{vmatrix}}{|A|}$

A4　2次方程式の解の公式

1)　$ax^2+bx+c=0$　（$a\neq0$）　の解　　$x=\dfrac{-b\pm\sqrt{b^2-4ac}}{2a}$　（$b^2-4ac\geq0$）

2)　$ax^2+2b'x+c=0$　（$a\neq0$）　の解　　$x=\dfrac{-b'\pm\sqrt{b'^2-ac}}{a}$　（$b'^2-ac\geq0$）

A5　テイラー展開と近似式

基準点 x_0 からの変動量を x とすると，関数 $f(x_0+x)$ は次のようにテイラー展開される.

$$f(x_0+x)=f(x_0)+f'(x_0)x+f''(x_0)\frac{x^2}{2!}+f'''(x_0)\frac{x^3}{3!}+\cdots$$

ここで，（ ）$'$ は x に関する微分を示す. 主要な関数について，$x_0=0$ とおいてテイラー展開（マクローリン展開）を適用すると，次のような無限級数により表される.

$$\sin x=x-\frac{x^3}{3!}+\frac{x^5}{5!}-\cdots, \quad \cos x=1-\frac{x^2}{2!}+\frac{x^4}{4!}-\cdots, \quad \tan x=x+\frac{x^3}{3}+\frac{2x^5}{15}+\cdots$$

$$(1+x)^n=1+nx+\frac{n(n-1)}{2}x^2+\cdots, \quad \ln(1+x)=x-\frac{x^2}{2}+\frac{x^3}{3}-\cdots,$$

$$e^x=1+x+\frac{x^2}{2!}+\frac{x^3}{3!}+\cdots$$

参 考 図 書

［機械力学と振動工学に関する参考書］

1) 亘理　厚：機械振動，丸善，1966.
2) 北郷　薫，玉置正恭：機械振動学，工業図書，1977.
3) 斉藤秀雄：工業基礎振動学，養賢堂，1977.
4) 大久保信行：機械のモーダル・アナリシス，中央大学出版部，1982.
5) 高橋康英，奥津尚宏，小泉孝之：実用振動解析入門，日刊工業新聞社，1984.
6) 鈴木浩平，曽我部潔，下坂陽男：機械力学，実教出版，1984.
7) 國枝正春：実用機械振動学，理工学社，1984.
8) 田中基八郎，三枝省三：振動モデルとシミュレーション，応用技術出版社，1984.
9) 辻岡　康：機械力学入門，サイエンス社，1985.
10) 長松昭男：モード解析，培風館，1985.
11) 北村恒二：騒音と振動のシステム計測，コロナ社，1986.
12) 中川憲治，室津義定，岩壺卓三：工業振動学(第2版)，森北出版，1986.
13) 日高照晃[編]：機械力学—振動工学の基礎—，朝倉書店，1987.
14) 日本機械学会[編]：振動工学におけるコンピュータアナリシス，コロナ社，1987.
15) 吉川孝雄，松井剛一，石井徳章：機械の力学，コロナ社，1987.
16) 原　文雄：機械力学，裳華房，1988.
17) 鈴木浩平，西田公至，丸山晃市，渡辺武：機械工学のための振動・音響学，サイエンス社，1989.
18) 小寺　忠，新谷真功：わかりやすい機械力学，森北出版，1992.
19) 鈴木浩平[編著]：ポイントを学ぶ振動工学，丸善出版，1993.
20) 機械工学便覧　基礎編α2—機械力学：日本機械学会編，2004.
21) 保坂　寛：機械振動学，東京大学出版会，2005.
22) 入江敏博，小林幸徳：機械振動学通論（第3版），朝倉書店，2006.
23) 小林信之，杉山博之：MATLABによる振動工学　基礎からマルチボディダイナ

ミクスまで,東京電機大学出版局,2008.

24) 背戸一登:動吸振器とその応用,コロナ社,2010.

25) 小寺　忠,矢野澄雄:演習で学ぶ機械力学(第3版),森北出版,2014.

26) 曽我部雄次,呉　志強,玉男木隆之:基礎を学ぶ機械力学,講談社,2021.

[数値計算,有限要素法に関する参考書]

27) 戸川隼人:微分方程式の数値計算,オーム社,1973.

28) A.V. Oppenheim, R. W. Schafer(伊達玄訳):ディジタル信号処理,コロナ社,
1978.

29) E. C. Pestel, F. A. Leckie(加川幸雄訳):マトリクス法による振動解析―伝達マ
トリクス法―,ブレイン図書,1978.

30) K. J .Bathe, E. L. Wilson(菊地文雄訳):有限要素法の数値計算,科学技術出版,
1979.

31) 戸川隼人:FORTRAN による有限要素法入門,サイエンス社,2001.

32) 日野幹雄:スペクトル解析　(新装版),朝倉書店,2010.

[振動工学に関する洋書]

33) W. W. Seto：Theory and Problems of Mechanical Vibrations（Schaum's Outline
Series）, McGraw-Hill, 1964.

34) F. S. Tse, I. E. Morse, R. T. Hinkle：Mechanical Vibrations, Theory and Applica-
tions, 2nd edition, Allyn and Bacon, 1978.

35) L. Meirovitch：Elements of Vibration Analysis, 2nd edition, McGraw-Hill, 1986.

36) D. J. Inman：Engineering Vibration, Prentice-Hall, 1994.

37) W. T. Thomson, M. D. Dahleh：Theory of Vibration with Applications, 5th
edition, Prentice-Hall, 1998.

38) S. S. Rao：Mechanical Vibrations, 4th edition, Pearson Education, 2004.

39) W. J. Palm, III：Mechanical Vibration, John Wiley & Sons, 2007.

40) A. Sinha：Vibration of Mechanical Systems, Cambridge University Press, 2010.

索　引

Memorandum

Memorandum

〈著者紹介〉

横山　　隆　（よこやま　たかし）
1973 年　大阪大学大学院工学研究科修士課程修了
専　攻　衝撃工学，機械力学
現　在　岡山理科大学名誉教授，工学博士（大阪大学）
　　　　日本航空宇宙学会フェロー
　　　　Strain 誌（英国）Editorial Board Member（1998〜2019）
　　　　Experimental Mechanics 誌（米国）Associate Technical Editor（2005〜2008）
　　　　Journal of Dynamic Behavior of Materials 誌（米国）Associate Technical Editor
　　　　（2016〜2018）
著　書　編集幹事「実験力学ハンドブック（2008）」（朝倉書店）
　　　　編著「衝撃工学の基礎と応用（2014）」（共立出版）
　　　　共著「人体の力学（2020）」（コロナ社）

日野　順市　（ひの　じゅんいち）
1984 年　徳島大学大学院工学研究科修士課程修了
専　攻　機械力学
現　在　徳島大学大学院社会産業理工学研究部理工学域教授，
　　　　工学博士（東京工業大学）

芳村　敏夫　（よしむら　としお）
1963 年　徳島大学工学部機械工学科卒業
専　攻　機械力学
現　在　徳島大学名誉教授，日本機械学会名誉員，工学博士（京都大学）
著　書「機械力学」朝倉書店，「機械力学の基礎」日新出版

基礎 振動工学〔第 3 版〕
Fundamentals of Mechanical Vibrations〔3rd edition〕

検印廃止

1992 年 10 月 20 日　初版 1 刷発行	
2001 年 9 月 20 日　初版 11 刷発行	著　者　横　山　　　隆
2002 年 10 月 5 日　新訂版 1 刷発行	日　野　順　市　　ⓒ 2024
2015 年 3 月 20 日　新訂版 15 刷発行	芳　村　敏　夫
2015 年 11 月 25 日　第 2 版 1 刷発行	
2023 年 3 月 1 日　第 2 版 8 刷発行	
2024 年 3 月 5 日　第 3 版 1 刷発行	発行者　南　條　光　章

発行所　共立出版株式会社

〒 112-0006
東京都文京区小日向 4 丁目 6 番 19 号
電話 03-3947-2511　振替 00110-2-57035
URL　www.kyoritsu-pub.co.jp

印刷・製本：真興社
NDC531.18／Printed in Japan

ISBN 978-4-320-08231-1

一般社団法人
自然科学書協会
会　員

■ 機械工学関連書

www.kyoritsu-pub.co.jp 共立出版